内 容 简 介

本书是高等院校金融数学和精算专业高年级本科生与研究生风险理论课程的教材,它包含了国内外风险理论教材的核心内容,并兼顾理论基础和应用的结合,对现代风险理论的主要理论模型和方法进行了一定的提炼和综合.

本书分为三个主要部分,由7章组成.第一部分介绍损失风险模型,这是古典风险理论最主要的部分.这部分由第1,2,3章组成,其中第1章介绍短期风险模型的主要模型和建模方法,第2章介绍长期聚合风险模型及基于随机过程基本原理的破产理论初步,第3章利用鞅过程方法讨论古典聚合风险模型的破产理论.第二部分介绍风险与决策问题.这部分由第4,5章组成,其中第4章介绍风险排序与风险度量的主要内容和方法,第5章介绍效用理论与保险决策问题.第三部分介绍风险理论的应用.这部分由第6,7章组成,其中第6章介绍风险理论在产品定价中的应用,第7章介绍风险理论在风险管理中的应用.本书尽量以简单明确的语言和符号介绍现代风险理论的基本模型和方法,配有相关的练习题,并适当介绍一些较新的问题和研究工作.

本书可作为高等院校金融数学和精算专业及相关专业高年级本科生与研究生风险理论课程的教材,同时也可作为参加精算、风险管理相关的职业考试的辅助学习资料.

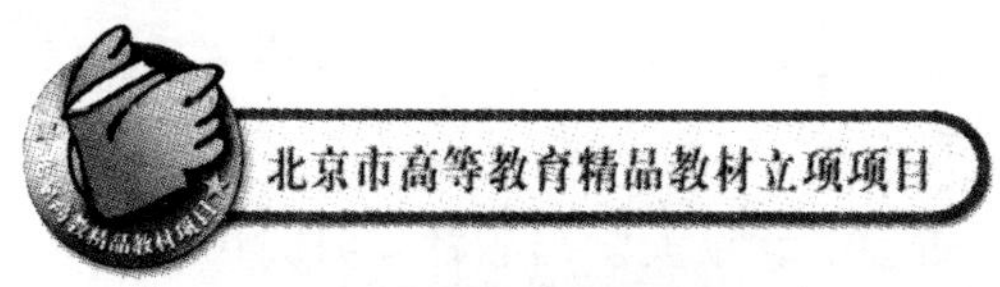

北京大学数学教学系列丛书

风险理论

吴　岚　编著

图书在版编目(CIP)数据

风险理论/吴岚编著. —北京：北京大学出版社，2012.10
(北京大学数学教学系列丛书)
ISBN 978-7-301-21392-6

Ⅰ. ①风… Ⅱ. ①吴… Ⅲ. ①风险论—高等学校—教材
Ⅳ. ①O211.67

中国版本图书馆 CIP 数据核字(2012)第 239541 号

书　　名：风险理论
著作责任者：吴　岚　编著
责 任 编 辑：曾琬婷
标 准 书 号：ISBN 978-7-301-21392-6/O·0891
出 版 发 行：北京大学出版社
地　　址：北京市海淀区成府路 205 号　100871
网　　址：http://www.pup.cn
电 子 信 箱：zpup@pup.pku.edu.cn
电　　话：邮购部 62752015　发行部 62750672　编辑部 62767347
出版部 62754962
印　刷　者：大厂回族自治县彩虹印刷有限公司
经　销　者：新华书店
880mm×1230mm　A5　8.25 印张　210 千字
2012 年 10 月第 1 版　2022 年12月第 3 次印刷
定　　价：48.00 元

序　言

自 1995 年以来，在姜伯驹院士的主持下，北京大学数学科学学院根据国际数学发展的要求和北京大学数学教育的实际，创造性地贯彻教育部“加强基础，淡化专业，因材施教，分流培养”的办学方针，全面发挥我院学科门类齐全和师资力量雄厚的综合优势，在培养模式的转变、教学计划的修订、教学内容与方法的革新，以及教材建设等方面进行了全方位、大力度的改革，取得了显著的成效. 2001 年，北京大学数学科学学院的这项改革成果荣获全国教学成果特等奖，在国内外产生很大反响.

在本科教育改革方面，我们按照加强基础、淡化专业的要求，对教学各主要环节进行了调整，使数学科学学院的全体学生在数学分析、高等代数、几何学、计算机等主干基础课程上，接受学时充分、强度足够的严格训练；在对学生分流培养阶段，我们在课程内容上坚决贯彻“少而精”的原则，大力压缩后续课程中多年逐步形成的过窄、过深和过繁的教学内容，为新的培养方向、实践性教学环节，以及为培养学生的创新能力所进行的基础科研训练争取到了必要的学时和空间. 这样既使学生打下宽广、坚实的基础，又充分照顾到每个人的不同特长、爱好和发展取向. 与上述改革相适应，积极而慎重地进行教学计划的修订，适当压缩常微、复变、偏微、实变、微分几何、抽象代数、泛函分析等后续课程的周学时，并增加了数学模型和计算机的相关课程，使学生有更大的选课余地.

在研究生教育中，在注重专题课程的同时，我们制定了 30 多门研究生普选基础课程(其中数学系 18 门)，重点拓宽学生的专业基础和加强学生对数学整体发展及最新进展的了解.

教材建设是教学成果的一个重要体现. 与修订的教学计划相配合，我们进行了有组织的教材建设. 计划自 1999 年起用 8 年的时间修订、编写和出版 40 余种教材. 这就是将陆续呈现在大家面前的

《北京大学数学教学系列丛书》.这套丛书凝聚了我们近十年在人才培养方面的思考,记录了我们教学实践的足迹,体现了我们教学改革的成果,反映了我们对新世纪人才培养的理念,代表了我们新时期的数学教学水平.

经过20世纪的空前发展,数学的基本理论更加深入和完善,而计算机技术的发展使得数学的应用更加直接和广泛,而且活跃于生产第一线,促进着技术和经济的发展,所有这些都正在改变着人们对数学的传统认识.同时也促使数学研究的方式发生巨大变化.作为整个科学技术基础的数学,正突破传统的范围而向人类一切知识领域渗透.作为一种文化,数学科学已成为推动人类文明进化、知识创新的重要因素,将更深刻地改变着客观现实的面貌和人们对世界的认识.数学素质已成为今天培养高层次创新人才的重要基础.数学的理论和应用的巨大发展必然引起数学教育的深刻变革.我们现在的改革还是初步的.教学改革无禁区,但要十分稳重和积极;人才培养无止境,既要遵循基本规律,更要不断创新.我们现在推出这套丛书,目的是向大家学习.让我们大家携起手来,为提高中国数学教育水平和建设世界一流数学强国而共同努力.

张继平

2002年5月18日

于北京大学蓝旗营

前　　言

风险是现代金融的一个本质特征. 精算学以保险风险为主要的研究对象,利用概率统计的相关理论和方法解决保险经营中的各种风险计量和风险管理问题. 风险理论是保险精算中一个既传统又现代的研究领域,一方面对保险公司整体的静态和动态的损失分布进行研究,另一方面,也越来越关注保险以及金融风险管理中一般性的风险度量问题,同时非常注重理论研究的应用价值. 风险理论的破产理论和风险度量方法在保险公司偿付能力管理和金融机构风险(资本)管理中发挥着越来越重要的作用.

本人在从事金融数学和精算方面的教学与研究工作中对现代金融风险管理的认识也经历了一个发展的过程. 在本书的写作中,本人也努力将古典和传统的风险理论与当前新的问题和研究成果一起展现给读者,以帮助读者理解这些模型和方法的背景和精髓.

从历史看,在 20 世纪初期,欧洲的一些概率学家,例如 R. E. Beard 和 W. Feller,就开始在 Poisson 过程和一般的更新过程等随机过程的研究中将其应用于保险的破产模型,提出了破产时刻、破产概率等一些问题的结果. 直至今日,这些结果仍然具有一定的理论地位和实际价值. 本书的第一部分和第二部分就是以这些内容为主,这也是大多数风险理论教材中最主要的内容. 在这部分的写作中,本书综合考虑国内外此类教材的优点,结合教学实践的经验,在尽可能保证理论上准确的前提下努力做到通俗易懂. 这部分的写作风格主要受到了瑞士著名精算学者 H. Gerber 的专著《数学风险论导引》的影响. Gerber 这部专著的中英文版我都认真地研读过多次,他的那种独特的对概率理论的感觉和对实务的认识一直使我受益匪浅. 数学的确是一个抽象的科学,但概率论从产生到今天的发展都有其明确、有价值的应用背景和领域. 精算是一个应用性很强的学科,即使像风险理论这种精算中理论性很强的内容,也曾在欧洲早期的偿付能力管理中发挥了实际作用.

自 20 世纪 90 年代中期以来,在国际清算银行发布的商业银行资本管理协议的推动下,以 J. P. Morgan 在 1995 年开始的风险管理实践为标志,金融风险管理的理论和实践得到了快速的发展. 在理论上,包括抽象的一般风险度量和组合相关性的理论研究以及结合具体风险种类(市场风险、信用风险和操作风险)的研究都取得了很多成果. 在应用中,更是有像银行业的新资本协议和欧盟偿付能力监管第二阶段(Solvency II). 这样的风险管理和资本监管的实践也大大促进了相关风险理论模型的发展.

本书的写作基础是作者本人在北京大学数学科学学院十多年的风险理论课程教学. 虽然本书的篇幅不是很大,但是具体的写作堪称是一个漫长的过程. 一方面,古典风险理论是一个较为成熟的领域,有很多非常优秀的中英文教材,本人觉得需要认真、慎重地组织和思考本教材的特点;另一方面,自本世纪开始,全球的金融数学和精算的教育、理论和实践出现了很多变化,北美精算师协会自 2000 年不断进行考试改革,中国精算师协会也从 2010 年开始了新的考试体系,各种风险管理师的职业考试也不断涌现,这些现象使得本人一直在思考金融数学和精算的本科高年级和研究生应该掌握哪些基本的风险理论知识并得到怎样的研究能力的训练.

当然,写作的拖沓也有本人不能推卸的自身的原因. 好在有北京大学出版社的大力推动,特别是曾琬婷编辑长期的支持和帮助,还有学生们多年的支持,看到金融数学和精算的教育与实践在北京大学和中国的发展也是我写作的最大原动力. 在本人的记忆中,对本书的编写提供宝贵意见和建议的老师有:北京大学的杨静平老师、安徽工程大学的王传玉老师和中央财经大学的周明老师. 曾经参与北京大学风险理论课程教学辅助工作的学生有李佳慧、姜旸、刘庆、陈治津、李禄俊和王佳星等,他们对本书的编写及相关的教学工作都提供了很多具体和细致的帮助,在此一并表示感谢.

本书的编写与出版得到了《北京大学数学教学系列丛书》编委会和北京大学出版社的大力支持和帮助,还得到国家科技部国家重点基础研究发展计划(973 计划)项目“金融风险控制中的定量分析与计算”的课题“银行与保险业中的风险模型与数据分析”(2007CB814905)的资助,在此表示衷心的感谢.

由于本人的专业水平所限,本书难免出现错误和不妥之处,恳请各位专家同仁和广大读者不吝指出,以不断完善本教材.

吴 岚

2012 年 3 月

目　录

第 1 章　短期风险模型 …………………………………… (1)

§1.1　个体风险模型 …………………………………… (1)

1.1.1　个体风险变量的分析 …………………………… (2)

1.1.2　总损失量分布的计算 …………………………… (6)

1.1.3　应用 …………………………………………… (11)

§1.2　Poisson 聚合模型 ……………………………… (15)

1.2.1　一般的短期聚合模型 …………………………… (15)

1.2.2　Poisson 聚合模型 ……………………………… (19)

§1.3　一般的聚合风险模型 …………………………… (24)

1.3.1　$(a,b,0)$类计数分布的聚合风险模型 ………… (24)

1.3.2　复合负二项变量 ………………………………… (26)

1.3.3　特殊的个体损失分布下总损失量的分布 ……… (29)

1.3.4　总损失量分布的数值化近似 …………………… (30)

§1.4　总损失模型的近似计算 ………………………… (31)

1.4.1　总损失量的渐近分布 …………………………… (31)

1.4.2　Poisson 聚合模型近似个体模型 ……………… (34)

1.4.3　用特殊分布近似总损失量的分布 ……………… (37)

习题 1 ……………………………………………………… (39)

第 2 章　长期聚合风险模型与破产理论初步 ………… (44)

§2.1　基本模型 ………………………………………… (44)

2.1.1　连续时间模型 …………………………………… (44)

2.1.2　离散时间模型 …………………………………… (50)

§2.2　连续时间破产模型 Ⅰ …………………………… (51)

2.2.1　调节系数与破产概率 …………………………… (51)

2.2.2　更新方程与破产概率 …………………………… (56)

2.2.3 最大净损失与破产概率 …………………………………… (62)
§2.3 连续时间破产模型Ⅱ …………………………………… (65)
2.3.1 破产概率的极限结果与近似计算 ……………………… (65)
2.3.2 有限时间内破产概率的计算……………………………… (68)
§2.4 离散时间破产模型 ………………………………………… (70)
2.4.1 调节系数与破产概率 …………………………………… (72)
2.4.2 总损失为一阶自回归(AR(1))形式的
破产概率……………………………………………………… (74)
2.4.3 一般盈余过程的破产概率 ……………………………… (75)
§2.5 布朗运动情形的破产模型 ……………………………… (79)
2.5.1 布朗运动风险过程 ……………………………………… (79)
2.5.2 布朗运动下盈余过程的破产概率 ……………………… (81)
2.5.3 利用布朗运动近似 Poisson 盈余过程 ………………… (84)
2.5.4 将布朗运动用长期复合 Poisson 风险过程近似 …… (84)
§2.6 再保险及分红情形的破产模型 ………………………… (85)
2.6.1 再保险的破产模型 ……………………………………… (85)
2.6.2 分红保险的破产模型 …………………………………… (94)
习题 2 ……………………………………………………………… (96)
第 3 章 再论破产理论及其应用…………………………………… (99)
§3.1 鞅方法的离散时间破产模型 …………………………… (99)
3.1.1 离散时间鞅的概念和一般性质 ………………………… (99)
3.1.2 鞅方法的离散时间盈余过程 …………………………… (106)
3.1.3 含利率的盈余过程………………………………………… (108)
§3.2 鞅方法的连续时间破产模型 …………………………… (109)
3.2.1 连续时间鞅的概念和一般性质 ………………………… (109)
3.2.2 鞅方法的连续时间盈余过程 …………………………… (113)
3.2.3 含利率的盈余过程………………………………………… (116)
3.2.4 破产在有限时间内发生的条件下破产
时刻的分布 …………………………………………………… (118)
3.2.5 红利模型 ………………………………………………… (121)
习题 3 ……………………………………………………………… (123)

第 4 章　风险排序与风险度量 …………………………… (124)
§4.1　风险排序及其应用 …………………………… (124)
4.1.1　随机序 …………………………… (125)
4.1.2　止损序 …………………………… (128)
4.1.3　其他序及随机变量排序的应用 …………………………… (132)
§4.2　保费设计原理与风险度量 …………………………… (138)
4.2.1　保费设计原理的一般分析 …………………………… (139)
4.2.2　指数与净保费原理的优良性 …………………………… (141)
4.2.3　一般的风险度量 …………………………… (145)
§4.3　常用风险度量的应用 …………………………… (146)
4.3.1　风险资本的度量 …………………………… (147)
4.3.2　其他风险度量 …………………………… (158)
4.3.3　蒙特卡洛模拟估计风险度量 …………………………… (159)
习题 4 …………………………… (164)

第 5 章　效用理论与保险决策 …………………………… (167)
§5.1　效用、风险与保险决策 …………………………… (167)
5.1.1　效用理论的一般原理 …………………………… (167)
5.1.2　效用观点下的保险决策 …………………………… (175)
5.1.3　最优保险 …………………………… (179)
§5.2　再保险与风险交换的一般均衡模型 …………………………… (182)
5.2.1　再保险市场的风险交换基本模型 …………………………… (183)
5.2.2　两个保险公司风险交换的均衡分析 …………………………… (185)
5.2.3　多个保险公司风险交换的均衡分析 …………………………… (188)
5.2.4　一般风险交换的市场均衡价格 …………………………… (189)
§5.3　最优再保险的风险决策 …………………………… (191)
5.3.1　二次效用(方差)准则的再保险决策 …………………………… (192)
5.3.2　VaR 和 CTE 准则的再保险决策 …………………………… (193)
习题 5 …………………………… (195)

第 6 章　风险理论在定价中的应用 …………………………… (198)
§6.1　破产理论在期权定价中的应用 …………………………… (198)

6.1.1 用盈余过程表示资产价格模型 …………………… (198)
6.1.2 最低保证定价 …………………………………… (199)
6.1.3 美式永久期权的定价 ………………………………… (202)
§6.2 含最低保证保险产品的风险分析 …………………… (203)
6.2.1 期权与投资连结保险 ………………………………… (205)
6.2.2 含最低保证产品的风险度量 ………………………… (207)
6.2.3 GMAB负债的风险度量 ……………………………… (213)
6.2.4 变额年金合约身故受益的风险度量 ………………… (217)
习题6 ……………………………………………………… (219)
第7章 风险理论在风险管理中的应用 ………………………… (220)
§7.1 信用风险的应用 ………………………………………… (220)
7.1.1 问题的描述 …………………………………………… (220)
7.1.2 CreditRisk+模型的主要数值计算方法 …………… (222)
§7.2 风险理论在经济资本中的应用 ……………………… (227)
7.2.1 问题的提出和背景 …………………………………… (228)
7.2.2 资本总量给定时的资本配置问题 …………………… (230)
7.2.3 资本总量的最优化问题 ……………………………… (237)
习题7 ……………………………………………………… (239)
附录 生命表 ………………………………………………… (240)
参考文献 ……………………………………………………… (245)
名词索引 ……………………………………………………… (247)

第 1 章　短期风险模型

在金融机构的经营过程中，大多数情况下，保险公司或其他金融机构的业务或投资都会表现出组合方式的风险．所谓的**组合方式**，就是将若干风险特征相对差异不大的风险标的通过某种自然的方式汇合在一起．例如，保险公司某个业务类的同质保单构成的组合，这种组合可以是那些核保特征相近的保单的组合，也可以是同一类业务的保单组合；又比如，商业银行贷款业务中相对同质的贷款的组合，对公业务中同一行业的贷款资产池，个人业务中风险特征相对一致的个人住房消费贷款组成的资产池．

虽然金融机构也会关心每个风险个体标的的损失情况，但是从整体的经营看，金融机构更关心整体组合的损失风险，乃至每个业务类、分支机构、子公司以及整个公司的损失风险．

从概率论建模的角度看，这一类问题意味着随机变量和的分析以及由这种随机变量求和而产生的一系列问题．这种组合的风险模型常常会表现出与单个风险不同的性质．

从本章开始，“风险”一词均表示支集为非负实数的随机变量(或过程)．本章将讨论在给定的时间期限内组合的风险状况．也就是说，这里的“短期”意味着不考虑时间因素．

为了分析这种组合的风险，本章介绍以下基本方法：随机变量分析，独立随机变量的和、随机和的分析．

§1.1　个体风险模型

如果将给定时间内每个个体的风险直接求和，就自然得到最基本的个体风险模型．

定义 1-1　设 $X_1, X_2, \cdots, X_n$ 是相互独立的随机变量，而且具有以下性质：

$$\Pr(X_i = 0) > 0, \tag{1.1.1}$$

$$\Pr(X_i \geqslant 0) = 1. \tag{1.1.2}$$

称满足条件(1.1.1)和(1.1.2)的模型

$$S = X_1 + X_2 + \cdots + X_n \tag{1.1.3}$$

为**个体风险模型**,并称模型(1.1.3)中的 S 为**总损失(量)**,n 为**总风险数**,$X_i(i=1,2,\cdots,n)$为**第 i 个个体的损失(量)**.

关于模型(1.1.3)的背景可解释为：模型(1.1.3)中的 S 表示在给定的周期(一年、半年、季度)内某给定的 n 个业务组合的总损失量,其中的 X_i 表示第 i 个风险个体的损失量(个体风险变量).性质(1.1.1)表明,每个风险个体的确存在损失不发生的概率;性质(1.1.2)表明,这里只考虑风险个体的损失,不考虑损失为负值(赢利)的情况.

本章的核心问题是讨论总损失量 S 的概率分布性质及相关的计算.

1.1.1　个体风险变量的分析

根据 X_i 的性质(1.1.1)和(1.1.2),可以将 X_i 分解为

$$X_i = I_i B_i, \tag{1.1.4}$$

其中

(1) $I_i=1$ 或 0,表示第 i 个风险个体是否发生损失.当 $I_i=1$ 时,表示发生损失;当 $I_i=0$ 时,表示不发生损失.所以,I_i 为示性变量或称 Bernoulli 变量,也称两点分布变量,满足:

$$\Pr(I_i = 1) = 1 - \Pr(I_i = 0). \tag{1.1.5}$$

通常记 $q_i=\Pr(I_i=1)$.在保险情形中,一般情况下 q_i 都非常小.

(2) B_i 表示当第 i 个风险个体发生损失时,其最终的损失金额.所以,B_i 满足:

$$\Pr(B_i = 0) = 0. \tag{1.1.6}$$

这也意味着 X_i 的概率分布函数 $F_{X_i}(x)$可以表示为混合函数的形式:

$$F_{X_i}(x) = (1 - q_i) + q_i F_{B_i}(x), \quad x \geqslant 0, \tag{1.1.7}$$

$$F_{B_i}(0) = 0,$$

其中 $F_{B_i}(x)$是 B_i 的分布函数.

一般记

$$\mu_i = \mathrm{E}(B_i), \quad \sigma_i^2 = \mathrm{Var}(B_i),$$

且假设 I_i 与 B_i 独立,则由条件随机变量的矩计算公式有

$$\mathrm{E}(X_i) = \mu_i q_i, \quad \mathrm{Var}(X_i) = \mu_i^2 q_i(1-q_i) + \sigma_i^2 q_i. \tag{1.1.8}$$

例 1-1 已知某保险公司某一年定期寿险的身故保险责任如下：一般的身故赔偿为 5 万元;若"意外身故",则额外赔偿 5 万元. 经过对历史数据的分析,已知一年内"意外身故"的概率为 0.5‰,非"意外身故"的概率为 2‰. 试分析该保险每份保单损失量的分布、均值和方差.

解 根据已知条件,可以直接得到每份保单损失量 X_i 的分布为(损失金额以万元为单位)：

$$\Pr(X_i = 10) = 0.0005, \quad \Pr(X_i = 5) = 0.0020,$$
$$\Pr(X_i = 0) = 0.9975.$$

据此,可以很方便地计算 X_i 的均值和方差：

$$\mathrm{E}(X_i) = 0.0005 \times 10 + 0.0020 \times 5 = 0.015,$$
$$\mathrm{Var}(X_i) = \mathrm{E}(X_i^2) - \mathrm{E}^2(X_i) = 0.099775.$$

另外,也可以对 X_i 按照 I_i 与 B_i 进行分解,则有

$$\Pr(I_i = 1, B_i = 10) = 0.0005,$$
$$\Pr(I_i = 1, B_i = 5) = 0.0020,$$
$$\Pr(I_i = 1, B_i = b) = 0 \quad (b \neq 10, 5).$$

而 I_i 与 B_i 独立,所以有

$$q_i = \Pr(I_i = 1) = 0.0025,$$
$$\Pr(B_i = 10) = \Pr(X_i = 10 | I_i = 1) = \frac{0.0005}{0.0025} = 0.2,$$
$$\Pr(B_i = 5) = \Pr(X_i = 5 | I_i = 1) = \frac{0.0020}{0.0025} = 0.8,$$

进而有

$$\mu_i = \mathrm{E}(B_i) = 0.2 \times 10 + 0.8 \times 5 = 6,$$
$$\sigma_i^2 = \mathrm{Var}(B_i) = 0.2 \times (10-6)^2 + 0.8 \times (5-6)^2 = 4.$$

最终，同样得到每份保单损失量的均值和方差分别为

$$\mathrm{E}(X_i)=6\times 0.0025=0.015,\quad \mathrm{Var}(X_i)=0.099775.$$

在金融保险的实际经营中，出于经营者自身的考虑和市场的需求，有时金融产品(合同)会对标的风险的损失变量进行变换. 例如：在直接保险保单条款中的免赔额和保单限额，就意味着保单的承保责任对应于一定范围内的实际损失，并不是承保标的的所有损失都会有保险责任赔偿；在再保险合约中的自留额或分保限额等条款，更是明确了再保险公司对风险标的的部分责任范围；而大多数金融衍生合约的支付都是对标的资产进行了某种变换，只有当标的资产的价值落在合约所要求的范围内时，才会执行合约的交易.

上述现象意味着我们在进行风险分析时，需要考虑标的变量的实际损失(下面简记为 X)和金融合约的实际支付(下面简记为 Y)的区别. 下面以保险中常见的免赔处理(或称自留处理)为例进行说明. 这类处理一般为以下两种方式：

(1) 当**损失** X 小于或等于某个值 d 时，保险公司不进行赔付；当**损失**超过 d 时，保险公司支付 $X-d$. 这时，保险公司最终对每个保单的实际赔付为

$$Y^L=\begin{cases}0, & X\leqslant d,\\ X-d, & X>d.\end{cases}$$

(2) 当**损失** X 小于或等于某个值 d 时，保险公司不考虑赔付；当**损失**超过 d 时，保险公司支付 $X-d$. 这时，保险公司最终对每个保单的实际赔付为

$$Y^P=\begin{cases}\text{无定义}, & X\leqslant d,\\ X-d, & X>d.\end{cases}$$

用实际损失 X 的分布函数 F_X 表示实际支付 Y 的分布函数 F_Y 为

$$F_{Y^L}(x)=F_X(x+d),\quad F_{Y^P}(x)=\frac{F_X(x+d)-F_X(d)}{1-F_X(d)}.$$

另外，保险中常见的限额处理是指赔付变量有最大值限制的情况：

$$\Pr(0\leqslant Y\leqslant L)=1.$$

例 1-2 考虑财产(汽车)损失保险每年的损失量.假定每年最多有一次理赔,当保险事故发生时,250 元以下的损失免赔,同时最高赔偿金额为 20000 元.历史经验数据表明,理赔的发生概率为 15%,在所有的赔偿中大约有 20%的赔偿为 20000 元,赔偿金额 x 在 0 与 20000 之间的概率密度函数与 $1-\dfrac{x}{20000}$ 成比例.试分析这类保险每份保单损失量的分布函数和均值.

解 根据已知条件有

$$q_i = \Pr(I_i = 1) = 0.15, \quad \Pr(B_i = 20000) = 0.2,$$

而 B_i 的概率密度函数为

$$f_{B_i}(x) = c\left(1-\frac{x}{20000}\right), \quad 0 < x < 20000,$$

其中 c 为某待定常数.由

$$\int_0^{20000} f_{B_i}(x)\mathrm{d}x = 0.8$$

有 $c=0.8\times10^{-4}$,进而有

$$\begin{aligned}\mu_i = \mathrm{E}(B_i) &= \int_0^{20000} xf_{B_i}(x)\mathrm{d}x + 0.2\times 20000\\ &= \left(0.2\times 2+\frac{1.6}{3}\right)\times 10^4 = \frac{2.8}{3}\times 10^4.\end{aligned}$$

经过简单的计算,可以得到损失量 X_i 的概率密度函数:

$$\Pr(X_i = 0) = 0.85, \quad \Pr(X_i = 20000) = 0.03,$$

$$f_{X_i}(x) = 0.12\times 10^{-4}(1-x/20000), \quad 0 < x < 20000.$$

最后得到每份保单损失量 X_i 的分布函数和均值分别如下:

$$F_{X_i}(x) = \begin{cases} 0.85+0.12[1-(1-x/20000)^2], & 0\leqslant x < 20000,\\ 1, & x\geqslant 20000,\end{cases}$$

$$\mathrm{E}(X_i) = 0.15\times(2.8/3)\times 10^4 = 1400.$$

这时的赔付变量为混合分布,相应的分布函数 $F_{X_i}(x)$ 的图形如图 1-1 所示,它在 0 和 20000 这两个点都有跳跃.

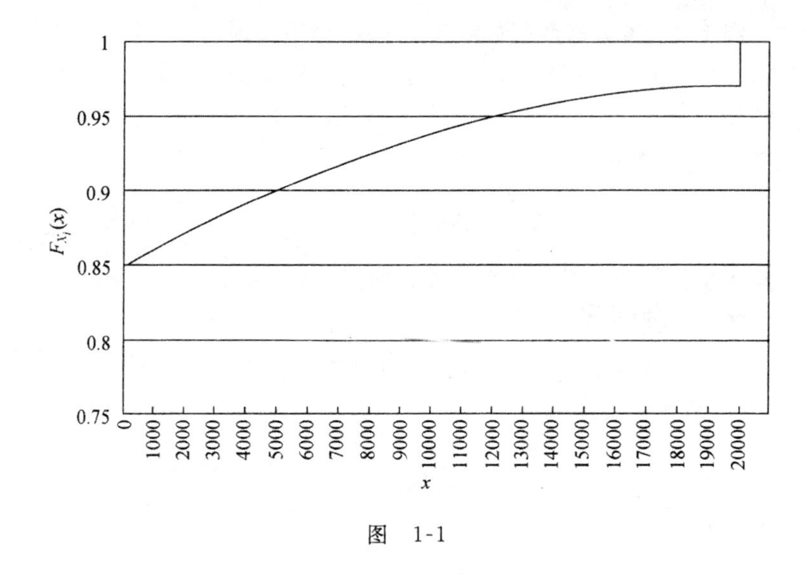

图　1-1

1.1.2　总损失量分布的计算

有了对个体损失量的分析，下面我们考虑计算总损失量分布的方法.

1. 利用卷积进行计算

由概率论的基本结论，对于个体风险模型(1.1.3)，总损失量 S 的分布函数 $F_S(x)$ 可以通过卷积计算得到：

$$F_S(x) = F_{X_1}(x) * F_{X_2}(x) * \cdots * F_{X_n}(x),$$

其中对任何两个独立的连续型随机变量 X_i, X_j，有

$$\begin{aligned} F_{X_i}(x) * F_{X_j}(x) &= \int_{-\infty}^{x} F_{X_j}(x-u)\,\mathrm{d}F_{X_i}(u) \\ &= \int_{-\infty}^{x} F_{X_i}(x-u)\,\mathrm{d}F_{X_j}(u), \end{aligned}$$

这里 $F_{X_i}(x)$ 为 X_i 的分布函数；对于独立的离散型随机变量，有

$$F_{X_i}(x) * F_{X_j}(x) = \sum_y F_{X_j}(x-y) \times f_{X_i}(y),$$

这里 $f_{X_i}(x)$ 是 X_i 的概率函数. 基于这种方法可以考虑多个随机变量之和的递推计算.

例 1-3 已知三个离散型独立随机变量 X_1,X_2,X_3 的分布如表 1-1 所示,其中 $f_{X_i}(x)$ 为 $X_i(i=1,2,3)$ 的概率函数. 试给出这三个随机变量之和的卷积计算过程.

表 1-1

x	$f_{X_1}(x)$	$f_{X_2}(x)$	$f_{X_3}(x)$
0	0.4	0.5	0.6
1	0.3	0.2	0
2	0.2	0.1	0.1
3	0.1	0.1	0.1
4	0	0.1	0.1
5	0	0	0.1

解 这时的卷积公式为

$$F_{X_i}(x) * F_{X_j}(x) = \sum_{y=0}^{x} F_{X_j}(x-y) \times f_{X_i}(y), \quad x = 0,1,\cdots,9.$$

具体卷积的计算过程见表 1-2.

表 1-2

x	$f_1(x)$	$f_2(x)$	$f_3(x)$	$F_1(x)$	$F_1(x) * F_2(x)$	$F_1(x) * F_2(x) * F_3(x)$
0	0.4	0.5	0.6	0.4	0.2	0.120
1	0.3	0.2	0	0.7	0.43	0.258
2	0.2	0.1	0.1	0.9	0.63	0.398
3	0.1	0.1	0.1	1.0	0.79	0.537
4	0	0.1	0.1	1.0	0.90	0.666
5	0	0	0.1	1.0	0.96	0.781
6	0	0	0	1.0	0.99	0.869
7	0	0	0	1.0	1.00	0.928
8	0	0	0	1.0	1.00	0.964
9	0	0	0	1.0	1.00	0.985
10	0	0	0	1.0	1.00	0.995
11	0	0	0	1.0	1.00	0.999
12	0	0	0	1.0	1.00	1.000

2. 利用随机变量的生成函数进行计算

由定义，当模型(1.1.3)中的 $X_1, X_2, \cdots, X_n$ 是相互独立的随机变量时，总损失量 S 的一些概率生成函数可用 $X_1, X_2, \cdots, X_n$ 的概率生成函数表示. 具体如下：

矩母函数：$M_S(t) = \prod_{i=1}^{n} M_{X_i}(t)$，$t$ 取值于所有 X_i 的矩母函数 $M_{X_i}(t)$ 的可行域的交集；

拉普拉斯函数：$L_S(t) = \prod_{i=1}^{n} L_{X_i}(t)$，$t$ 取值于所有 X_i 的拉普拉斯函数 $L_{X_i}(t)$ 的可行域的交集；

概率生成函数：$P_S(t) = \prod_{i=1}^{n} P_{X_i}(t)$，$t$ 取值于所有 X_i 的概率生成函数 $P_{X_i}(t)$ 的可行域的交集.

当 $X_1, X_2, \cdots, X_n$ 为一些具有特殊分布的随机变量时，有如下的结论：

(1) **正态分布**：若 $X_i \sim N(\mu_i, \sigma_i^2)$，$i=1,2,\cdots,n$，则有

$$M_S(t) = \prod_{i=1}^{n} M_{X_i}(t) = \exp\left\{\sum_{i=1}^{n} \mu_i t + \frac{1}{2}\sum_{i=1}^{n} \sigma_i^2 t^2\right\}$$

$$= \exp\left\{t\sum_{i=1}^{n} \mu_i + \frac{t^2}{2}\sum_{i=1}^{n} \sigma_i^2\right\}.$$

这表明，S 仍然服从正态分布：

$$S \sim N\left(\sum_{i=1}^{n} \mu_i, \sum_{i=1}^{n} \sigma_i^2\right).$$

(2) **指数分布**：若 $X_i \sim \exp(\beta)$，即 $f_{X_i}(x) = \beta \mathrm{e}^{-\beta x}(x \geqslant 0)$，$i=1,2,\cdots,n$，则有

$$M_{X_i}(t) = \frac{\beta}{\beta - t} = \frac{1}{1 - t\mathrm{E}(X_i)}, \quad 0 < t < \beta,$$

$$M_S(t) = \prod_{i=1}^{n} M_{X_i}(t) = \left(\frac{\beta}{\beta - t}\right)^n, \quad 0 < t < \beta.$$

这表明 S 服从 Gamma 分布：

$$S \sim \mathrm{Gamma}(n, \beta).$$

(3) **Gamma 分布**：若 $X_i \sim \text{Gamma}(\alpha_i,\beta), i=1,2,\cdots,n$，则有

$$M_{X_i}(t)=\left(\frac{\beta}{\beta-t}\right)^{\alpha_i},\quad 0<t<\beta,$$

$$M_S(t)=\prod_{i=1}^{n}M_{X_i}(t)=\left(\frac{\beta}{\beta-t}\right)^{\sum\limits_{i=1}^{n}\alpha_i}.$$

这表明 S 仍然服从 Gamma 分布：

$$S\sim \text{Gamma}\left(\sum_{i=1}^{n}\alpha_i,\beta\right).$$

3. 利用中心极限定理进行近似计算

根据中心极限定理，当组合中个体的数量充分多且独立同分布时，模型(1.1.3)的总损失量 S 经标准化处理后得到的随机变量

$$\frac{S-\mathrm{E}(S)}{\sqrt{\mathrm{Var}(S)}}$$

近似服从标准正态分布：

$$\begin{aligned}\Pr(S\leqslant s)&=\Pr\left(\frac{S-\mathrm{E}(S)}{\sqrt{\mathrm{Var}(S)}}\leqslant\frac{s-\mathrm{E}(S)}{\sqrt{\mathrm{Var}(S)}}\right)\\&=\Phi\left(\frac{s-\mathrm{E}(S)}{\sqrt{\mathrm{Var}(S)}}\right).\end{aligned}$$

考虑到个体损失量 X_i 的概率分布可以表示为混合函数的形式，利用表达式(1.1.8)，上式可具体表示为

$$\Pr(S\leqslant s)=\Phi\left(\frac{s-nq\mu}{\sqrt{n(\mu^2q(1-q)+\sigma^2q)}}\right),$$

其中 $\Phi(\cdot)$ 表示标准正态分布随机变量的概率密度函数，$\mu=\mathrm{E}(B_i)$，$q=\Pr(I_i=1)$.

4. 对特殊保单组合的近似计算

考虑如下特殊的保单组合：每个保单至多发生一次索赔，而且索赔金额固定(标准化后用自然数表示). 对于这种保单组合，可以采用 **De Prill 算法**来近似计算. 具体做法如下：将所有保单按照以下方式分类：共计 m 种索赔发生概率，分别为 $q_1,q_2,\cdots,q_m$，索赔金额分为 $1,2,\cdots,r$. 以 n_{ij} 表示索赔金额为 i 而索赔发生概率为 q_j 的保

单数,则模型为

$$S=\sum_{i=1}^{r}\sum_{j=1}^{m}\sum_{k=1}^{n_{ij}}X_{ijk},\quad n=\sum_{i=1}^{r}\sum_{j=1}^{m}n_{ij},$$

其中 X_{ijk} 表示每个保单的可能索赔量,S 表示总索赔量(总损失量),n 为总保单数. S 的概率生成函数 $P_S(z)$ 可表示为

$$P_S(z)=\mathrm{E}(z^S)=\prod_{i=1}^{r}\prod_{j=1}^{m}(p_j+q_jz^i)^{n_{ij}},\quad z>0,$$

其中 $p_j=1-q_j$. 取对数后,有

$$\ln P_S(z)=\sum_{i=1}^{r}\sum_{j=1}^{m}n_{ij}\ln(1-q_j+q_jz^i),$$

进而有

$$P_S'(z)=P_S(z)\Big[\sum_{i=1}^{r}\sum_{j=1}^{m}iq_jn_{ij}z^{i-1}(1-q_j+q_jz^i)^{-1}\Big]$$

或

$$\begin{aligned}zP_S'(z)&=P_S(z)\Big[\sum_{i=1}^{r}\sum_{j=1}^{m}in_{ij}\Big(\frac{q_j}{1-q_j}z^i\Big)\Big(1+\frac{q_j}{1-q_j}z^i\Big)^{-1}\Big]\\&=P_S(z)\Big[\sum_{i=1}^{r}\sum_{j=1}^{m}in_{ij}\sum_{k=1}^{\infty}(-1)^{k-1}\Big(\frac{q_j}{1-q_j}z^i\Big)^k\Big]\\&=P_S(z)\Big[\sum_{i=1}^{r}\sum_{j=1}^{m}in_{ij}\sum_{k=1}^{\infty}(-1)^{k-1}\Big(\frac{q_j}{1-q_j}\Big)^kz^{ik}\Big].\end{aligned}$$

若记

$$h(i,k)=(-1)^{k-1}i\sum_{j=1}^{m}n_{ij}\Big(\frac{q_j}{1-q_j}\Big)^k$$
$$(i=1,2,\cdots,r;k=1,2,\cdots),$$

具体如

$$h(1,1)=\sum_{j=1}^{m}n_{1j}\frac{q_j}{1-q_j},$$

$$h(1,2)=-\sum_{j=1}^{m}n_{1j}\Big(\frac{q_j}{1-q_j}\Big)^2,$$

$$h(2,1)=2\sum_{j=1}^{m}n_{2j}\frac{q_j}{1-q_j},$$

则有

$$zP_S'(z)=P_S(z)\sum_{i=1}^{r}\sum_{k=1}^{\infty}h(i,k)z^{ik}. \tag{1.1.9}$$

另外，由 $P_S(z)$的定义有

$$P_S(z)=\sum_{x=0}^{nr}f(x)z^x, \tag{1.1.10}$$

其中 $f(x)$表示 S 在点 x 的概率. 比较式(1.1.9)和(1.1.10)左右两边 $z^x(x>0)$的系数，有

$$xf(x)=\sum_{ik\leqslant x}h(i,k)f(x-ik),\quad x>0,$$

即

$$f(x)=\frac{1}{x}\sum_{i=1}^{x\wedge r}\sum_{k=1}^{[x/i]}h(i,k)f(x-ik),\quad x>0,$$

其中 $x\wedge r$ 表示 x 和 r 两者取小. 同时，自然有

$$f(0)=\prod_{i=1}^{r}\prod_{j=1}^{m}(1-q_j)^{n_{ij}}.$$

因此，可以通过递推计算得到 S 的概率函数，具体如：

$$f(1)=h(1,1)f(0),$$

$$f(2)=\frac{1}{2}\{h(1,1)f(1)+[h(1,2)+h(2,1)]f(0)\}.$$

1.1.3 应用

我们考虑个体模型中损失量 S 的分布计算是为了服务于一些实际问题. 下面给出一些具体应用.

例 1-4 现有由 1800 个合同组成的保单组合，均为保险期限一年的合同，保险金额为 1 个货币单位或 2 个货币单位，具体的分布情况见表 1-3. 试用正态分布近似总损失量，解决以下问题：

(1) 计算该保单组合总损失量的 95%分位点；

(2) 若每个保单以其损失量数学期望的一定比例 $1+\theta$ 收取保费，保险公司希望收取的总保费应保证总损失不超过保费收入的概率大于 95%，试给出 θ 的最小值.

表　1-3

组号 k	索赔发生概率 q_k	赔偿金额(单位化)b_k	组内保单数 n_k
1	0.02	1	500
2	0.02	2	500
3	0.10	1	300
4	0.10	2	500
合计			1800

解　(1) 设保单组合的总损失量为 S,经简单计算有

$$\mathrm{E}(S)=160,\quad \mathrm{Var}(S)=256.$$

若利用正态分布近似,则可以认为 $\dfrac{S-\mathrm{E}(S)}{\sqrt{\mathrm{Var}(S)}}$ 近似服从标准正态分布. 已知标准正态分布的95%分位点为1.645(本书采用的是上分位点),则 S 的95%分位点近似为

$$\mathrm{E}(S)+1.645\times\sqrt{\mathrm{Var}(S)}=186.32.$$

(2) 若每个保单的损失量为 X_j,则对其收取的保费可表示为 $(1+\theta)\mathrm{E}(X_j)$. 按照题目要求,有

$$\Pr[S-(1+\theta)\mathrm{E}(S)\leqslant 0]\leqslant 0.95,$$

进而有

$$\Pr\left[\frac{S-\mathrm{E}(S)}{\sqrt{\mathrm{Var}(S)}}\leqslant\frac{\theta\mathrm{E}(S)}{\sqrt{\mathrm{Var}(S)}}\right]\leqslant 0.95.$$

由正态近似有

$$\frac{\theta\mathrm{E}(S)}{\sqrt{\mathrm{Var}(S)}}\approx 1.645,\quad 所以\quad \theta\approx 16.45\%.$$

结论:若以超过16.45%的比例在平均损失(数学期望)的基础上收取附加费,则有95%的把握保证总损失量不超过186.32货币单位.

这个问题也可以利用(1)的结论直接计算. 令

$$(1+\theta)\mathrm{E}(S)\geqslant S\text{ 的 }95\%\text{ 分位点}=186.32,$$

所以有

$$\theta\geqslant\frac{186.32}{\mathrm{E}(S)}-1=16.45\%.$$

一般称 $\theta\mathrm{E}[X_j]$ 为满足一定安全性要求(95%的置信限)的**安全**

附加费,称 θ 为**相对安全附加系数**.

例 1-5　设有 2500 份机动车辆保险合同,其损失发生后赔偿金额的分布形式为(带上限的指数分布):

$$\left.\begin{aligned} f_{B_i}(x;\lambda,L) &= \lambda e^{-\lambda x}(0 \leqslant x < L), \\ \Pr(B_i = L) &= e^{-\lambda L}, \end{aligned}\right. \qquad \lambda > 0, L > 0.$$

已知 2500 份合同的分布状况如表 1-4 所示. 试用正态分布近似总损失量,解决以下问题:

(1) 计算总损失量的 95%分位点;

(2) 若每个保单以其损失量数学期望的一定比例 $1+\theta$ 收取保费,保险公司希望收取的总保费应保证总损失量不超过保费收入的概率大于 95%,试给出 θ 的最小值.

表　1-4

组号 k	组内保单数 n_k	索赔发生概率 q_k	赔偿金额分布参数(单位化)		均值	方差
			λ	L		
1	500	0.10	1	2.5	45.89	67.055
2	2000	0.05	2	5.0	50	48.72
合计	2500				95.89	115.78

解　(1) 设总损失量为 S,经简单计算有

$$\mu = \mathrm{E}(B) = \frac{1 - e^{-\lambda L}}{\lambda}, \quad \mathrm{Var}(B) = \frac{1 - 2\lambda L e^{-\lambda L} - e^{-2\lambda L}}{\lambda^2},$$

$$\mathrm{E}(S) = 95.89, \quad \mathrm{Var}(S) = 115.78.$$

利用正态近似,S 的 95%分位点为

$$\mathrm{E}(S) + 1.645 \times \sqrt{\mathrm{Var}(S)} = 113.59.$$

(2) 方法与例 1-4 类似,可解出 $\theta \geqslant 18.46\%$. 结论:若以超过 18.46%的比例收取安全附加费,则有 95%的把握保证总损失量不超过 113.59 货币单位.

例 1-6　现有 16000 份一年期人寿保险(死亡概率均为 2%)合同的保单组合,数据如表 1-5 所示. 公司考虑到自身的资本状况和风险容忍水平,希望对上述保单组合按照以下原则安排再保险:对每份保单均考虑溢额再保险(将超过自留额部分的损失进行再保

险),并假设再保险保费为再保险平均损失的 2.5%.若希望所设计的再保险使得自留的总损失量与再保险保费(与自留额有关)的总和超过 825 万元的概率尽可能的小,试用正态分布近似计算适用的自留额.

表 1-5

组号 k	1	2	3	4	5
保险金额 b_k(万元)	1	2	3	5	10
保单数 n_k	8000	3500	2500	1500	500

解 设自留的总损失量为 S_I(单位:万元),d 为自留额(单位:万元),则

$$S_I = \sum_{k=1}^{5}\sum_{j=1}^{n_k} I_j(b_k \wedge d), \quad d = 2,3,4,5.$$

于是所求最小化的概率可以表示为

$$p = \Pr(S_I + \text{再保险保费} > 825),$$

其中

$$\text{再保险保费} = 1.025 \times [\mathrm{E}(S) - \mathrm{E}(S_I)].$$

显然很难得到概率 p 与自留额 d 的解析关系表达式. 但 S_I 和再保险保费与 d 的关系是相反的,这表明有可能存在适用的 d 值使上述概率最小. 下面对不同的自留额分别进行计算,结果列入表 1-6.

表 1-6

自留额 d (万元)	$\mathrm{E}(S_I)$	$\mathrm{Var}(S_I)$	再保险费(万元)	概率 p
2	480	784.0	275.0	0.00621
3	570	1225.0	162.5	0.00415
4	610	1499.4	112.5	0.00402
5	650	2587.2	62.5	0.01360

从表 1-6 可见,随着自留额 d 的上升,概率 p 不是简单的上升,自留额为 4 时概率最小. 请读者思考为什么自留额增大后保险公司自留部分出现大损失的概率也会增加.

例 1-7 按照 De Pril 算法重新计算例 1-4.

解 已知 $m=2, r=2, q_1=0.02, q_2=0.10, n_{11}=n_{21}=n_{22}=500$,

$n_{12}=300$,则

$$h(1,k)=(-1)^{k-1}(5\times 49^{-k}+3\times 9^{-k})\times 100,$$

$$h(2,k)=(-1)^{k-1}(49^{-k}+9^{-k})\times 1000,$$

$$f(0)=0.98^{1000}\times 0.9^{800},$$

$$f(1)=(5\times 49^{-1}+3\times 9^{-1})\times 100\times f(0),$$

$$f(x)=\frac{1}{x}\Big[\sum_{k=1}^{x}h(1,k)f(x-k)+\sum_{k=1}^{[x/2]}h(2,k)f(x-2k)\Big],\quad x\geqslant 2.$$

通过递推计算可得到 S 的 95%分位点约为 134.

§1.2 Poisson 聚合模型

在上一节讨论的模型(1.1.1)～(1.1.3)中,大多数情况下 $X_i=0$ 的概率很大,所以,对 n 个保单组合的实际观测中大量保单无索赔发生,$X_i\neq 0$ 的观测很少.因此,总损失量 S 的求和项中大多数为零.基于这种现象,人们考虑只对总损失量中 $X_i\neq 0$ 的部分进行求和,并进一步分析这种总损失模型的性质.我们称对非零的 X_i 进行求和的模型为**聚合模型**.

1.2.1 一般的短期聚合模型

根据对聚合模型的上述描述,聚合模型的数学模型可表示为

$$S=\begin{cases}X_1+X_2+\cdots+X_N, & N>0,\\ 0, & N=0,\end{cases}\tag{1.2.1}$$

其中

(1) 对任意 $n>0$,$X_1,X_2,\cdots,X_n$ 是独立同分布的随机变量,共同分布的分布函数记为 $F_X(x)$,并满足 $F_X(0)=0$,概率密度函数(如果存在)或概率函数记为 $f_X(x)$(注意这里的 X_n 与式(1.1.4)和(1.1.6)中的 B_i 的区别);

(2) 对任意 $n>0$,$X_1,X_2,\cdots,X_n,N$ 是独立的;

(3) N 为计数(随机)变量,且有 $\Pr(N=0)>0$.

在实际背景中这个模型并不会明确对应固定的保单组,而是考虑某个给定时期内的总损失.例如,考虑某业务类一年的总损失,显

然这个业务类一年内既有新的保单随时签发，又随时有保单到期，这时可以认为系统是开放的，模型刻画了给定的业务线在给定时间内的总损失. 这里将损失的发生与否（频率）与每次损失发生后的损失量分开考虑. 在业务背景给定的条件下，N 表示损失（索赔）发生的次数，一般称为**索赔数变量**；X_n 表示第 n 次损失的损失量或损失程度，一般称为**索赔量变量**. 为了表明这里的 X_n 与模型(1.1.1)～(1.1.3)中的 X_i 不同，我们称后者为**损失量变量**.

下面我们分析聚合模型与个体模型的关系.

首先，某个固定时间固定保单组的个体模型可以通过下面的变量代换变换为聚合模型.

对于模型(1.1.1)中 n 个独立同分布的随机变量 $X_1, X_2, \cdots, X_n$，可以将 $X_1, X_2, \cdots, X_n$ 中非零的变量按照观测的顺序加和为

$$S=\widetilde{X}_1+\widetilde{X}_2+\cdots+\widetilde{X}_N, \quad N>0,$$

则

$$N \sim B(n,q), \quad q=\Pr(X_i>0), \quad \widetilde{X}_i = X_i \mid X_i>0,$$

$$\Pr(\widetilde{X}_i=0)=0, \quad f_{\widetilde{X}_i}(x)=\frac{f_X(x)}{\Pr(X>0)}, \ x>0.$$

同样，也可以考虑将某个给定时期内的聚合模型变换为个体模型.

原则上讲，对于给定的聚合模型(1.2.1)，可以构造任意 $n>0$ 的个体模型：

$$S=\widetilde{X}_1+\widetilde{X}_2+\cdots+\widetilde{X}_n, \quad \widetilde{X}_1, \widetilde{X}_2, \cdots, \widetilde{X}_n \text{ 独立},$$

其中 $\widetilde{X}_i$ 的分布为

$$F_{\widetilde{X}_i}(x)=p+qF_X(x), \quad x \geqslant 0, \tag{1.2.2}$$

这里 $F_X(x)$为模型(1.2.1)定义的共同分布函数，$p=1-q$. 我们需要确定 p 或q. 当 N 服从参数为λ 的 Poisson 分布时，我们可以从以下两个角度来考虑如何确定系数 $q=\Pr(\widetilde{X}_i>0)$：

(1) 假设两个模型有相同的平均索赔数：

$$n\Pr(\widetilde{X}_i>0)=\mathrm{E}(N), \quad \text{因此} \quad \lambda=nq. \tag{1.2.3}$$

(2) 假设两个模型有相同的总损失量为零的概率：

$$[\Pr(\widetilde{X}_i=0)]^n=\Pr(N=0), \quad \text{因此} \quad \lambda=-n\ln(1-q). \tag{1.2.4}$$

将由(1.2.3)式或(1.2.4)式解得的 q 代入(1.2.2)式即可得到个体模型中 $\widetilde{X}_i$ 的分布.

下面,我们考虑聚合模型的一般分布性质. 首先,S 的分布函数可以表示为

$$\begin{aligned}F_S(x) &= \Pr(S \leqslant x) = \sum_{n=0}^{\infty}\Pr(S \leqslant x \mid N = n)\Pr(N = n) \\ &= \Pr(N = 0) + \sum_{n=1}^{\infty}\Pr\Big(\sum_{i=1}^{n}X_i \leqslant x\Big)\Pr(N = n) \\ &= \sum_{n=0}^{\infty}\Pr(N = n)F^{*(n)}(x),\end{aligned} \tag{1.2.5}$$

其中第一个等式利用了全概公式,最后一个等式利用了同分布条件,这里 $F^{*(n)}(x)$ 表示对函数 $F(x)$ 的 n 重卷积. 记 $p_n=\Pr(N=n)$,则有

$$F_S(x) = \sum_{n=0}^{\infty}p_nF^{*(n)}(x).$$

另外,将 S 的零点概率分离出来,S 的分布函数还可以表示为

$$\begin{aligned}F_S(x) &= \Pr(N = 0) + \Pr(N > 0)\cdot\Pr(0 < S \leqslant x \mid S > 0) \\ &= \Pr(N = 0) + \Pr(N > 0)\cdot\Pr(\widetilde{S} \leqslant x) \\ &= \Pr(N = 0) + \Pr(N > 0)\cdot F_{\widetilde{S}}(x) \\ &= p_0 + (1 - p_0)F_{\widetilde{S}}(x),\end{aligned} \tag{1.2.6}$$

其中 $\widetilde{S}$ 为 S 的非零部分. 表达式(1.2.6)说明 S 为在零点有质量的混合型随机变量,也就是说 S 的分布函数在 0 点有跳跃.

利用条件概率的基本结论,S 的均值和方差可以分别表示为

$$\begin{aligned}\mathrm{E}(S) &= \mathrm{E}[\mathrm{E}(S \mid N)] = \mathrm{E}[N\mathrm{E}(X)] \\ &= \mathrm{E}(N)\cdot\mathrm{E}(X),\end{aligned} \tag{1.2.7a}$$

$$\mathrm{Var}(S) = \mathrm{E}(N)\cdot\mathrm{Var}(X) + \mathrm{E}^2(X)\cdot\mathrm{Var}(N). \tag{1.2.7b}$$

S 的概率变换函数的表达式为

$$\begin{aligned}M_S(t) &= \mathrm{E}(\mathrm{e}^{tS}) = \mathrm{E}[\mathrm{E}(\mathrm{e}^{tS} \mid N)] = \mathrm{E}\{[M_X(t)]^N\} \\ &= P_N[M_X(t)] = \mathrm{E}[\mathrm{e}^{N\ln M_X(t)}] \\ &= M_N[\ln M_X(t)],\end{aligned} \tag{1.2.8}$$

$$L_S(t) = L_N[\ln L_X(t)]. \tag{1.2.9}$$

例 1-8　已知模型(1.2.1)中的 N 服从几何分布 $G(p)$. 试分析 S 的分布性质.

解　由定义,有

$$M_N(t)=\frac{p}{1-qe^t},\quad q=1-p,\quad t<-\ln q.$$

代入(1.2.8)式,得

$$M_S(t)=\frac{p}{1-qe^{\ln M_X(t)}}=\frac{p}{1-qM_X(t)}$$
$$=p+q\frac{pM_X(t)}{1-qM_X(t)}.$$

这表明,N 的参数 p 也就是 S 在零点的质量,$\widetilde{S}$ 的矩母函数为

$$M_{\widetilde{S}}(t)=\frac{pM_X(t)}{1-qM_X(t)},\quad M_X(t)>\frac{1}{q}.$$

特别地,若 $X\sim\exp(\lambda)$(均值为 $1/\lambda$ 的指数分布),则有

$$M_X(t)=\frac{\lambda}{\lambda-t},\quad 0<t<\lambda,$$

进而有

$$M_{\widetilde{S}}(t)=\frac{p\lambda}{p\lambda-t},\quad 0<t<p\lambda,$$

最终得到

$$\widetilde{S}\sim\exp(p\lambda).$$

这表明,若 S 为一系列指数分布随机变量的和,并且计数变量 N 服从几何分布时,S 可以表示为零点质量为 p 和非零部分服从指数分布(参数为 $p\lambda$)的混合分布:

$$F_S(x)=p+q(1-e^{-p\lambda x}),\quad x\geqslant 0.$$

例 1-9　已知模型(1.2.1)中的 N 服从负二项分布 $NB(r,q)$. 试给出 S 的分布性质.

解　由定义,有

$$M_N(t)=\left(\frac{p}{1-qe^t}\right)^r$$
$$(0\leqslant t<-\ln q;\ r>0,0<q<1,p+q=1).$$

代入(1.2.8)式,得

$$M_S(t)=\left[\frac{p}{1-qM_X(t)}\right]^r$$

$$(0\leqslant t<-\ln q;\ r>0,0<q<1,p+q=1).$$

例 1-10 已知模型(1.2.1)中的 N 服从二项分布 $B(n,q)$. 试给出 S 的分布性质.

解 由定义,有

$$M_N(t)=(pe^t+q)^n$$

$$(t\geqslant 0;0<q<1,p+q=1).$$

代入(1.2.8)式,得

$$M_S(t)=[(1-q)M_X(t)+q]^n$$

$$(t\geqslant 0;0<q<1,p+q=1).$$

1.2.2 Poisson 聚合模型

一类很常见也具有很多良好性质的聚合模型是聚合模型的计数变量服从 Poisson 分布. 本小节将主要讨论这类模型的基本性质和主要结论.

定义 1-2 若模型(1.2.1)中 N 服从 Poisson 分布,即 $N\sim$ Poisson(λ),则称 S 为 **Poisson 聚合模型**,按照概率论的定义,也称 S 为**复合 Poisson 变量**,简记为

$$S\sim CP(\lambda,F_X(x))\quad \text{或}\quad S\sim CP(\lambda,f_X(x)),$$

其中 $F_X(x)$代表模型(1.2.1)中 X 的分布函数,当 X 为离散型随机变量时,$f_X(x)$表示 X 的概率函数;当 X 为连续型随机变量时,$f_X(x)$表示 X 的概率密度函数.

按照定义,很容易直接得到 Poisson 聚合模型的一些基本性质:

$$\mathrm{E}(S)=\lambda\mathrm{E}(X),\quad \mathrm{Var}(S)=\lambda\mathrm{E}(X^2),\tag{1.2.10a}$$

$$M_S(t)=e^{\lambda[M_X(t)-1]}.\tag{1.2.10b}$$

定理 1-1(Panjer 递推) 设 $S\sim CP(\lambda,F_X(x))$,且 X 的支集为 $\{1,2,\cdots\}$,则 S 的概率函数满足以下的递推公式:

$$f_S(0)=e^{-\lambda},$$

$$f_S(x)=\frac{\lambda}{x}\sum_{y=1}^{x}yf_X(y)f_S(x-y),\quad x=1,2,\cdots.\tag{1.2.11}$$

特别地，有

$$f_S(1)=\lambda f_X(1)f_S(0),$$

$$f_S(2)=\frac{\lambda}{2}[f_X(1)f_S(1)+2f_X(2)f_S(0)].$$

证明　首先，自然有

$$f_S(0)=\Pr(S=0)=\Pr(N=0)=\mathrm{e}^{-\lambda}.$$

由矩母函数的定义，有

$$M'_S(t)=\sum_{k=0}^{\infty}k\mathrm{e}^{kt}f_S(k),\quad t\geqslant 0.$$

又由 Poisson 聚合模型的性质(1.2.10b)，有

$$\begin{aligned}M'_S(t)&=\lambda M'_X(t)\mathrm{e}^{\lambda[M_X(t)-1]}=\lambda M'_X(t)M_S(t)\\&=\lambda\Big[\sum_{k=0}^{\infty}k\mathrm{e}^{kt}f_X(k)\Big]\cdot\Big[\sum_{k=0}^{\infty}\mathrm{e}^{kt}f_S(k)\Big],\quad t\geqslant 0.\end{aligned}$$

上述两式对所有的 $t\geqslant 0$ 成立，而且两式均为 $\mathrm{e}^t(t\geqslant 0)$ 的无穷级数，因此两式在任何阶 x 的系数相等：

$$xf_S(x)=\lambda\sum_{y=1}^{x}yf_X(y)\,f_S(x-y),\quad x=1,2,\cdots.$$

所以表达式(1.2.11)得证.

这个定理大大地简化了复合 Poisson 变量分布函数的计算. 若按照一般聚合模型下分布函数公式(1.2.5)计算总损失量 S 的分布，需要进行多重卷积计算，定理 1-1 的计算只需要一步卷积的递推.

Poisson 聚合模型还具有对分布本身的封闭性. 也就是说，Poisson 聚合模型的独立和仍然为 Poisson 聚合模型，任何一个 Poisson 聚合模型还可以分解为一些独立的相对简单的 Poisson 聚合模型. 下面的两个定理将具体阐述这方面的结论.

定理 1-2　设 $S_1,S_2,\cdots,S_m$ 是相互独立的随机变量，而且 $S_i\sim CP(\lambda_i,f_i(x))$，则有

$$S=S_1+S_2+\cdots+S_m\sim CP(\lambda,f_X(x)),$$

其中

$$\lambda=\sum_{i=1}^{m}\lambda_i,\quad f_X(x)=\sum_{i=1}^{m}\frac{\lambda_i}{\lambda}f_i(x).$$

证明　由定义，S 的矩母函数可表示为

$$M_S(t) = \prod_{i=1}^{m} M_{S_i}(t),$$

再由 $S_i \sim CP(\lambda_i, f_i(x))$ 和公式(1.2.10b),有

$$M_{S_i}(t) = \mathrm{e}^{\lambda_i[M_{X_i}(t)-1]},$$

进而有

$$M_S(t) = \prod_{i=1}^{m} \mathrm{e}^{\lambda_i[M_{X_i}(t)-1]} = \mathrm{e}^{\sum_{i=1}^{m}\lambda_i[M_{X_i}(t)-1]}$$

$$= \mathrm{e}^{\lambda\left[\sum_{i=1}^{m}\frac{\lambda_i}{\lambda}M_{X_i}(t)-1\right]} = \mathrm{e}^{\lambda[M_X(t)-1]},$$

其中

$$\lambda = \sum_{i=1}^{m}\lambda_i, \quad M_X(t) = \sum_{i=1}^{m}\frac{\lambda_i}{\lambda}M_{X_i}(t).$$

由矩母函数的唯一性可知 $S \sim CP(\lambda, f_X(x))$.

例 1-11 已知 $N_i \sim \mathrm{Poisson}(\lambda_i)(i=1,2,\cdots,m)$ 独立,$x_i(i=1,2,\cdots,m)$ 为互不相同的实数. 记 $S=\sum_{i=1}^{m}N_i x_i$. 证明:

$$S \sim CP(\lambda, F_X(x)),$$

其中

$$\lambda = \sum_{i=1}^{m}\lambda_i, \quad f_X(x) = \begin{cases}\lambda_i/\lambda, & x = x_i, \\ 0, & \text{否则}.\end{cases}$$

证明 直接应用定理 1-2,这里已知

$$f_i(x) = \begin{cases}1, & x = x_i, \\ 0, & \text{否则},\end{cases}$$

自然得到结论.

定理 1-3(复合 Poisson 变量的分解) 设 $S \sim CP(\lambda, f_X(x))$,$A_1, A_2, \cdots, A_m$ 是对随机变量 X 的支集的一种划分:

(1) 给定 $i<j$,任意 $x \in A_i, y \in A_j \Rightarrow x<y$;

(2) $A_i \cap A_j = \varnothing$;

(3) $\bigcup_i A_i = X$ 的支集.

记 $p_i = \Pr(X \in A_i)$,则 S 可以分解为 $S = S_1 + S_2 + \cdots + S_m$,其中

$$S_i=\begin{cases}\sum_{j=1}^{N_i}X_j^{(i)}, & N_i>0,\\ 0, & N_i=0,\end{cases}\quad i=1,2,\cdots,m,$$

$S_1,S_2,\cdots,S_m$ 为相互独立的复合 Poisson 变量,这里

$$N_i=\begin{cases}\sum_{j=1}^{N}I_{\{X_j\in A_i\}}, & N>0,\\ 0, & N=0,\end{cases}\quad i=1,2,\cdots,m,$$

而且 $N_i\sim \text{Poisson}(\lambda_i)(\lambda_i=\lambda p_i)$,对于给定的 n,$X_1^{(i)},X_2^{(i)},\cdots,X_n^{(i)}$ 为独立同分布的随机变量,共同分布为

$$f_i(x)=\begin{cases}\dfrac{f_X(x)}{p_i}, & x\in A_i,\\ 0, & \text{否则},\end{cases}\quad i=1,2,\cdots,m,$$

即 $S_i\sim CP(\lambda_i,f_i(x)),i=1,2,\cdots,m$.

本定理证明的关键是构造相对独立的随机变量 $S_1,S_2,\cdots,S_m$. 为复合 Poisson 变量可由其定义得到. 证明留给读者作为练习.

例 1-12 已知 $S\sim CP(0.8,f_X(x))$,$f_X(1)=0.25$,$f_X(2)=0.375$,$f_X(3)=0.375$. 试采用三种方法计算 S 的概率函数 $f_S(x)=\Pr(S=x)$在 $x=0,1,\cdots,6$ 处的取值.

解 *方法1* 直接用公式(1.2.5),有

$$f_S(x)=\sum_{n=0}^{x}\frac{e^{-\lambda}\lambda^n}{n!}f_X^{*(n)}(x),\quad x=0,1,\cdots,6.$$

计算结果如表 1-7 所示.

表 1-7

x	$f_X^{*(0)}(x)$	$f_X(x)$	$f_X^{*(2)}(x)$	$f_X^{*(3)}(x)$	$f_X^{*(4)}(x)$	$f_X^{*(5)}(x)$	$f_X^{*(6)}(x)$	$f_S(x)$
0	1	—	—	—	—	—	—	$e^{-0.8}$
1	—	0.25	—	—	—	—	—	$0.2e^{-0.8}$
2	—	0.375	0.0625	—	—	—	—	$0.32e^{-0.8}$
3	—	0.375	0.1875	0.015625	—	—	—	$0.36e^{-0.8}$
4	—	—	0.328125	0.070313	0.003906	—	—	$0.11e^{-0.8}$
5	—	—	0.28125	0.175781	0.023438	0.000977	—	$0.11e^{-0.8}$
6	—	—	0.140625	0.263672	0.076172	0.007324	0.000024	$0.07e^{-0.8}$

方法 2 由于索赔量变量的取值仅有 1,2 和 3 三种情况,所以可以将 S 表示为

$$S = 1N_1 + 2N_2 + 3N_3.$$

由定理 1-3,N_1,N_2 和 N_3 相互独立,分别服从参数为

$$\lambda_1 = 0.25 \times 0.8 = 0.2,$$
$$\lambda_2 = 0.375 \times 0.8 = 0.3,$$
$$\lambda_3 = 0.375 \times 0.8 = 0.3$$

的 Poisson 分布,只需作两次卷积运算即可得到如表 1-8 所示的结果.

表 1-8

x	$P(N_1=x)$	$P(2N_2=x)$	$P(3N_3=x)$	$P(N_1+2N_2=x)$	$f_S(x)=$ $P(N_1+2N_2+3N_3=x)$
0	0.818731	0.740818	0.740818	0.606531	0.449329
1	0.163746	—	—	0.121306	0.089866
2	0.016375	0.222245	—	0.194090	0.143785
3	0.001092	—	0.222245	0.037201	0.162358
4	0.000055	0.033337	—	0.030974	0.049906
5	0.000002	—	—	0.005703	0.047960
6	0.000000	0.003334	0033337	0.003288	0.030923

方法 3 利用定理 1-1,这里 $\lambda=0.8$,有

$$f_S(0) = e^{-0.8},$$

$$f_S(1) = \frac{0.8}{1}p(1)f_S(0) = 0.8 \times 0.25 \times f_S(0) = 0.2e^{-0.8},$$

$$f_S(2) = \frac{0.8}{2}\{0.25f_S(1) + 2 \times 0.375f_S(0)\} = 0.32e^{-0.8},$$

$$f_S(3) = \frac{0.8}{3}\{0.25f_S(2) + 2 \times 0.375f_S(1) + 3 \times 0.375f_S(0)\}$$
$$= 0.361333e^{-0.8},$$

··················

显然,第三种方法计算最简单.

例 1-13 已知 $S \sim CP(\lambda, F_X(x))$,且 X 的最大取值为 M 并具有非零概率,当 $x \leqslant M$ 时,X 有连续的概率密度函数. 试根据定理1-3给出 S 的另一种同分布的表达.

解 S 可表示为 $S=S_1+S_2$,其中

$$S_1 \sim CP(\lambda_1, F_{X_1}(x)), \quad S_2 \sim CP(\lambda_2, F_{X_2}(x)),$$

$$\lambda_1 = \lambda F_X(M-), \quad \lambda_2 = \lambda[1 - F_X(M-)],$$

这里

$$F_{X_1}(x) = F_X(x)/F_X(M-), 0 \leqslant x \leqslant M, \quad F_{X_2}(x) = I_{\{x \geqslant M\}}.$$

§1.3　一般的聚合风险模型

前一节介绍的 Poisson 聚合模型具有许多优良性质,人们自然关心这样的性质是不是 Poisson 分布所独有的性质. 本节我们会发现一类具有类似性质的分布族.

1.3.1　$(a,b,0)$类计数分布的聚合风险模型

定义 1-3　若取值于无穷域的计数随机变量 N 的概率函数满足如下递推关系:

$$p_n = \Pr(N = n) = \left(a + \frac{b}{n}\right)p_{n-1}, \quad n = 1,2,\cdots, \qquad (1.3.1)$$

则称其属于$(a,b,0)$**类计数分布**,其中(a,b)为分布的参数.

记号$(a,b,0)$中的 0 表示递推关系从 p_0 开始. 当然,也可以将上述分布类扩展到从某个 p_k 开始的递推关系,这样可以增加分布的参数个数.

显然,Poisson 分布满足上述定义,同时还有其他一些常见的分布也满足这个定义. $(a,b,0)$类计数分布从直观上看有三个参数: a, b 和 p_0. 一些已知分布与这些参数的对应关系如表 1-9 所示,其中 $q=1-p$.

表　1-9

	p_n	a	b	p_0
Poisson 分布	$\frac{\lambda^n}{n!}\mathrm{e}^{-\lambda}$	0	λ	$\mathrm{e}^{-\lambda}$
二项分布	$C_m^n p^{m-n} q^n$	$-q/p$	$(m+1)q/p$	p^m
负二项分布 ($q=\beta/(1+\beta)$)	$\frac{\Gamma(n+r)}{\Gamma(n+1)\Gamma(r)}p^r q^n$	q	$(r-1)q$	p^r
几何分布 ($q=\beta/(1+\beta)$)	pq^n	q	0	p

引理 1-1　满足$(a,b,0)$类计数分布的分布只有 Poisson 分布、二项分布、几何分布和负二项分布.

证明　将(a,b)平面做如下的区域划分，并分别讨论各个区域的情况：

(1) $a+b<0$，则有 $p_1<0$，因此该区域不是可行域；

(2) $a\geqslant 1, a+b\geqslant 0$，则会在某个 p_k 出现 $p_k>1$ 的情况，因此随机变量 N 无法取大于 k 的值，从而该区域不是可行域；

(3) $a<0, a+b>0$（二项分布，取值有限）；

(4) $a=0, b>0$（Poisson 分布）；

(5) $0<a<1, b>0$（一般的负二项分布，$r>1$）；

(6) $0<a<1, b=0$（几何分布，$r=1$）；

(7) $0<a<1, b<0, a+b>0$（特殊的负二项分布，$r<1$）.

综合以上的讨论引理得证.

$(a,b,0)$类计数分布也有与 Poisson 分布的结论(1.2.11)类似的递推表达式.

定理 1-4　若短期聚合风险模型(1.2.1)中的计数随机变量 N 属于$(a,b,0)$类计数分布，且个体损失量 X 是支集为$\{1,2,\cdots\}$的随机变量，则总损失量 S 的概率函数满足如下的递推公式：

$$f_S(0) = p_0,$$

$$f_S(x) = \sum_{y=1}^{x}\left(a+b\,\frac{y}{x}\right)f_X(y)f_S(x-y),\quad x=1,2,\cdots. \tag{1.3.2}$$

定理 1-4 的证明与定理 1-1 的证明方法完全相同，这里略去.

实际上，我们也可以考虑比(1.3.1)式更一般的计数分布族——(a,b,d)**类计数分布**：

$$p_n = \left(a+\frac{b}{n}\right)p_{n-1},\quad n = d, d+1, d+2, \cdots.$$

对于这个计数分布族，也有与定理 1-4 类似的结论，请读者思考.

另外，也可以考虑定理 1-4 中的个体损失量 X 为取值于正实数的连续型随机变量，则总损失量 S 的概率密度函数满足如下的定理：

定理 1-5　若短期聚合风险模型(1.2.1)中的计数随机变量 N

属于$(a,b,0)$类分布族，且个体损失 X 是连续型随机变量，则总损失 S 的概率密度函数满足如下的公式：

$$f_S(0)=p_0,$$

$$f_S(x)=p_1 f_X(x)+\int_0^x\left(a+b\frac{y}{x}\right)f_X(y)f_S(x-y)\mathrm{d}y,\quad x>0.$$

证明与定理 1-1 的证明方法完全相同，这里略去证明.

1.3.2　复合负二项变量

Poisson 分布虽然有很多良好的性质，但是只有一个参数，而且 Poisson 分布的均值与方差相等，这些性质也限制了 Poisson 分布的适用性. 这里我们讨论负二项分布作为计数随机变量分布的聚合风险模型，这时也称总损失量 S 为**复合负二项变量**. 首先考虑负二项分布本身的性质.

(1) 负二项分布可以表示为 Poisson-Gamma 混合分布.

例 1-14　已知 $N|\Lambda=\lambda\sim\text{Poisson}(\lambda)$，$\Lambda\sim\text{Gamma}(r,\beta)$. 证明：

$$N\sim NB(r,p),\quad 其中\quad p=\frac{\beta}{1+\beta}.$$

证明　计算 N 的(无条件)矩母函数：

$$M_N(t)=\mathrm{E}_\Lambda[\mathrm{E}(\mathrm{e}^{tN}|\Lambda)]=\mathrm{E}_\Lambda[M_{N|\Lambda}(t)]=\mathrm{E}_\Lambda[\mathrm{e}^{\Lambda(\mathrm{e}^t-1)}]$$

$$=M_\Lambda(\mathrm{e}^t-1)=\left(\frac{\beta}{\beta-\mathrm{e}^t+1}\right)^r=\left(\frac{p}{1-q\mathrm{e}^t}\right)^r.$$

这表明 $N\sim NB(r,p)$，其中 $p=\dfrac{\beta}{1+\beta}$.

这个例子说明，负二项分布可以看做条件 Poisson 分布与 Gamma 分布混合后的无条件分布(或称之为 Poisson-Gamma 混合分布).

下面我们将上述结论应用于模型(1.2.1). 若 X 是支集为 $\{1,2,\cdots\}$ 的随机变量，$N\sim NB(r,p)$，则总损失量 S 的概率函数可通过下面的递推公式进行计算.

根据条件概率的定义，有

$$f_S(x)=\int_0^{+\infty}f_{S|\Lambda=\lambda}(x)f_\Lambda(\lambda)\mathrm{d}\lambda.$$

由定理 1-1,有

$$f_{S|\Lambda=\lambda}(0)=\mathrm{e}^{-\lambda},$$

$$f_{S|\Lambda=\lambda}(x)=\frac{1}{x}\sum_{y=1}^{x}\lambda y f_X(y) f_{S|\Lambda=\lambda}(x-y)$$

$$(x=1,2,\cdots),$$

进而有

$$f_S(0)=p^r,$$

$$f_S(x)=\frac{1}{x}\sum_{y=1}^{x} y f_X(y)\int_0^{+\infty}\lambda f_{S|\Lambda=\lambda}(x-y) f_\Lambda(\lambda)\mathrm{d}\lambda$$

$$(x=1,2,\cdots).$$

特别地,有

$$f_S(1)=\frac{\Gamma(r+1)}{\Gamma(r)}p^r q f_X(1).$$

考虑一般的**混合 Poisson 分布**,即 N 为计数随机变量,当某个辅助随机变量 $\Lambda=\lambda$ 时,$N\sim\text{Poisson}(\lambda)$. 无论 Λ 的分布如何,只要该随机变量不退化,则有

$$\mathrm{Var}(N)=\mathrm{Var}(\Lambda)+\mathrm{E}(\Lambda)=\mathrm{Var}(\Lambda)+\mathrm{E}(N),$$

$$\frac{\mathrm{Var}(N)}{\mathrm{E}(N)}=1+\frac{\mathrm{Var}(\Lambda)}{\mathrm{E}(\Lambda)}\geqslant 1,$$

即一般的混合 Poisson 分布的方差均大于其均值. 这个性质显然修正了 Poisson 分布本身的不足. 混合 Poisson 分布的实际背景可以解释为: 不同风险类的平均索赔数服从 Gamma 分布,每个风险类中的索赔数服从 Poisson 分布,例如机动车辆险和团体人寿险.

(2) 负二项分布可表示含多次索赔的保单情形.

我们还可以这样来理解索赔发生次数变量 N: 假设存在客观的**索赔起因事故**(例如交通事故,所谓的起因是指无论是否承保都会发生),并假设这种起因事故的发生频率服从 Poisson 分布,但是每次事故可能会造成某个保险公司的多起(保单)索赔或理赔. 设 N_1 表示起因事故数,M_i 表示第 i 次起因事故造成的索赔数,则有

$$N=M_1+\cdots+M_{N_1},\quad N_1\sim\text{Poisson}(\lambda).$$

因此,当 $f_X(x)$为如下分布(称为**对数分布**,记做 $X\sim\log(\beta)$)时:

$$f_X(x)=\frac{1}{x\ln(1+\beta)}\left(\frac{\beta}{1+\beta}\right)^x,\quad x=1,2,\cdots,$$

N 作为 $CP(\lambda,f_X(x))$，服从负二项分布，即 $N\sim NB(r,p)$，参数的对应关系为

$$\lambda=-r\ln p,\quad \beta=\frac{1-p}{p}.$$

现在基于上面对服从负二项分布的 N 的分析，考虑模型(1.2.1)中总损失量 S 的分布.

若将 N 看做 $N=M_1+\cdots+M_{N_1}$，其中 $N_1\sim \text{Poisson}(\lambda)$，$M_i\sim\log(\beta)$，则复合负二项变量也可以表示为 Poisson 聚合模型：

$$\begin{aligned}&S\sim CP(\lambda,f_Y(x)),\quad \lambda=-r\ln p,\\&Y=X_1+\cdots+X_M,\quad M\sim\log\left(\frac{1-p}{p}\right).\end{aligned}\tag{1.3.3}$$

但此时的索赔数变量还是 N，而不是 Poisson 变量 M. 在 Poisson 聚合模型(1.3.3)中将部分索赔数的信息 M 放到了索赔量变量中.

例 1-15　表 1-10 的前两行为某机动车辆险的索赔数数据，试用 Poisson 分布和负二项分布进行拟合并比较两个结果.

表　1-10

索赔数		0	1	2	3	4	5	总和
保单数(实际)		3719	232	38	7	3	1	4000
保单数(拟合)	Poisson 分布	3668.54	317.33	13.72	0.40	0.01	0.00	4000
	负二项分布	3719.22	229.90	39.91	8.42	1.93	0.46	4000

解　根据样本直接计算，得平均索赔数为 0.0865(或索赔频率为 8.65%)，方差为 0.122518. 显然均值远远小于方差，Poisson 分布不适合. 表 1-10 的第三行中也给出了采用 Poisson 分布进行拟合的结果，请读者采用适用的统计方法说明上述 Poisson 分布拟合的拟合优度.

若考虑负二项分布的拟合，拟合结果为

$$N\sim NB(r=0.2166,p=0.2854),$$

见表 1-10 第四行. 这时，模型的平均交通事故数为 0.27，而且按照上面将负二项分布看做复合 Poisson 分布的分解来理解这个拟合结

果,还可以得到以下关于索赔的详细信息：当交通事故发生后有84.942%的可能将造成1次索赔,12.114%的可能将造成2次索赔,2.304%的可能将造成3次索赔,多于3次索赔的比例将非常小.

1.3.3 特殊的个体损失分布下总损失量的分布

设个体损失分布为指数分布：$X_i \sim \exp(\beta)(i=1,2,\cdots,n)$，则有$X_1+\cdots+X_n \sim \mathrm{Gamma}(n,\beta)$,进而有

$$M_{X_1+\cdots+X_n}(t)=\left(\frac{\beta}{\beta-t}\right)^n,\quad 0<t<\beta,$$

$$F^{*(n)}(x)=1-\sum_{j=0}^{n-1}\frac{\beta(\beta x)^j}{j!}\mathrm{e}^{-\beta x},\quad n=1,2,\cdots.$$

代入(1.2.5)式,有

$$F_S(x)=1-\sum_{n=1}^{\infty}p_n\sum_{j=0}^{n-1}\frac{(\beta x)^j}{j!}\mathrm{e}^{-\beta x}.$$

特别地,有下面的结果：

(1) 若$N\sim \mathrm{Poisson}(\lambda)$,则

$$F_S(x)=1-\mathrm{e}^{-(\lambda+\beta)x}\sum_{n=1}^{\infty}\frac{\lambda^n}{n!}\sum_{j=0}^{n-1}\frac{(\beta x)^j}{j!},\quad x\geqslant 0.$$

(2) 若$N\sim B(m,q)$,则

$$F_S(x)=1-\sum_{n=1}^{m}\mathrm{C}_m^n q^n(1-q)^{m-n}\sum_{j=0}^{n-1}\frac{(\beta x)^j}{j!}\mathrm{e}^{-\beta x},\quad x\geqslant 0.$$

(3) 当$N\sim NB(r,p)$(r为整数)时,Panjer 和 Willmot 证明了以下关于复合负二项分布的简化计算定理(见文献[17])：

当索赔数$N\sim NB(r,p)$(r为整数)时,总损失S服从二项分布与指数的复合分布(有限和),即

$$F_S(x)=1-\sum_{n=1}^{r}\mathrm{C}_r^n\left(\frac{p}{1+p}\right)^n\left(\frac{1}{1+p}\right)^{r-n}\sum_{j=0}^{n-1}\frac{\left(\frac{p}{1+p}x\right)^j}{j!}\mathrm{e}^{-\beta x},\quad x\geqslant 0.$$

请读者以概率函数(矩母函数或拉普拉斯函数)为工具证明这一结论.

(4) 若 $N \sim NB(1,p)$(即几何分布),则有解析表达式

$$F_S(x) = p + q(1 - e^{-\beta p x}), \quad q = 1 - p.$$

1.3.4　总损失量分布的数值化近似

实际上,我们可以对任意类型的随机变量进行数值离散化处理,进而进行近似计算.这部分将讨论总损失模型在这方面的工作.

对任意取定的 $h>0$,记

$$k_j = \Pr(X = jh) > 0, \quad j = 0,1,2,\cdots,$$

$$\sum_{j=0}^{\infty} k_j = 1.$$

下面介绍如何将一般分布转换为只在 h 的整数倍点有取值的算术分布 $K_h(x)$.

对一般的分布可采用以下两种方法转换为算术分布:

(1) 在整数点平滑处理.

对任何 $h>0$,考虑由连续分布 $F_X(x)$ 定义的三个算术分布(递增的阶梯函数):

$$K_h^A(x) = \begin{cases} k_0^A = F_X(h-0), & x = 0, \\ k_j^A = F_X(jh+h-0) \\ \qquad - F_X(jh-0), & x = jh, j = 1,2,\cdots; \end{cases}$$

$$K_h^C(x) = \begin{cases} k_0^C = 0, & x = 0, \\ k_j^C = F_X(jh+0) \\ \qquad - F_X(jh-h+0), & x = jh, j = 1,2,\cdots; \end{cases}$$

$$K_h^B(x) = \begin{cases} k_0^B = F_X\left(\dfrac{h}{2}-0\right), & x = 0, \\ k_j^B = F_X\left(jh+\dfrac{h}{2}-0\right) \\ \qquad - F_X\left(jh-\dfrac{h}{2}-0\right), & x = jh, j = 1,2,\cdots. \end{cases}$$

显然,有

$$K_h^A(x) \geqslant F_X(x) \geqslant K_h^C(x), \quad x \geqslant 0$$

和

$$K_h^A(x) \geqslant K_h^B(x) \geqslant K_h^C(x), \quad x \geqslant 0.$$

对聚合模型(1.2.1),若将 $F_X(x)$进行上述数值化处理,可以证明对于 S 的分布也可以相应地得到以下的控制公式:

$$\sum_{n=0}^{\infty} p_n [K_h^A(x)]^{*(n)} \geqslant F_S(x) = \sum_{n=0}^{\infty} p_n F_X^{*(n)}(x)$$

$$\geqslant \sum_{n=0}^{\infty} p_n [K_h^C(x)]^{*(n)}, \quad x \geqslant 0.$$

(2) 矩方法.

令得到的算术分布与原分布的前 $p\,(p\geqslant 1)$阶原点矩相同. 考虑任意一个长度为 ph 的区间$(x_k, x_k+ph]$. 若要求近似的算术分布在该区间内各点 $x_k, x_k+h, \cdots, x_k+ph$ 上的概率 $m_0^k, m_1^k, \cdots, m_p^k$ 满足算术分布与原分布的前 $p\,(p\geqslant 1)$阶原点矩相同,则有如下的 $p+1$ 个方程:

$$\sum_{j=0}^{p} (x_k + jh)^r m_j^k = \int_{x_k}^{x_k+ph} x^r \mathrm{d}F_X(x), \quad r = 0, 1, \cdots, p,$$

进而有

$$m_j^k = \int_{x_k}^{x_k+ph} \prod_{i\neq j} \frac{x - x_k - ih}{(j-i)h} \mathrm{d}F_X(x), \quad j = 0, 1, \cdots, p.$$

令 $x_k = kph\ (k = 0, 1, \cdots)$, 则得到算术分布在区间 $(0, ph]$, $(ph, 2ph]$, …上的点概率,区间连接点的概率取两个估计的平均. 一般只需考虑到二阶矩.

§1.4 总损失模型的近似计算

本节将进一步讨论总损失模型(聚合模型)的各种近似方法. 首先考虑总损失量在保单规模增加后的渐近分布;然后讨论用 Poisson 聚合模型近似个体模型时的一些结果;最后讨论一些常见的分布近似.

1.4.1 总损失量的渐近分布

1. 渐近正态性

定理 1-6 若短期风险模型为 Poisson 聚合模型,即总损失量

$S \sim CP(\lambda, f_X(x))$，则如下的标准化随机变量 Z 的极限分布为标准正态分布：

$$Z = \frac{S - \lambda \mathrm{E}(X)}{\sqrt{\lambda \mathrm{E}(X^2)}} \xrightarrow{d} N(0,1), \quad \lambda \to \infty.$$

证明 只需证明

$$\lim_{\lambda \to \infty} M_Z(t) = \exp\left\{\frac{1}{2}t^2\right\}, \quad t \geqslant 0.$$

由复合 Poisson 分布矩母函数的性质，有

$$M_Z(t) = \mathrm{e}^{-\lambda} \exp\left\{\lambda M_X\left(\frac{t}{\sqrt{\lambda \mathrm{E}(X^2)}}\right) - \frac{\lambda t \mathrm{E}(X)}{\sqrt{\lambda \mathrm{E}(X^2)}}\right\}. \quad (1.4.1)$$

将 $M_X\left(\frac{t}{\sqrt{\lambda \mathrm{E}(X^2)}}\right)$ 进行泰勒展开：

$$\begin{aligned} M_X\left(\frac{t}{\sqrt{\lambda \mathrm{E}(X^2)}}\right) &= M_X(0) + \frac{t}{\sqrt{\lambda \mathrm{E}(X^2)}} M'_X(0) \\ &\quad + \frac{t^2}{2\lambda \mathrm{E}(X^2)} M''_X(0) + O(\lambda^{-3/2}) \\ &= 1 + \frac{t}{\sqrt{\lambda \mathrm{E}(X^2)}} \mathrm{E}(X) + \frac{t^2}{2\lambda \mathrm{E}(X^2)} \mathrm{E}(X^2) + O(\lambda^{-3/2}). \end{aligned}$$

代入(1.4.1)式，有

$$M_Z(t) = \exp\left\{\frac{t^2}{2} + O(\lambda^{-1/2})\right\}, \quad t \geqslant 0.$$

结论得证.

这个定理表明，复合 Poisson 分布当 Poisson 参数趋于无穷时，标准化的渐近分布为标准正态分布. 这是类似于概率论中著名的中心极限定理的结论. 复合 Poisson 分布是独立随机变量的随机和，在复合 Poisson 分布中项数随机变量的数学期望为 Poisson 参数，所以 Poisson 参数趋于无穷也可以看做一种广义的无穷和.

当短期风险模型中的总损失量 S 为复合负二项变量，即 $N \sim NB(r, p)$ 时，也有类似的结论. 这时的极限是指参数 $r \to \infty$，即

$$Z = \frac{S - \mathrm{E}(N)\mathrm{E}(X)}{\sqrt{\mathrm{Var}(S)}} \xrightarrow{d} N(0,1), \quad r \to \infty.$$

这里不再详细证明.

2. 尾部的渐近分布

对于总损失量 S 的分布计算，有时更关心其尾部的性质，也就是说，当 $x\to\infty$ 时，$1-F_S(x)=\overline{F}_S(x)$ 的表现(这里 $\overline{F}_S$ 为 S 的生存函数). 显然，尾部的性质既与计数随机变量的性质有关也与索赔量 X 的分布有关，而且根据经验，索赔量 X 的分布更为重要. 下面不加证明的介绍两个主要的结论.

(1) 渐近分布：

Embrechts 等人(1985)证明了如下结论：若 $p_n\sim cn^{\alpha}\tau^n, n\to\infty$ $(c>0,\alpha\in\mathbb{R},0<\tau<1)$，则

$$\overline{F}_S(x)\xrightarrow{d}\frac{cx^{\alpha}\mathrm{e}^{-Rx}}{R[\tau\mathrm{E}(X\mathrm{e}^{RX})]^{\alpha+1}},\quad x\to\infty,$$

其中 R 满足 $M_X(R)=\dfrac{1}{\tau}$，称为**调节系数**.

特别地，若 N 服从几何分布，即 $N\sim G(p)$，则有

$$c_-\mathrm{e}^{-Rx}\leqslant\overline{F}_S(x)\leqslant c_+\mathrm{e}^{-Rx},$$

其中

$$c_-=\inf_{x\in[0,x_0)}\frac{\mathrm{e}^{Rx}\overline{F}_X(x)}{\int_x^{+\infty}\mathrm{e}^{Ry}\mathrm{d}F_X(y)},\quad c_+=\sup_{x\in[0,x_0)}\frac{\mathrm{e}^{Rx}\overline{F}_X(x)}{\int_x^{+\infty}\mathrm{e}^{Ry}\mathrm{d}F_X(y)},$$

而 R 满足 $M_X(R)=\dfrac{1}{p}$.

(2) 分布的上下界：

考虑描述索赔数尾部特征的量：

$$\begin{aligned}a_n&=\Pr(N>n)=\sum_{k=n+1}^{\infty}\Pr(N=k)\\&=\sum_{k=n+1}^{\infty}p_k,\quad n=0,1,\cdots.\end{aligned}$$

设存在 $\varphi_1,\varphi_2\in(0,1)$，满足

$$a_{n+1}\leqslant\varphi_1a_n,\quad a_{n+1}\geqslant\varphi_2a_n,\quad n=0,1,2,\cdots,$$

即

$$a_{n+1}\leqslant a_0\varphi_1^n,\quad a_{n+1}\geqslant a_0\varphi_2^n,\quad n=0,1,2,\cdots.$$

这表明，几何分布将按照一定的方式控制索赔数分布.

设 $B_1(y), B_2(y)$ 为满足以下条件的分布函数：

$$\int_0^{+\infty} [\overline{B}_1(y)]^{-1} \mathrm{d}F_X(y) = \frac{1}{\varphi_1},$$

$$\int_0^{+\infty} [\overline{B}_2(y)]^{-1} \mathrm{d}F_X(y) = \frac{1}{\varphi_2};$$

$\overline{V}_1(x), \overline{V}_2(x)$ 为满足以下条件的分布函数：

$$\overline{V}_1(x)\overline{B}_1(y) \leqslant \overline{V}_1(x+y), \quad x \geqslant 0, y \geqslant 0,$$

$$\overline{V}_2(x)\overline{B}_2(y) \geqslant \overline{V}_2(x+y), \quad x \geqslant 0, y \geqslant 0.$$

令

$$c_i(x,z) = \frac{\displaystyle\int_z^{+\infty} [\overline{B}_i(y)]^{-1} \mathrm{d}F_X(y)}{\overline{V}_i(x-z)\overline{F}_X(z)}$$

$$(0 \leqslant z \leqslant x,\ \overline{F}_X(z) > 0,\ i = 1,2),$$

$$c_1(x) = \frac{1}{\inf\limits_{0 \leqslant z \leqslant x, \overline{F}_X(z) > 0} c_1(x,z)} \quad (x > 0),$$

$$c_2(x) = \frac{1}{\sup\limits_{0 \leqslant z \leqslant x, \overline{F}_X(z) > 0} c_2(x,z)} \quad (x > 0),$$

则有以下关于 $\overline{F}_S(x)$ 的控制界成立：

$$\frac{1-p_0}{\varphi_2 \overline{V}_2(0)} c_2(x) \leqslant \overline{F}_S(x) \leqslant \frac{1-p_0}{\varphi_1 \overline{V}_1(0)} c_1(x), \quad x \geqslant 0.$$

1.4.2　Poisson 聚合模型近似个体模型

聚合模型在计算上有其方便之处，但是从实际的角度看，个体模型更具有一般性，任意的保单组合的总损失都会自然地构成个体模型. 因此，这部分考虑如何建立个体模型与 Poisson 聚合模型之间的联系.

对一般的个体模型：

$$S = X_1 + \cdots + X_n, \quad n > 0, X_1, \cdots, X_n \text{ 相互独立}$$

$$q_i = \Pr(X_i > 0), \quad X_i \sim f_{X_i}(x), \quad i = 1,2,\cdots,n,$$

有

$$M_S(t) = \prod_{i=1}^{n} [p_i + q_i M_{X_i}(t)] = \prod_{i=1}^{n} \{1 + q_i [M_{X_i}(t) - 1]\}$$

$$= \exp\left\{\sum_{i=1}^{n} \ln\{1+q_i[M_{X_i}(t)-1]\}\right\}, \quad p_i = 1-q_i.$$

若考虑用如下的 Poisson 聚合模型近似：

$$S^* = X_1^* + \cdots + X_N^*, \quad N \sim \text{Poisson}(\lambda),$$
$$M_{S^*}(t) = \exp\{\lambda[M_{X^*}(t)-1]\},$$

可以从以下两个方面建立联系.

1. 保持两个模型具有相同的平均索赔次数

如下选取 Poisson 聚合模型的参数：

$$\lambda = \sum_{i=1}^{n} q_i, \quad f_{X^*}(x) = \sum_{i=1}^{n} \frac{q_i}{\lambda} f_{X_i}(x).$$

自然有

$$\mathrm{E}(S^*) = \mathrm{E}(S), \quad \mathrm{Var}(S^*) = \sum_{i=1}^{n} q_i \mathrm{E}(X_i^2) > \mathrm{Var}(S),$$

所以这个近似模型比原模型更为保守.

考虑 Le Cam 关于两个分布的距离：

$$d(F,G) = \sup_{A}\{|P_G(A) - P_F(A)|\},$$

其中 F 和 G 分别表示两个分布函数. Gerber(1984)证明了下面的结论：

$$d(F_S^{\text{ind}}, F_S^{\text{CP}}) \leqslant \sum_{i=1}^{n} q_i^2,$$

其中 F_S^{ind} 表示原个体模型的总损失分布函数，F_S^{CP} 表示按照上述方法近似的 Poisson 聚合模型的总损失分布函数.

例 1-16 考虑如表 1-11 所示的个体损失模型，试给出近似的 Poisson 聚合模型.

表 1-11

i	q_i	$f_{X_i}(1)$	$f_{X_i}(2)$	$f_{X_i}(3)$	$f_{X_i}(4)$
1	0.10	0.10	0.20	0.30	0.40
2	0.20	0.20	0.30	0.50	0
3	0.30	0	0	0.50	0.50
对应的聚合模型	$\lambda=0.60$	$f_{X^*}(1)=0.083333$	$f_{X^*}(2)=0.133333$	$f_{X^*}(3)=0.466667$	$f_{X^*}(4)=0.316667$

解 若考虑保持具有相同的平均索赔数,则有表 1-11 最后一行的近似结果,其中 $\lambda=0.6$. 表 1-12 给出了两种模型下分布函数的比较. 可以发现,两者的差异随 x 的增加而逐渐下降.

表 1-12

x	精确(个体模型) $f_S(x)$	近似(Poisson 聚合模型) $f_S(x)$	差异
0	0.50400	0.5488116	0.0448116
1	0.03080	0.0274406	0.0414522
2	0.04928	0.0445909	0.0367632
3	0.18878	0.1558739	0.0038571
4	0.13938	0.1137688	−0.0217541
5	0.02094	0.0177879	−0.0249062
6	0.03165	0.0306526	−0.0259036
7	0.02542	0.0312012	−0.0201224
8	0.00612	0.0134838	−0.0127585
9	0.00162	0.0049926	−0.0093859
10	0.00141	0.0051912	−0.0056047
11	0.00060	0.0032816	−0.0029231
12	0	0.0012863	−0.0016368

由 Gerber(1984)的结论,有

$$\sum_{i=1}^{3} q_i^2 = 0.14.$$

表 1-12 的最后一列的绝对值之和为 0.2518.

2. 保持相同的零点概率

如下选取 Poisson 聚合模型的参数:

$$e^{-\lambda} = \prod_{i=1}^{n}(1-q_i)$$

或

$$\lambda = -\sum_{i=1}^{n}\ln(1-q_i) > \sum_{i=1}^{n} q_i.$$

这时的近似 Poisson 聚合模型保持与原模型的零点概率相同,但是平均索赔数增加了. 这也可以认为是一种比原模型更为保守的近似.

1.4.3 用特殊分布近似总损失量的分布

虽然有中心极限定理作为渐近分布的理论基础,但是大多数总损失分布还是表现出很差的正态性. 例如,如下常见的复合变量的三阶原点矩都是非零的:

复合 Poisson 变量的三阶中心矩: $\lambda \mathrm{E}(X^3)$;

复合负二项变量的三阶中心矩: $\dfrac{rqp_3}{p}+\dfrac{3rq^2p_1p_2}{p^2}+\dfrac{2rq^3p_1^3}{p^3}$, 其中 $p_i=\mathrm{E}(X^i), i=1,2,\cdots$.

这表明复合变量至少不具有对称性,因此是非正态的.

下面考虑用其他分布近似总损失量的分布.

1. Gamma 分布近似

考虑随机变量 X,它服从三参数的平移 Gamma 分布:

$$X \sim H(x;\alpha,\beta,x_0) = \mathrm{Gamma}(x-x_0;\alpha,\beta),$$

其中的 $\mathrm{Gamma}(x-x_0;\alpha,\beta)$ 表示 Gamma 分布函数. 这个分布的前三阶中心矩分别为

$$\mathrm{E}(X) = x_0+\frac{\alpha}{\beta}, \quad \mathrm{Var}(X) = \frac{\alpha}{\beta^2}, \quad \mathrm{E}\{[X-\mathrm{E}(X)]^3\} = \frac{2\alpha}{\beta^3}.$$

我们可以利用总损失量 S 的前三阶中心矩的表达式得到近似的平移 Gamma 分布的三个参数.

下面的定理表明,复合负二项分布在一定的条件下渐近服从某种标准的 Gamma 分布.

定理 1-7 设 $S_k(k=1,2,\cdots)$ 服从复合负二项分布,即其对应的计数随机变量 $N_k \sim NB(r,p(k))$,而且

$$\frac{q(k)}{p(k)}=k\frac{q}{p} \quad (k=1,2,\cdots),$$

其中

$$p(k)+q(k)=1\ (k=1,2,\cdots), \quad p+q=1,$$

则有

$$Z_k = \frac{S_k}{\mathrm{E}(S_k)} \xrightarrow[d]{k\to\infty} \mathrm{Gamma}(r,r).$$

证明从略.

这个结论的实际背景是：当平均索赔数较多时，索赔量相对较集中.

2. Edgeworth 近似

首先将总损失量 S 的标准化随机变量 $Z=\dfrac{S-\mathrm{E}(S)}{\mathrm{Var}(S)}$ 的 $M_Z(t)$ 函数表示为

$$M_Z(t)=\exp\left\{\frac{t^2}{2}\right\}\exp\{a_3t^3+a_4t^4+\cdots\},$$

再将其中第二项展开有

$$M_Z(t)=\exp\left\{\frac{t^2}{2}\right\}\left(1+a_3t^3+a_4t^4+\frac{a_3^2}{2}t^6+\cdots\right).$$

另外，有

$$\exp\left\{\frac{t^2}{2}\right\}=M_\Phi(t)=\int_{-\infty}^{+\infty}\mathrm{e}^{tx}\,\mathrm{d}\Phi(x),$$

进而有

$$t\exp\left\{\frac{t^2}{2}\right\}=-\int_{-\infty}^{+\infty}\mathrm{e}^{tx}\varphi'(x)\mathrm{d}x=M_{-\Phi'}(t),$$

$$\begin{aligned}t^k\exp\left\{\frac{t^2}{2}\right\}&=(-1)^k\int_{-\infty}^{+\infty}\mathrm{e}^{tx}\varphi^{(k)}(x)\mathrm{d}x\\&=M_{(-1)^k\Phi^{(k)}}(t),\quad k=1,2,\cdots,\end{aligned}$$

其中 $\varphi(x)$ 为标准正态分布随机变量的概率密度函数. 因此，Z 的概率密度函数满足

$$f_Z(x)=\varphi(x)-a_3\varphi^{(3)}(x)+a_4\varphi^{(4)}(x)+\frac{a_3^2}{2}\varphi^{(6)}(x)+\cdots.$$

形如上式的级数称为 **Edgeworth 级数**. 但该级数不一定收敛，一般取其有限项，称之为 **Edgeworth 近似**. 这个近似在均值附近的效果较好.

3. Esscher 近似

对一般的分布函数 $F(x)$ 定义 **Esscher 变换**，即对某个常数 $h>0$，重新定义如下的分布函数：

$$F_{(X,h)}(x;h)=\frac{\int_0^x\mathrm{e}^{hy}\,\mathrm{d}F(y)}{M_X(h)}.$$

自然有

$$M_{(X,h)}(t)=\frac{M_X(t+h)}{M_X(h)},$$

进而考虑用这个变换对 S 的分布进行近似计算. 这种近似称为 **Esscher 近似**. 如果我们对 S 在某个点 x 的分布很关注,其具体做法如下:

(1) 给定 x,选择 h,构造新的分布函数所对应的随机变量 $S(h,x)$,满足

$$\mathrm{E}[S(h,x)]=\frac{M_S'(h)}{M_S(h)}=x.$$

(2) 对 $S(h,x)$利用 Edgeworth 近似取前面两项:

$$f_{S(h,x)}(y)\approx\varphi(z)-\frac{\mathrm{E}\{[S(h,x)-x]^3\}}{6\{\mathrm{Var}[S(h,x)]\}^{3/2}}\varphi^{(3)}(z),$$

其中 $z=\dfrac{y-x}{\{\mathrm{Var}[S(h,x)]\}^{1/2}}$,进而有关于总损失 S 的近似:

$$\bar{F}_S(x)=M_S(h)\int_x^{+\infty}\mathrm{e}^{-hy}f_{S(h,x)}(y)\mathrm{d}y,$$

$$F_S(x)=M_S(h)\int_{-\infty}^{x}\mathrm{e}^{-hy}f_{S(h,x)}(y)\mathrm{d}y.$$

具体选择上面两个式子中的哪一个进行近似还需对 h 作进一步考虑,这里不再详述,请参考文献[1].

习　题　1

1. 已知示性变量 I 满足 $\Pr(I=1)=0.05$,B 服从 0 到 20 的均匀分布$U(0,20)$. 计算个体风险变量 $X=IB$ 的分布函数、期望和方差.

2. 记 X 为 5 次投掷一枚均匀硬币后正面朝上的次数. 现将 X 颗均匀的骰子一起投掷,记 Y 为掷骰子的点数之和. 计算 Y 的期望和方差.

3. 试计算例 1-2 的方差、峰度和峭度,并基于计算结果说明该分布的性状.

4. 由已知随机变量 X 和 Y 构造如下的两个随机变量：

$$Z_1 = qX + (1-q)Y, \quad Z_2 = IX + (1-I)Y,$$

其中 q 为[0,1]上的实数，I 为示性变量. 试给出 Z_1 和 Z_2 的前三阶中心矩，并说明各自的特点.

5. 试给出以下分布的偏度，并进行分析：Poisson 分布、Gamma 分布和 Log-Normal 分布.

6. 已知随机变量 X 服从 Gamma 分布，随机变量 Y 服从指数分布. 构造随机变量 $Z=X-cY$，求常数 c，使得 Z 的偏度为零.

7. 设某建筑物在给定时间内发生火灾的概率为 2%，且火灾发生后其赔付金额服从 Pareto 分布(形状参数为 3)，平均损失为 10 个货币单位. 试分析火灾损失变量的分布.

8. 表 1-13 为四个独立随机变量的分布信息. 计算这四个随机变量和的分布.

表 1-13

x	$\Pr(X_1=x)$	$\Pr(X_2=x)$	$\Pr(X_3=x)$	$\Pr(X_4=x)$
0	0.6	0.7	0.6	0.9
1	0.0	0.2	0.0	0.0
2	0.3	0.1	0.0	0.0
3	0.0	0.0	0.4	0.0
4	0.1	0.0	0.0	0.1

9. 已知三个相互独立的随机变量 X_1, X_2, X_3 均服从指数分布，而且 $E(X_i)=i\ (i=1,2,3)$. 试用两种方法计算 $S=X_1+X_2+X_3$ 的概率函数.

10. 设随机变量 U 的矩母函数为 $M_U(t)=(1-2t)^{-9}\ (t<1/2)$. 利用这个矩母函数计算 U 的数学期望和方差.

11. 某财产保险公司承保 160 幢房屋的火灾保险，最高保险金额的分布如表 1-14 所示. 假设每幢房屋一年之内至多有一次索赔，索赔概率为 4%，各幢房屋是否发生火灾是相互独立的，火灾索赔金额在最大保险金额之内均匀分布. 记 N 为一年中总的索赔数，S 为总损失.

表　1-14

最高保险金额(万元)	1	2	3	5	10
房屋数量	80	35	25	15	5

(1) 计算 N 的数学期望和方差;

(2) 计算 S 的数学期望和方差;

(3) 相对安全附加系数为多少时,能够使得保险公司的总保费收入大于总损失的概率等于 99%?(正态近似)

12. 某车辆维修俱乐部为客户提供事发现场的拖车服务业务,以往的经验数据如表 1-15 所示.已知每年的拖车次数服从均值为 1000 的 Poisson 分布,并且假设拖车事件的发生与费用是独立的.要求车主自己支付 10%的费用.

表　1-15

拖车距离	拖车的费用(元)	发生的频率(%)
0~10km	80	50
10~30km	100	40
30km 以上	160	10

(1) 用正态近似计算该俱乐部每年的总费用支出超过 9 万元的概率.

(2) 试计算每年拖车距离在 0~10 km 的平均次数.

(3) 该俱乐部全年的总损失可以做怎样的分解?试用模型表示.

13. 现有 32 张保单组成的保单组合,每张保单的索赔概率均为 1/6,索赔量 B 的概率密度函数如下:

$$f(x)=\begin{cases}2(1-y), & 0<y<1,\\ 0, & \text{其他}.\end{cases}$$

记 S 为总索赔量(总损失量).试用正态分布近似计算 $\Pr(S>4)$.

14. 现有 1 万份一年定期保单的组合,数据如表 1-16 所示.考虑将每份保单的损失超过 2 千元的部分进行再保险,并且已知再保险的相对附加安全系数为 50%.为了保证实施再保险后,该业务的总损失(包括再保费支出)超过总保费收入的概率不大于 5%,计算直接保费的相对附加安全系数，并与再保险安全系数比较大小(用正态近似计算，$\Phi(1.645)=0.95$).

表　1-16

合同数	索赔发生概率	索赔量分布
8000	0.20	(0,3)上的均匀分布
2000	0.10	截断指数分布(均值 2，截断点 $L=10$)

15. 已知某银行的储蓄网点每天平均的顾客数服从均值为 100 的 Poisson 分布，而且每天有 40%的顾客办理存款业务，每名顾客平均存款金额为 2000 元，标准差为 1500 元；每天有 60%的顾客办理取款业务，每名顾客平均取款金额为 1500 元，标准差为 1000 元. 假设顾客的存取款行为是独立发生的.

(1) 试计算该储蓄网点每天平均的存款金额及标准差；

(2) 试计算该储蓄网点每天平均的取款金额及标准差；

(3) 用正态近似计算该储蓄网点每天早晨应该准备多少现金，使得全天的营业出现入不敷出的概率控制在 5%之内.

16. 设总损失量 S 服从 $\lambda=2$ 和 $f_X(x)=0.1x$ $(x=1,2,3,4)$ 的 $CP(\lambda,f_X(x))$分布. 计算总损失量为 0,1,2,3 和 4 的概率.

17. 已知某业务的全年总损失 $S\sim CP(\lambda,f_X(x))$，而且 $f_X(1)=f_X(2)=f_X(3)=\dfrac{1}{3}$，$f_S(2)=2f_S(0)$. 试计算 $f_S(1)$.

18. 设 $S\sim CP(\lambda,f_X(x))$，其中

$$f_X(x)=[-\ln(1-c)]^{-1}\frac{c^x}{x}\quad (x=1,2,\cdots;0<c<1).$$

证明：S 服从负二项分布.

19. 设 N_1,N_2,N_3 相互独立，服从 Poisson 分布，而且 $\mathrm{E}(N_i)=i^2(i=1,2,3)$. 计算 $S=-2N_1+N_2+3N_3$ 的分布.

20. 已知某业务共有三种损失量，分别为 1,2 和 3(已对实际金额进行了单位化处理)，而且各种损失的发生均服从参数为 1 的 Poisson 分布. 若将总损失超过 4 的部分进行再保险，计算再保险部分的平均值.

21. 设 $S \sim CP(\lambda, f_X(x))$，其中 $f_X(x)$ 为离散型概率函数. 对任意 $0<\alpha<1$，考虑满足如下分布的 $\widetilde{S}$：$\widetilde{S} \sim CP(\tilde{\lambda}, \tilde{f}_X(x))$，其中 $\tilde{\lambda} = \lambda/\alpha$，索赔量的概率函数为

$$\tilde{f}_X(x) = \begin{cases} \alpha f_X(x), & x > 0, \\ 1-\alpha, & x = 0. \end{cases}$$

试用以下两种方法证明 S 和 $\widetilde{S}$ 具有相同分布：

(1) 比较 S 和 $\widetilde{S}$ 的矩母函数；

(2) 直接对 S 和 $\widetilde{S}$ 的分布进行比较.

22. 对短期保险险种一般定义**损失比**为 $R=\dfrac{S}{G}$，其中 S 为总损失量，G 为总保费. 当 S 满足聚合模型(1.2.1)时，G 可以表示为

$$G = (1+\theta)\mathrm{E}(S) = (1+\theta)p_1\mathrm{E}(N),$$

其中 $p_1 = \mathrm{E}(X)$. 证明：

$$\mathrm{E}(R) = (1+\theta)^{-1}, \quad \mathrm{Var}(R) = \frac{\mathrm{E}(N)\mathrm{Var}(X) + p_1^2\mathrm{Var}(N)}{[(1+\theta)p_1\mathrm{E}(N)]^2}.$$

对 N 服从 Poisson 分布或负二项分布导出 $\mathrm{Var}(R)$ 的具体表达式.

第2章　长期聚合风险模型与破产理论初步

上一章的模型是对整体风险的一种静态分析，本章将在风险模型中加入时间因素，研究模型的动态特征. 从另外的角度看，这也是为了考虑模型的长期特征. 从实务的角度看，本章的模型可以是对给定的保单组合、业务类型或公司整体的经营状况进行动态的描述，而且关注的重点是经营的风险方面，或者说研究对象是破产和偿付能力的情况，而没有特别地考虑盈利性方面. 从概率的角度看，本章的研究方法和工具主要是整体风险的随机过程模型.

当然，任何的理论模型都是对现实的一种简化和抽象，但也在一定程度上刻画了现实业务的本质风险特征. 这种分析过程以及由此得到的信息将对保险公司或其他金融机构进行长远财务规划和偿付能力充足性分析有一定的参考意义.

同时，本章的讨论也为随机过程理论的应用提供了一个很好的示例说明.

§2.1　基 本 模 型

在以时间为指标的随机过程模型中，时间的计量方法可以是离散的(月、季、半年或年)，也可以是连续的，后者更多是从方便理论研究的角度考虑，现实中观测时间都是以单位度量和离散的. 本章的模型将从连续模型和离散模型两个方面进行讨论.

2.1.1　连续时间模型

与第1章从讨论总损失入手一样，本章也是首先定义损失过程模型.

定义 2-1　对任意 $t\geqslant 0$，**连续时间总损失过程**(简称**总损失过程**，也称为**长期聚合风险模型**)$\{S(t),t\geqslant 0\}$定义为

$$S(t)=\begin{cases}X_1+X_2+\cdots+X_{N(t)}, & N(t)>0,\\ 0, & N(t)=0,\end{cases} \tag{2.1.1}$$

其中

(1) $N(t)$表示$[0,t]$内发生索赔的累计次数，且$N(0)=0$，对于固定的$t>0$，$N(t)$为取值于非负整数的随机变量(一般称$\{N(t),t\geqslant 0\}$为索赔计数过程)；

(2) $X_i(i=1,2,\cdots)$表示$[0,t]$内第i次索赔的金额；

(3) 对于固定的$t>0$，$S(t)$表示$[0,t]$内总的索赔量，$S(0)=0$，且$S(t)$为聚合模型.

索赔计数过程一般用概率论中的计数(点)过程描述.

定义 2-2 随机过程$\{N(t),t\geqslant 0\}$称为**计数(点)随机过程**(简称**计数过程**)，若它满足：

(1) 取值为非负整数，且$N(0)=0$；

(2) 当$s<t$时，有$N(s)\leqslant N(t)$；

(3) 样本轨道为阶梯形状(跳跃)，右连续，存在左极限$N(t-)$，每次最多增加一个单位，即$N(t)-N(t-)$取值为0或1.

图 2-1 是计数过程的样本轨道示意图.

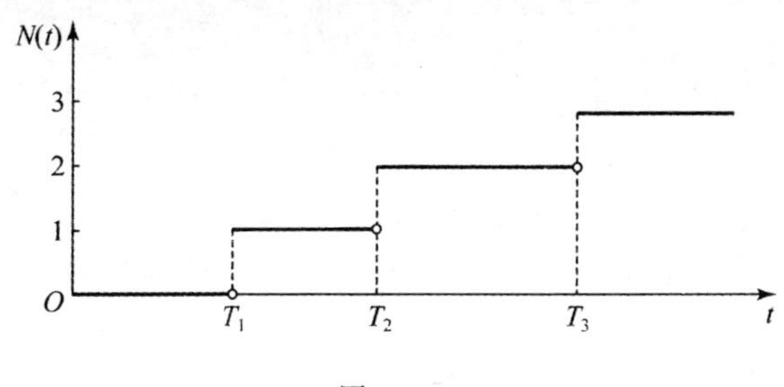

图 2-1

1. 计数过程的等价描述

由计数过程的上述定义知，在充分小的时间区间内，样本轨道至多发生一次跳跃，而且幅度为一个单位. 一般可用以下三种方法刻画计数过程：

方法 1 对任意$t\geqslant 0,h>0$，有

$$\Pr[N(t+h)>N(t)+1|N(s),0<s\leqslant t]=o(h).$$

方法 2　对任意 $t\geqslant 0$，若极限

$$\lim_{\Delta t\to 0+}\frac{1}{\Delta t}\Pr[N(t+\Delta t)-N(t)=1|N(s),0<s\leqslant t]$$

存在，记为 $\lambda(t)$（称为计数过程的**强度函数**），则有以下表述：对任意 $t\geqslant 0$ 和充分小的 $\Delta t>0$，有

$$\Pr[N(t+\Delta t)=N(t)+1|N(s),0<s\leqslant t]=\lambda(t)\Delta t+o(\Delta t),$$
$$\Pr[N(t+\Delta t)=N(t)|N(s),0<s\leqslant t]=1-\lambda(t)\Delta t+o(\Delta t),$$
$$\Pr[N(t+\Delta t)>N(t)+1|N(s),0<s\leqslant t]=o(\Delta t).$$

方法 3　计数过程刻画了某种随机事件的发生次数，并假设每个瞬间至多有一次事件发生．对任意 $t\geqslant 0$，$[0,t]$内的事件的发生时刻依次记录为 $0=T_0<T_1<T_2<\cdots$，用 $W_i=T_i-T_{i-1}(i=1,2,\cdots)$ 表示两次事件发生的时间间隔（一般称为**等待时间变量**），则有

$$\begin{aligned}N(0)&=0,\\ N(t)&=\min\{n>0:T_{n+1}>t\}\\ &=\max\{n>0:T_n\leqslant t\},\quad t>0.\end{aligned}$$

2. Poisson 计数过程

一般有以下两个等价的 Poisson 计数过程的定义．

定义 2-3　计数过程$\{N(t),t\geqslant 0\}$称为强度参数为 λ 的 **Poisson 计数过程**，若

(1) 具有独立增量；

(2) 平稳 Poisson 性：对任意 $t\geqslant 0,h>0$，有

$$N(t+h)-N(t)\sim \text{Poisson}(\lambda h).$$

定义 2-4　计数过程$\{N(t),t\geqslant 0\}$称为强度参数为 λ 的 **Poisson 计数过程**，若

(1) 具有独立增量和平稳性；

(2) 对任意 $h>0$，有 $\Pr(N(h)=1)=\lambda h+o(h)$；

(3) 对任意 $h>0$，有 $\Pr(N(h)\geqslant 2)=o(h)$；

可以证明定义 2-3 与定义 2-4 是等价的．关于随机过程的独立增量性和平稳性的定义可参阅相关教材．

Poisson 过程具有以下两个进一步的结论：

(1) 对任意的 $t\geqslant 0$，当已知 $N(t)=n$ 的信息时，随机向量$(T_1,T_2,\cdots,T_n)$与 n 个独立的$[0,t]$均匀分布的随机变量形成的次

序(按从小到大排序)统计量的随机向量同分布,即

$$f_{T_1,\cdots,T_n}(t_1,\cdots,t_n|N(t)=n)=\frac{n!}{t^n},\quad t_1\leqslant\cdots\leqslant t_n\leqslant t;$$

(2) 对任意的 $t\geqslant 0$,当 $N(t)$ 的信息已知时,等待时间 $W_i(i=1,2,\cdots)$ 为(条件)独立同分布的随机变量序列,且共同分布是期望为 $1/\lambda$ 的指数分布,其中 λ 为 Poisson 过程的强度参数.

3. 复合 Poisson 过程

定义 2-5 总损失过程 $\{S(t),t\geqslant 0\}$((2.1.1)式)称为**复合 Poisson 过程**,若

(1) 计数过程 $\{N(t),t\geqslant 0\}$ 是强度参数为 λ 的 Poisson 过程;

(2) $\{X_i,i=1,2,\cdots\}$ 是 i. i. d. 序列,共同分布记为

$$X\sim F_X(x)\quad (x>0);$$

(3) $\{N(t),t\geqslant 0\}$ 与 $\{X_i,i=1,2,\cdots\}$ 相互独立.

复合 Poisson 过程具有以下基本性质:

(1) 独立增量和平稳性:对任意固定的 $t\geqslant 0$ 及任意的 $h>0$,$S(t+h)-S(t)$ 与 $S(t)$ 独立,而且构成以 h 为指标的新的复合 Poisson 过程,该过程与原过程具有完全相同的概率性质,即

$$S(t+h)-S(t)\sim S(h)=\begin{cases}X_1+X_2+\cdots+X_{N(h)}, & N(h)>0,\\ 0, & N(h)=0,\end{cases}$$

$$S(h)\sim CP(\lambda h,f_X(x)).$$

(2) 样本轨道特征:阶梯形状(跳跃),右连续,存在左极限 $S(t-)$,每次增加 X_i,即 $S(t)-S(t-)$ 取值为 0 或 X_i.

复合 Poisson 过程的样本轨道示意图如图 2-2 所示.

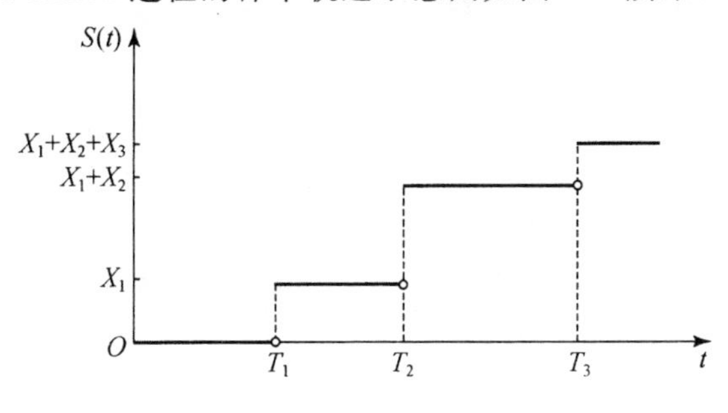

图 2-2

(3) 特征变量：

数学期望为

$$\mathrm{E}[S(t)] = \lambda t \mathrm{E}(X); \tag{2.1.2}$$

方差为

$$\mathrm{Var}[S(t)] = \lambda t \mathrm{E}(X^2); \tag{2.1.3}$$

矩母函数为

$$M_{S(t)}(z) = \mathrm{e}^{\lambda t[M_X(z)-1]}, \quad z \geqslant 0. \tag{2.1.4}$$

4. 盈余过程与破产

定义 2-6　称下面的随机过程$\{U(t), t\geqslant 0\}$为**连续时间盈余过程**(简称**盈余过程**)：

$$U(t) = u + ct - S(t), \quad t \geqslant 0, \tag{2.1.5}$$

其中

(1) u 为常数，表示初始盈余，$u\geqslant 0$；

(2) c 为单位时间内的平均(保费)收入，一般要求 $ct > \mathrm{E}[S(t)]$ (若$\{S(t), t\geqslant 0\}$为复合 Poisson 过程，记 $ct = (1+\theta)\mathrm{E}[S(t)]$，该要求简化为 $\theta > 0$，这里 θ 称为**安全系数**)；

(3) $\{S(t), t\geqslant 0\}$为(2.1.1)式给出的总损失过程(一般为复合 Poisson 过程).

如图 2-3 所示，盈余过程的样本轨道各个点右连续且左极限存在，轨道沿直线上升但有跳跃，第 i 次跳跃的跳跃幅度为 X_i，直线斜率为 c.

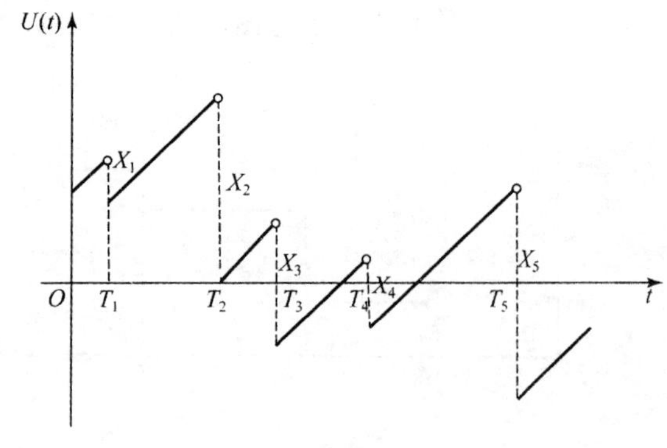

图　2-3

盈余过程具有以下基本性质：

(1) 在两次损失事件发生时刻之间，盈余线性增加；

(2) 盈余过程为轨道右连续，而且存在左极限 $U(t-)$；

(3) 盈余过程的增量仍然为盈余过程（初始盈余为零）：

$$\Delta U(t)=U(t+\Delta t)-U(t)=c\Delta t-\Delta S(t);$$

(4) 只要收入大于平均损失，当时间 t 趋向无穷时，盈余过程的极限几乎处处大于零：

$$\Pr(\lim_{t\to\infty}U(t)>0)=1. \tag{2.1.6}$$

从图 2-3 我们可以发现，尽管盈余过程样本轨道的极限是非负的，但还是会出现样本轨道为负值的情形，也就是收不抵支的情形. 盈余过程是风险理论研究的核心，最关心的问题是出现负盈余的情形. 为此考虑以下与盈余过程的破产有关的概念：

首次破产时刻：

$$T=\inf\{t: U(t)<0\}.$$

T 实际上为盈余过程的一个停时（具体定义见第 3 章 §3.2 或一般的随机过程教材），为严格正的随机变量，一般简称为**破产时刻**.

有限时间内破产概率：

$$\psi(u,0)=0,$$

$$\psi(u,t)=\Pr(T\leqslant t)=\Pr[\exists\, s\leqslant t, U(s)<0],\quad t>0.$$

有限时间内不破产概率（生存概率）：

$$\varphi(u,0)=1,$$

$$\varphi(u,t)=\Pr(T>t)=\Pr[\forall\, s\leqslant t, U(s)>0],\quad t>0.$$

破产概率：

$$\psi(u)=\lim_{t\to\infty}\psi(u,t)=\Pr[\inf_{t\geqslant 0}U(t)<0].$$

不破产概率：

$$\varphi(u)=\Pr(T=+\infty)=\Pr[\forall\, 0\leqslant t<+\infty, U(t)\geqslant 0].$$

由盈余过程的性质(2.1.6)可知 $\varphi(u)>0$，这表明盈余过程的破产概率 $\psi(u)<1$.

盈余过程的首次破产时刻 T 具有如下的基本性质：

(1) $U(T)<0, U(T-)>0$;

(2) $N(T)=N(T-)+1$;

(3) $S(T)-S(T-)$当T已知时与X同分布,分布函数均为$F_X(x)$.

以下除特别说明外,盈余过程(2.1.5)中的总损失过程均为复合 Poisson 过程,或简称这类过程为复合 Poisson 盈余过程.

2.1.2　离散时间模型

定义 2-7　称下面的随机变量序列$\{U_n, n=0,1,\cdots\}$为**盈余序列**或**离散时间盈余过程**:

$$U_n = u + cn - S_n, \quad S_0 = 0, \tag{2.1.7}$$

其中

(1) u为常数,表示初始盈余,$u \geqslant 0$;

(2) S_n表示时刻n之前的总损失:

$$S_n = W_1 + W_2 + \cdots + W_n, \quad n = 1,2,\cdots,$$

这里$W_i(i=1,2,\cdots,n)$为第i个时间段内的总损失,一般要求W_1, $W_2,\cdots,W_n$是独立同分布的随机变量,共同分布记为$F_W(x)$;

(3) c为单位时间内的平均收入,一般要求$cn>\mathrm{E}(S_n)$,即$cn=(1+\theta)\mathrm{E}(S_n)$($\theta>0$,一般称$\theta$为**安全系数**).

与连续时间类似,也需考虑盈余序列(2.1.7)的破产问题. 相关的主要概念如下:

首次破产时刻:

$$\widetilde{T} = \inf\{n: U_n < 0\}.$$

有限时间内破产概率:

$$\tilde{\psi}(u,0) = 0,$$

$$\begin{aligned}\tilde{\psi}(u,n) &= \Pr(\widetilde{T} \leqslant n \mid U_0 = u) \\ &= \Pr(\exists\, m \leqslant n, U_m < 0 \mid U_0 = u), \quad n > 0.\end{aligned}$$

有限时间内不破产概率:

$$\tilde{\varphi}(u,0) = 1,$$

$$\tilde{\varphi}(u,n) = \Pr(\widetilde{T} > n \mid U_0 = u), \quad n > 0.$$

破产概率:

$$\tilde{\psi}(u) = \Pr(\widetilde{T} < +\infty \mid U_0 = u)$$

$$= \Pr(\inf_{n\geqslant 0} U_n < 0 \mid U_0 = u), \quad u > 0.$$

不破产概率：

$$\tilde{\varphi}(u) = \Pr(\widetilde{T} = +\infty \mid U_0 = u)$$
$$= \Pr(\forall\, 0 \leqslant n < +\infty, U_n \geqslant 0 \mid U_0 = u).$$

§2.2 连续时间破产模型Ⅰ

2.2.1 调节系数与破产概率

定义 2-8 称下面方程的非零解(若存在)为盈余过程 $\{U(t), t\geqslant 0\}$ 的**调节系数**，记为 R：

$$M_{S(t)}(r) = e^{ctr}, \quad r \geqslant 0, \tag{2.2.1}$$

并称方程(2.2.1)为**调节系数方程**.

特别地，当 $\{S(t), t\geqslant 0\}$ 为复合 Poisson 过程时，调节系数方程为

$$cr = \lambda[M_X(r) - 1], \quad r \geqslant 0 \tag{2.2.2}$$

或

$$1 + (1+\theta)E(X)r = M_X(r), \quad r \geqslant 0. \tag{2.2.3}$$

调节系数使得盈余过程(2.1.5)在点 $-R$ 处的矩母函数与时间 t 无关：

$$M_{U(t)}(-R) = e^{-Ru}.$$

下面我们讨论方程(2.2.3)的性质：

(1) 显然 $r=0$ 为方程(2.2.3)的一个解，但它不是我们感兴趣的解.

(2) 若 γ 为 $M_X(r)$ 的定义(存在)域上限，则有 $\lim\limits_{r\to\gamma} M_X(r) = +\infty$.

(3) $M'_X(r) = E(Xe^{rX}) > 0 (r \geqslant 0)$. 这表明方程(2.2.3)的右边为 r 的严格单调递增的曲线. 另外，由

$$M'_X(0) = E(X) < \frac{c}{\lambda} = (1+\theta)\, E(X)$$

表明，方程(2.2.3)在原点处左边直线的斜率大于右边曲线切线的斜率.

(4) $M''_X(r)=\mathrm{E}(X^2\mathrm{e}^{rX})>0\ (r\geqslant 0)$. 这表明方程(2.2.3)的右边为凸函数.

由此得到如图 2-4 所示的调节系数方程的解.

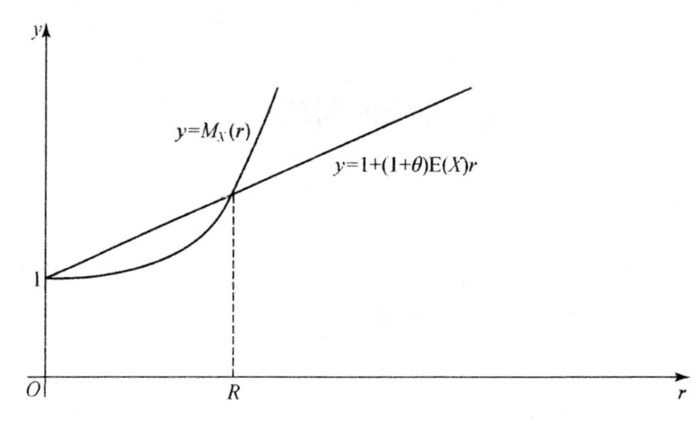

图 2-4

特别地,若 X 服从指数分布 $\exp(\beta)$,则方程(2.2.3)的解为

$$r=R=\frac{\theta}{1+\theta}\beta. \tag{2.2.4}$$

例 2-1 试给出 Gamma(α,β)分布的调节系数方程及 $\alpha=2$, $\beta=1$ 时调节系数的计算结果.

解 设 X 服从 Gamma(α,β),则有

$$\mathrm{E}(X)=\frac{\alpha}{\beta},\quad M_X(r)=\left(\frac{\beta}{\beta-r}\right)^{\alpha},\ 0\leqslant r<\beta,$$

从而调节系数方程为

$$1+\frac{\alpha(1+\theta)}{\beta}r=\left(\frac{\beta}{\beta-r}\right)^{\alpha},\quad 0\leqslant r<\beta.$$

显然,该方程没有一般的显式解,只能通过数值计算方法进行求解.当 $\alpha=2,\beta=1$ 时,调节系数方程为

$$(1-r)^2+2(1+\theta)r(1-r)^2=1,$$

适当整理后有

$$r^2-2\left[1-\frac{1}{4(1+\theta)}\right]r+\left[1-\frac{1}{(1+\theta)}\right]=0.$$

此方程的适用解为

$$r = 1 - \frac{1}{4(1+\theta)} + \frac{\sqrt{9+8\theta}}{4(1+\theta)}.$$

一般情况下,调节系数有如下的上、下界:

$$R \leqslant 2\theta \frac{\mathrm{E}(X)}{\mathrm{E}(X^2)},$$

$$R > \frac{1}{k}\ln\theta \quad (\text{若 } X \text{ 存在有限上界 } k).$$

如果考虑一般的盈余过程:

$$U(t) = u + B(t) - S(t),$$

其中 $B(t)$为一个刻画保费收入的过程,$S(t)$为模型(2.1.1)的复合 Poisson 过程,这时有如下结论:若调节系数存在,则 $B(t)$必然为线性函数.

调节系数在考虑盈余过程(2.1.5)的破产概率中有着非常重要的作用.下面的定理具体表现了调节系数在破产概率计算中的作用.

定理 2-1 设盈余过程$\{U(t),t\geqslant 0\}$中的总损失过程$\{S(t),t\geqslant 0\}$为复合 Poisson 过程,则对给定的初始盈余 $u\geqslant 0$,破产概率 $\psi(u)$有如下结论成立:

$$\psi(u) = \frac{\mathrm{e}^{-Ru}}{\mathrm{E}[\mathrm{e}^{-RU(T)} \mid T < +\infty]} \quad (R \text{ 为调节系数}). \tag{2.2.5}$$

证明 对于任意的 $t>0, r>0$,有

$$\begin{aligned}\mathrm{E}[\mathrm{e}^{-rU(t)}] = {} & \mathrm{E}[\mathrm{e}^{-rU(t)} \mid T \leqslant t]P(T \leqslant t) \\ & + \mathrm{E}[\mathrm{e}^{-rU(t)} \mid T > t]P(T > t).\end{aligned} \tag{2.2.6}$$

因为 $U(t)=u+ct-S(t)$,所以上式的左边等于

$$\exp\{-ru - rct + \lambda t[M_X(r) - 1]\}.$$

(2.2.6)式右边第一项中的 $U(t)$在 $T\leqslant t$ 已知的条件下可变形为

$$\begin{aligned}U(t) &= U(T) + U(t) - U(T) \\ &= U(T) + \{c(t-T) - [S(t) - S(T)]\}.\end{aligned}$$

当 T 已知且有 $T\leqslant t$ 成立时,$[S(t)-S(T)]$与 $U(T)$独立,而且前者服从以 $t-T$ 为指标集的复合 Poisson 过程,Poisson 参数仍然为 λ,则(2.2.6)式右边的第一项进一步可表示为

$$\mathrm{E}\{\mathrm{e}^{-rU(T)}\cdot \mathrm{e}^{\{-rc(t-T)+\lambda(t-T)[M_X(r)-1]\}}\mid T\leqslant t\}\Pr(T\leqslant t)$$
$$=\mathrm{E}[\mathrm{e}^{-rU(T)}\mid T\leqslant t]\cdot \mathrm{E}[\mathrm{e}^{\{-rc(t-T)+\lambda(t-T)[M_X(r)-1]\}}\mid T\leqslant t]\cdot\Pr(T\leqslant t).$$

若 R 为方程

$$rc=\lambda[M_X(r)-1]$$

的解,将 R 代入(2.2.6)式两边,进一步简化为

$$\mathrm{e}^{-Ru}=\mathrm{E}[\mathrm{e}^{-RU(T)}\mid T\leqslant t]\Pr(T\leqslant t)+\mathrm{E}[\mathrm{e}^{-RU(t)}\mid T>t]\Pr(T>t). \tag{2.2.7}$$

当 $t\to+\infty$ 时,(2.2.7)式右边第一项将收敛于

$$\mathrm{E}[\mathrm{e}^{-RU(T)}\mid T<+\infty]\,\psi(u).$$

现在只要证明(2.2.7)式右边第二项当 $t\to+\infty$ 时趋于0,定理就得到了证明.为此,令

$$\alpha=c-\lambda\,\mathrm{E}(X)>0,\quad \beta^2=\lambda\mathrm{E}(X^2),$$

可得

$$\mathrm{E}[U(t)]=\mathrm{E}[u+ct-S(t)]=u+\alpha t,$$
$$\mathrm{Var}[U(t)]=\mathrm{Var}[S(t)]=\beta^2 t.$$

显然有
$$\lim_{t\to+\infty}(u+\alpha t-\beta t^{\frac{2}{3}})=+\infty.$$

因此,对充分大的 t 可以将(2.2.7)式右边第二项再展开,有

$$\mathrm{E}[\mathrm{e}^{-RU(t)}\mid T>t]\Pr(T>t)$$
$$=\mathrm{E}[\mathrm{e}^{-RU(t)}I_{\{0\leqslant U(t)\leqslant u+\alpha t-\beta t^{\frac{2}{3}}\}}\mid T>t]\Pr(T>t)$$
$$+\mathrm{E}[\mathrm{e}^{-RU(t)}I_{\{U(t)>u+\alpha t-\beta t^{\frac{2}{3}}\}}\mid T>t]\Pr(T>t).$$

而当 T 给定且 $T>t$ 时,有 $U(t)>0$,所以 $\mathrm{E}[\mathrm{e}^{-RU(t)}\mid T>t]\leqslant 1$,从而有

$$\mathrm{E}[\mathrm{e}^{-RU(t)}I_{\{0\leqslant U(t)\leqslant u+\alpha t-\beta t^{\frac{2}{3}}\}}\mid T>t]\Pr(T>t)$$
$$\leqslant \mathrm{E}[I_{\{0\leqslant U(t)\leqslant u+\alpha t-\beta t^{\frac{2}{3}}\}}\mid T>t]\Pr(T>t)$$
$$\leqslant \Pr[U(t)\leqslant u+\alpha t-\beta t^{\frac{2}{3}}]$$
$$\leqslant \Pr(|U(t)-(u+\alpha t)|\geqslant \beta t^{\frac{2}{3}})$$
$$\leqslant \frac{\mathrm{Var}[U(t)]}{(\beta t^{\frac{2}{3}})^2}=t^{-\frac{1}{3}},$$

其中最后一个不等式由概率论中的切比雪夫不等式得到.

另外,同时有

$$\mathrm{E}[\mathrm{e}^{-RU(t)} I_{\{U(t)>u+\alpha t-\beta t^{\frac{2}{3}}\}} \mid T>t]\Pr(T>t)$$
$$\leqslant \exp\{-R(u+\alpha t-\beta t^{\frac{2}{3}})\}.$$

所以,当 $t\to+\infty$ 时,(2.2.7)式右边趋于0. 定理得证.

结合定理2-1的结论与复合 Poisson 盈余过程的调节系数方程(2.2.3),可以发现 Poisson 参数 λ 对破产概率没有影响.

定理2-1虽然看上去较为复杂,并不直观,但还是可以有一些直接的应用结果:

(1) 由 $U(T)<0$ 可以直接得到破产概率的上界:

$$\psi(u)\leqslant \mathrm{e}^{-Ru},\quad u\geqslant 0. \tag{2.2.8}$$

(2) 若 X 服从指数分布 $\exp(\beta)$,则通过适当的推导,可以证明

$$Y=-[U(T)\mid T<+\infty]\sim \exp(\beta).$$

最终有如下关于复合 Poisson 过程且 X 服从指数分布 $\exp(\beta)$ 时的破产概率解析表达式:

$$\psi(u)=\frac{1}{1+\theta}\mathrm{e}^{-\frac{\theta}{1+\theta}\beta u}=\frac{1}{1+\theta}\mathrm{e}^{-\frac{\theta}{1+\theta}\cdot\frac{u}{\mathrm{E}(X)}},\quad u\geqslant 0. \tag{2.2.9}$$

若以 $k=\frac{u}{\mathrm{E}(X)}$ 表示初始盈余 u 与个体平均损失的比例,则(2.2.9)式只与 k 和 θ 的取值有关. 表2-1给出了各种参数组合的破产概率,从中可以发现参数 θ 的作用更为明显. 当 $\theta>80\%$,$k>15$ 时,破产概率会低于 10^{-4}.

表 2-1

k \ θ	0.2	0.4	0.6	0.8	1.0	1.2
1	0.7054	0.5368	0.4296	0.3562	0.3033	0.2634
2	0.5971	0.4034	0.2952	0.2284	0.1839	0.1527
3	0.5054	0.3031	0.2029	0.1464	0.1116	0.0885
4	0.4278	0.2278	0.1395	0.0939	0.0677	0.0513
5	0.3622	0.1712	0.0958	0.0602	0.0410	0.0297
6	0.3066	0.1286	0.0659	0.0386	0.0249	0.0172
7	0.3114	0.0967	0.0453	0.0248	0.0151	0.0099

续表

k \ θ	0.2	0.4	0.6	0.8	1.0	1.2
8	0.2197	0.0726	0.0311	0.0159	0.0092	0.0058
9	0.1860	0.0546	0.0214	0.0102	0.0056	0.0034
10	0.1574	0.0410	0.0147	0.0065	0.0034	0.0019
15	0.0684	0.0098	0.0023	7.07×10^{-4}	2.77×10^{-4}	1.27×10^{-4}
20	0.0297	0.0024	3.46×10^{-4}	7.66×10^{-5}	2.27×10^{-5}	8.31×10^{-6}
30	0.0056	1.35×10^{-4}	8.13×10^{-6}	9.0×10^{-7}	1.53×10^{-7}	3.56×10^{-8}

2.2.2　更新方程与破产概率

在这部分我们通过构造破产概率辅助函数的方法来研究破产概率的性质. 下面除特殊说明外均假设总损失过程$\{S(t),t\geqslant0\}$为复合 Poisson 过程.

定理 2-2　设 $w(x)$是定义在$(-\infty,0)$上的非负有界函数(称为**辅助函数**),记

$$\Psi_1(u,w)=\mathrm{E}[w(U(T))\,|\,T<+\infty]\psi(u),\quad u\geqslant0,$$

则有以下结论:

(1) $$\frac{\partial\Psi_1(u,w)}{\partial u}=\frac{\lambda}{c}\Psi_1(u,w)-\frac{\lambda}{c}\left[\int_0^u\Psi_1(u-x,w)\mathrm{d}F_X(x)+\int_u^{+\infty}w(u-x)\mathrm{d}F_X(x)\right];$$

(2) $$\Psi_1(u,w)=\frac{\lambda}{c}\int_0^u\Psi_1(u-x,w)[1-F_X(x)]\mathrm{d}x+\frac{\lambda}{c}\int_u^{+\infty}w(u-x)[1-F_X(x)]\mathrm{d}x;$$

(3) $$\Psi_1(0,w)=\frac{\lambda}{c}\int_0^{+\infty}w(-x)[1-F_X(x)]\mathrm{d}x.$$

证明　(1) 从时间的增量上考虑,将$(0,\mathrm{d}t)$上的索赔发生次数进行分类:

情形 1: 没有索赔发生,其概率为 $1-\lambda\mathrm{d}t$. 这时初始盈余从 u 增加为$u+c\mathrm{d}t$,$\Psi_1(u,w)$变为 $\Psi_1(u+c\mathrm{d}t,w)$.

情形 2：只有一次索赔发生，发生概率为 $\lambda \mathrm{d}t$，索赔量为 $x \geqslant 0$. 此时的过程分为两种情况：

(i) 索赔使得破产发生，即 $T=\mathrm{d}t, x>u+c\mathrm{d}t$，则辅助函数 $w(x)$ 的可能取值为

$$\int_{u+c\mathrm{d}t}^{+\infty} w(u+c\mathrm{d}t-x)\cdot 1\cdot \mathrm{d}F_X(x);$$

(ii) 破产未发生，即 $T>\mathrm{d}t, x\leqslant u+c\mathrm{d}t$，则辅助函数 $w(x)$ 的可能取值为

$$\int_0^{u+c\mathrm{d}t} \Psi_1(u+c\mathrm{d}t-x,w)\mathrm{d}F_X(x).$$

情形 3：有两次以上的索赔发生，其概率为 $o(\mathrm{d}t)$.

因此有

$$\begin{aligned}\Psi_1(u,w)=\ & \mathrm{E}[\Psi_1(u+c\mathrm{d}t,w)\mid(0,\mathrm{d}t)\text{内未发生索赔}]\\ & \cdot \Pr[(0,\mathrm{d}t)\text{内未发生索赔}]\\ & +\mathrm{E}[\Psi_1(u+c\mathrm{d}t,w)\mid(0,\mathrm{d}t)\text{内发生索赔}]\\ & \cdot \Pr[(0,\mathrm{d}t)\text{内发生索赔}]+o(\mathrm{d}t),\end{aligned}$$

具体的数学表示为

$$\begin{aligned}\Psi_1(u,w)=\ & (1-\lambda\mathrm{d}t)\Psi_1(u+c\mathrm{d}t,w)\\ & +\lambda\mathrm{d}t\Big[\int_0^{u+c\mathrm{d}t}\Psi_1(u+c\mathrm{d}t-x,w)\mathrm{d}F_X(x)\\ & +\int_{u+c\mathrm{d}t}^{+\infty}w(u+c\mathrm{d}t-x)\mathrm{d}F_X(x)\Big],\end{aligned}$$

进而有

$$\frac{\partial\Psi_1(u,w)}{\partial u}=\lim_{\mathrm{d}t\to 0}\frac{\Psi_1(u+c\mathrm{d}t,w)-\Psi_1(u,w)}{c\cdot\mathrm{d}t},$$

故结论(1)成立.

(2) 将结论(1)的结果两边同时在$[0,u]$上进行定积分：

$$\begin{aligned}\int_0^u\frac{\partial\Psi_1(u,w)}{\partial u}\mathrm{d}v=\ & \frac{\lambda}{c}\Big[\int_0^u\Psi_1(v,w)\mathrm{d}v\\ & -\int_0^u\int_0^v\Psi_1(v-x,w)\ \mathrm{d}F_X(x)\mathrm{d}v\\ & -\int_0^u\int_v^{+\infty}w(v-x)\mathrm{d}F_X(x)\mathrm{d}v\Big].\end{aligned}$$

通过简单的变量替换可得

$$\int_0^u \Psi_1(v,w)\mathrm{d}v = \int_0^u \Psi_1(u-v,w)\mathrm{d}v.$$

通过分部积分可证明

$$\int_0^u\int_0^v \Psi_1(v-x,w)\mathrm{d}F_X(x)\mathrm{d}v = \int_0^u \Psi_1(u-x,w)F_X(x)\mathrm{d}x.$$

具体证明如下：因为

$$\begin{aligned}
&\int_0^u\int_0^v \Psi_1(v-x,w)\mathrm{d}F_X(x)\ \mathrm{d}v \\
&= \int_0^u\int_0^{u-x} \Psi_1(y,w)\mathrm{d}y\ \mathrm{d}F_X(x) \\
&= \int_0^{u-x} \Psi_1(y,w)\mathrm{d}y \cdot F_X(x)\Big|_{x=0}^{u} \\
&\quad + \int_0^u \Psi_1(u-x,w)F_X(x)\mathrm{d}x,
\end{aligned}$$

而 $F_X(0)=0$，所以等式成立.

同样通过分部积分可证明

$$\begin{aligned}
&\int_0^u\int_v^{+\infty} w(v-x)\mathrm{d}F_X(x)\mathrm{d}v \\
&= -\int_0^{+\infty} w(-x)F_X(x)\mathrm{d}x + \int_u^{+\infty} w(u-x)F_X(x)\mathrm{d}x.
\end{aligned}$$

事实上，

$$\begin{aligned}
&\int_0^u\int_v^{+\infty} w(v-x)\mathrm{d}F_X(x)\mathrm{d}v \\
&= \int_0^u\int_0^x w(v-x)\mathrm{d}v\ \mathrm{d}F_X(x) + \int_u^{+\infty}\int_0^u w(v-x)\mathrm{d}v\ \mathrm{d}F_X(x) \\
&\xlongequal{v-x=-y} \int_0^u\int_0^x w(-y)\mathrm{d}y\ \mathrm{d}F_X(x) + \int_u^{+\infty}\int_{x-u}^x w(-y)\mathrm{d}y\ \mathrm{d}F_X(x) \\
&= \int_0^x w(-y)\mathrm{d}y \cdot F_X(x)\Big|_{x=0}^{u} - \int_0^u w(-x)F_X(x)\mathrm{d}x \\
&\quad + \int_{x-u}^x w(-y)\mathrm{d}y \cdot F_X(x)\Big|_{x=u}^{+\infty} \\
&\quad - \int_u^{+\infty} [w(-x)-w(u-x)]F_X(x)\mathrm{d}x
\end{aligned}$$

$$= \int_0^u w(-y)\mathrm{d}y \cdot F_X(u) - \int_0^u w(-x)F_X(x)\mathrm{d}x$$

$$- \int_0^u w(-y)\mathrm{d}y \cdot F_X(u) - \int_u^{+\infty} [w(-x) - w(u-x)]F_X(x)\mathrm{d}x$$

$$= -\int_0^{+\infty} w(-x)F_X(x)\mathrm{d}x + \int_u^{+\infty} w(u-x)F_X(x)\mathrm{d}x.$$

综上可推出：

$$\begin{aligned}
&\Psi_1(u,w) - \Psi_1(0,w) \\
&\quad = \frac{\lambda}{c}\Big\{\int_0^u \Psi_1(u-x,w)[1-F_X(x)]\mathrm{d}x \\
&\qquad + \int_u^{+\infty} w(u-x)[1-F_X(x)]\mathrm{d}x - \int_0^{+\infty} w(-x)\mathrm{d}x \\
&\qquad + \int_0^{+\infty} w(-x)F_X(x)\mathrm{d}x\Big\}.
\end{aligned}$$

令 $u \to \infty$，上等式左边的极限为 $-\Psi_1(0,w)$，而等式右边的极限为 $-\dfrac{\lambda}{c}\displaystyle\int_0^{+\infty} w(-x)[1-F_X(x)]\mathrm{d}x$. 后一个结论是因为

$$\lim_{u\to\infty} \frac{\lambda}{c}\Big\{\int_0^u \Psi_1(u-x,w)[1-F_X(x)]\Big\}\mathrm{d}x = 0,$$

$$\lim_{u\to\infty}\int_u^{+\infty} w(u-x)[1-F_X(x)]\mathrm{d}x = 0.$$

可见结论(2)成立.

(3) 由(2)的证明知结论(3)成立.

注 定理 2-2 中的辅助函数 $w(x)$ 在以下特殊情况下使得由定理结论可自然导出一些推论：

(1) 当 $w(x) \equiv 1$ 时，$\Psi_1(u,w) = \psi(u)$；

(2) 对任意 $h>0$，当 $w(x) = I_{(-\infty,-h)}(x)$ 时，

$$\Psi_1(u,w) = \Pr[U(T) < -h \mid T < +\infty]\psi(u);$$

(3) 当 $w(x) = \mathrm{e}^{-Rx}$，且 R 为盈余过程的调节系数时，

$$\Psi_1(u,w) = \mathrm{e}^{-Ru}.$$

推论 2-1 破产概率 $\psi(u)$ 满足以下微积分方程：

$$\psi'(u)=\frac{\lambda}{c}\psi(u)-\frac{\lambda}{c}\left\{\int_0^u\psi(u-x)\mathrm{d}F_X(x)\right.$$

$$\left.+[1-F_X(u)]\right\},\quad u\geqslant 0,\tag{2.2.10}$$

$$\psi(u)=\frac{\lambda}{c}\int_0^u\psi(u-x)[1-F_X(x)]\mathrm{d}x$$

$$+\frac{\lambda}{c}\int_u^{+\infty}[1-F_X(x)]\mathrm{d}x,\quad u\geqslant 0,\tag{2.2.11}$$

而且

$$\psi(0)=\frac{\lambda}{c}\mathrm{E}(X)=\frac{1}{1+\theta}.\tag{2.2.12}$$

证明 直接令 $w(x)\equiv 1$ 代入定理 2-2 的三个结论可得.

关于推论 2-1 的说明:

(1) 当 X 服从指数分布 $\exp(\beta)$时,由(2.2.10),(2.2.12)两式有

$$\psi'(u)=\frac{\lambda}{c}\left[\psi(u)-\int_0^u\psi(x)\beta\mathrm{e}^{-\beta(u-x)}\mathrm{d}x-\mathrm{e}^{-\beta u}\right],$$

$$\psi(0)=\frac{1}{1+\theta},$$

进而得到如下关于 $\psi(u)$的常微分方程:

$$\frac{c}{\lambda}\psi''(u)+\left[\frac{c}{\lambda\mathrm{E}(X)}-1\right]\psi'(u)=0,\quad \psi(0)=\frac{1}{1+\theta}.$$

该方程的通解的表达式为

$$\psi(u)=C_2+C_1\mathrm{e}^{-\frac{\lambda}{c}\left[\frac{c}{\lambda\mathrm{E}(X)}-1\right]u}.$$

代入初值和边界条件得

$$\psi(u)=\psi(0)\mathrm{e}^{-Ru},$$

其中 R 为调节系数.

(2) 若 X 的分布为指数分布的线性组合:

$$f_X(x)=c_1\beta_1\mathrm{e}^{-\beta_1x}+c_2\beta_2\mathrm{e}^{-\beta_2x}$$
$$(c_1+c_2=1,\ \beta_1>0,\ \beta_2>0),$$

则有

$$f_X''(x)+(\beta_1+\beta_2)f_X'(x)+\beta_1\beta_2f_X(x)=0.$$

由此可得到常微分方程

$$\psi^{(3)}(u)+\left(\beta_1+\beta_2-\frac{\lambda}{c}\right)\psi''(u)+\left[\beta_1\beta_2-\frac{\lambda}{c}(c_2\beta_1+c_1\beta_2)\right]\psi'(u)=0,$$

其中初值和边界条件为 $\psi(0)=\frac{1}{1+\theta}$, $\lim_{u\to+\infty}\psi(u)=0$. 可求得此微分方程有如下形式的通解:

$$\psi(u) = a_1 e^{-R_1 u} + a_2 e^{-R_2 u}, \quad 其中 \quad a_1 + a_2 = \frac{1}{1+\theta}.$$

推论 2-2 当 $u=0$ 时,有

$$\begin{aligned}
&\Pr[-U(T) < y, T < +\infty] \\
&= \frac{\lambda}{c}\int_0^y [1 - F_X(x)]\mathrm{d}x \\
&= \frac{1}{(1+\theta)\mathrm{E}(X)}\int_0^y [1 - F_X(x)]\mathrm{d}x.
\end{aligned}$$

证明 固定 $y>0$,取 $w(x)=I_{(-y,0)}(y>0)$,直接代入定理2-2的结论(3).

关于推论 2-2 的说明:

(1) 初始盈余为零时的首次破产时刻 T 相当于另一个初始盈余为 u 的等价盈余过程首次盈余低于初始盈余的时刻. 有时认为 $U(t)<u$ 也是一种偿付能力不足的状态.

(2) 当初始盈余为零时,考虑随机变量 $L_1=-U(T)\mid T<+\infty$. 它取值于非负实数,一般称之为**破产量或亏损量变量**. 由推论 2-2 可知 L_1 的分布为

$$\begin{aligned}
\Pr(L_1 < l) &= \frac{\Pr[-U(T) < l, T < +\infty]}{\Pr(T < +\infty)} \\
&= \frac{1}{\mathrm{E}(X)}\int_0^l [1 - F_X(x)]\mathrm{d}x, \quad l > 0,
\end{aligned}$$

其概率密度函数为

$$f_{L_1}(x) = \frac{1 - F_X(x)}{\mathrm{E}(X)}, \quad x \geqslant 0, \tag{2.2.13}$$

而且有

$$M_{L_1}(t) = \frac{1}{t\mathrm{E}(X)}[M_X(t) - 1].$$

实际上,对任何已知的分布函数 $F_X(x)$,只要数学期望存在,都可以按照(2.2.13)式构造新的概率密度函数.

(3) 当 X 的分布为 $x_0(x_0>0)$点的退化分布时,即

$$\Pr(X = x_0) = 1, \quad \mathrm{E}(X) = x_0,$$

$$F_X(x) = \begin{cases} 0, & 0 \leqslant x < x_0, \\ 1, & x \geqslant x_0, \end{cases}$$

则 L_1 的概率密度函数为

$$f_{L_1}(x) = \begin{cases} 1/x_0, & 0 \leqslant x < x_0, \\ 0, & x \geqslant x_0, \end{cases}$$

即 L_1 服从$(0,x_0)$上的均匀分布.

(4) 设 X 服从指数分布 $\exp(\beta)$,则 L_1 仍然服从指数分布$\exp(\beta)$.

2.2.3　最大净损失与破产概率

根据定义,不破产概率可以表示为

$$\begin{aligned}\varphi(u) &= P(T = \infty) = \Pr[U(t) \geqslant 0, \forall t \geqslant 0] \\ &= \Pr[S(t) - ct \leqslant u, \forall t \geqslant 0] \\ &= \Pr[\sup_{t\geqslant 0}\{S(t) - ct\} \leqslant u], \quad u \geqslant 0.\end{aligned}$$

因此考虑如下的定义:

定义 2-9　盈余过程$\{U(t),t\geqslant 0\}$的**最大总损失**定义为

$$L = \sup_{t\geqslant 0}\{S(t) - ct\}.$$

自然有

$$\begin{aligned}\psi(u) &= 1 - \varphi(u) = 1 - \Pr(L \leqslant u) \\ &= 1 - F_L(u), \quad u \geqslant 0.\end{aligned}$$

定理 2-3　若总损失过程$\{S(t),t\geqslant 0\}$为复合 Poisson 过程,则最大总损失 L 的矩母函数和分布函数可分别表示为

$$\begin{aligned}M_L(r) &= \frac{\theta r \mathrm{E}(X)}{1 + (1+\theta) r \mathrm{E}(X) - M_X(r)} \\ &= \frac{\theta}{1+\theta} + \frac{1}{1+\theta} \cdot \frac{\theta[M_X(r) - 1]}{1 + (1+\theta) r \mathrm{E}(X) - M_X(r)},\end{aligned}$$

$$F_L(u) = \varphi(u) = \sum_{n=0}^{\infty} \psi^n(0)[1 - \psi(0)] F_{L_1}^{*(n)}(u),$$

其中 $F_{L_1}(x)$为 $f_{L_1}(x)$对应的分布函数,而 $f_{L_1}(x) = \dfrac{1 - F_X(x)}{\mathrm{E}(X)}(x \geqslant 0)$.

证明　对于净损失过程$\{S(t) - ct\}$,考虑如下破纪录发生时刻

的随机序列：

第 $k(k\geqslant 0)$ 次纪录产生的时刻：

$$\widetilde{T}_k(x)=\inf_{t\geqslant \widetilde{T}_{k-1}(x)}\{t: S(t)-ct>\widetilde{L}_{k-1}\},\quad \widetilde{T}_0=0,\ k=1,2,\cdots,$$

其中 $\widetilde{L}_k$ 为第 $k(k\geqslant 0)$ 次纪录的值：

$$\widetilde{L}_k=S(\widetilde{T}_k)-c\widetilde{T}_k,\quad \widetilde{L}_0=0, k=1,2,\cdots.$$

通过简单的分析，L 可以表示为如下聚合模型：

$$L=L_1+L_2+\cdots+L_N,$$

其中 N 表示破纪录的总数，因为每破一次纪录就意味着净损失超过初值，也就是初值为零的盈余过程破产. 所以 N 服从几何分布：$N\sim G\left(\frac{\theta}{1+\theta}\right)$. 另外，$L_n=\widetilde{L}_n-\widetilde{L}_{n-1}(n=1,2,\cdots)$ 是独立同分布的，表示每次破纪录的超过量，相当于初始盈余为零的亏损量变量. 由推论 2-2 知，L_n 的概率密度函数为 $f_{L_1}(x)$.

(1) 由于 L 的上述聚合模型表达，有 L 的矩母函数

$$M_L(r)=M_N(\ln M_{L_1}(r))=\frac{\theta}{1+\theta-M_{L_1}(r)}.$$

将 $M_{L_1}(r)$ 代入即可得到结论.

(2) 根据聚合模型分布函数的一般表达式，有

$$\psi(u)=1-F_L(u)=1-\sum_{n=0}^{\infty}\Pr(N=n)F_{L_1}^{*(n)}(u),$$

将 $F_{L_1}^{*(n)}(u)$ 代入即可得到结论.

定理 2-3 的一个应用：

将定理 2-3 中 N 的几何分布看做 $(a,b,0)$ 类计数分布：$a=\frac{1}{1+\theta}$，$b=0$，则由定理1-5 得 L 分布的如下递推公式：

$$f_L(u)=\frac{\theta}{1+\theta}f_{L_1}(u)+\frac{1}{1+\theta}\int_0^u f_{L_1}(y)f_L(u-y)\mathrm{d}y,$$

进而有

$$1-\psi(u)=\frac{\theta}{1+\theta}F_{L_1}(u)+\frac{1}{1+\theta}\int_0^u f_{L_1}(y)[1-\psi(u-y)]\mathrm{d}y. \tag{2.2.14}$$

特别地，若 $X\sim\text{Pareto}(\alpha,\beta)$，即 $F_X(x)=1-\left(\frac{\beta}{x+\beta}\right)^{\alpha}(x\geqslant 0,\beta>0,$

$\alpha>1$)，则有 $E(X)=\frac{\beta}{\alpha-1}$，从而有

$$f_{L_1}(x)=\frac{1}{E(X)}\left(\frac{\beta}{x+\beta}\right)^{\alpha},\quad 即\quad L_1\sim \text{Pareto}(\alpha-1,\beta).$$

取 $\theta=0.2,\alpha=3,\beta=1000,E(X)=500$，对(2.2.14)式进行数值计算，结果如表 2-2 所示. 与表 2-1 的第一列比较，表 2-2 最后一行的破产概率明显较大.

表 2-2

u	100	500	1000	5000	10000	25000
$\frac{u}{E(X)}$	0.2	1	2	10	20	50
$\varphi(u)$	0.193	0.276	0.355	0.687	0.852	0.975
$\psi(u)$	0.807	0.724	0.645	0.313	0.148	0.025

由定理 2-3 可直接得到以下推论：

推论 2-3 盈余过程$\{U(t),t\geqslant 0\}$的破产概率 $\psi(u)$满足：

$$\int_0^{+\infty} e^{ru}\,d[1-\psi(u)]=\frac{1}{1+\theta}\cdot\frac{\theta[M_X(r)-1]}{1+(1+\theta)rE(X)-M_X(r)}.\tag{2.2.15}$$

由推论 2-3 也可得到前面指数分布线性组合情形的破产概率表示：

设 X 服从的分布是指数分布的线性组合：

$$f_X(x)=c_1\beta_1 e^{-\beta_1 x}+c_2\beta_2 e^{-\beta_2 x},\quad x\geqslant 0$$
$$(c_1+c_2=1,\ \beta_1>0,\ \beta_2>0),$$

则有

$$E(X)=c_1\frac{1}{\beta_1}+c_2\frac{1}{\beta_2},\quad M_X(r)=c_1\frac{\beta_1}{\beta_1-r}+c_2\frac{\beta_2}{\beta_2-r}.$$

这里的 $M_X(r)$只是一个形式的记号，若假定 $\beta_1<\beta_2$，则 X 的矩母函数只在$(0,\beta_1)$上有定义，而上面的 $M_X(r)$则如图 2-5 所示，其中的 R_1 和 R_2 为方程

$$1+(1+\theta)rE(X)-M_X(r)=0$$

的两个非零根.

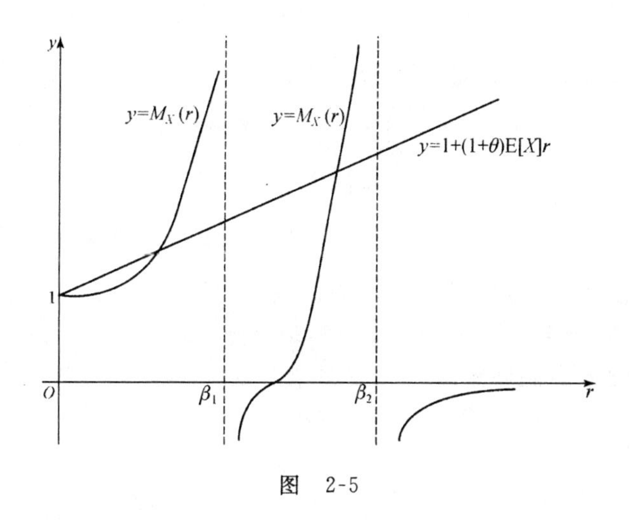

图 2-5

将上面的 $M_X(r)$代入(2.2.15)式有

$$\int_0^{+\infty} e^{ru} d[1-\psi(u)] \propto \frac{g_1(r)}{g_2(r)},$$

其中

$$\begin{aligned} g_1(r) &= c_1\beta_1(\beta_2 - r) + c_2\beta_2(\beta_1 - r) - (\beta_1 - r)(\beta_2 - r) \\ &= r(\beta_1 + \beta_2 - c_1\beta_1 - c_2\beta_2 - r), \\ g_2(r) &= 1 + (1+\theta)rE(X) - M_X(r) \propto (r - R_1)(r - R_2), \end{aligned}$$

所以(2.2.15)式可表示为

$$\int_0^{+\infty} e^{ru} d[1-\psi(u)] = k_1 \frac{R_1}{R_1 - r} + k_2 \frac{R_2}{R_2 - r},$$

其中 $0<r<R_2, r\neq R_1$. 根据矩母函数的性质,则有

$$\psi(u) = k_1 e^{-R_1 u} + k_2 e^{-R_2 u}, \quad u \geqslant 0.$$

§2.3 连续时间破产模型Ⅱ

2.3.1 破产概率的极限结果与近似计算

1. 极限结果

考虑 $u\to+\infty$时 $\psi(u)$的性态. 根据上一节的结论及更新定理进

行讨论.

定义 2-10　设函数 $z(x)$ 满足:

$$z(x)=g(x)+\int_0^x z(x-y)h(y)\mathrm{d}y,\quad x>0,$$

其中 $z(x)$, $g(x)$ 和 $h(x)$ 为定义在 $\mathbb{R}_+$ 上的函数,而且 $h(x)\geqslant 0$,又记 $h=\int_0^{+\infty}h(x)\mathrm{d}x<+\infty$,则称上式为函数 $z(x)$ 的**更新方程**. 根据 h 的取值,当 $h=1$ 时,称更新方程是**规范**的;当 $h<1$ 时,称更新方程是**瑕疵**的;当 $h>1$ 时,称更新方程是**过分**的.

定理 2-4(更新定理)　对于规范的更新方程,当函数 $g(x)$ 充分正则时,有

$$\lim_{x\to\infty}z(x)=\frac{\int_0^{+\infty}g(y)\mathrm{d}y}{\int_0^{+\infty}yh(y)\mathrm{d}y}=c_1(\text{常数}).$$

对于瑕疵的更新方程,可以作以下处理:设 R 满足方程

$$\int_0^{+\infty}\mathrm{e}^{Rx}h(x)\mathrm{d}x=1,$$

然后记

$$\tilde{z}(x)=\mathrm{e}^{Rx}z(x),\quad \tilde{g}(x)=\mathrm{e}^{Rx}g(x),\quad \tilde{h}(x)=\mathrm{e}^{Rx}h(x),$$

则 $\tilde{z}(x)=\mathrm{e}^{Rx}z(x)$ 满足规范的更新方程. 因此有

$$\lim_{x\to\infty}\tilde{z}(x)=c_1=\frac{\int_0^{+\infty}\tilde{g}(y)\mathrm{d}y}{\int_0^{+\infty}y\tilde{h}(y)\mathrm{d}y}=\frac{\int_0^{+\infty}\mathrm{e}^{Ry}g(y)\mathrm{d}y}{\int_0^{+\infty}y\mathrm{e}^{Ry}h(y)\mathrm{d}y}$$

及

$$z(x)\sim c_1\mathrm{e}^{-Rx},\quad x\to\infty.$$

定理 2-5　设 R 为盈余过程的调节系数,则

$$\psi(u)\sim c_1\mathrm{e}^{-Ru},\quad u\to\infty,$$

其中

$$c_1=\frac{\theta\mathrm{E}(X)}{\mathrm{E}(X\mathrm{e}^{RX})-(1+\theta)\mathrm{E}(X)}.$$

证明　已知

$$z(x)=\psi(x),\quad g(x)=\frac{\lambda}{c}\int_x^{+\infty}[1-F_X(y)]\mathrm{d}y,$$

$$h(x)=\frac{\lambda}{c}[1-F_X(y)],\quad \int_0^{+\infty}h(y)\mathrm{d}y=\frac{\lambda\mathrm{E}(X)}{c}<1.$$

(1) 为了应用更新定理,我们对 $h(x)$进行调整,选择 R 满足如下方程:

$$\int_0^{+\infty} e^{Rx} h(x) dx = 1,$$

则 R 即为盈余过程的调节系数.

(2) 对调整后的函数 $\tilde{z}(x)=e^{Rx}z(x)$, $\tilde{g}(x)=e^{Rx}g(x)$, $\tilde{h}(x)=e^{Rx}h(x)$应用更新定理,则有

$$\begin{aligned} c_1 &= \frac{\int_0^{+\infty} e^{Ry} \int_y^{+\infty} [1-F_X(w)] dw \, dy}{\int_0^{+\infty} y e^{Ry} [1-F_X(y)] dy} \\ &= \frac{\frac{1}{R}\left[\frac{c}{\lambda} - E(X)\right]}{\int_0^{+\infty} y e^{Ry} [1-F_X(y)] dy} \\ &= \frac{\theta E(X)}{E(Xe^{RX}) - (1+\theta)E(X)}. \end{aligned}$$

2. 近似计算

(1) 矩方法:

一方面,由定理 2-3 可知

$$E(L) = M'_L(r)|_{r=0} = \frac{E(X^2)}{2\theta E(X)};$$

另一方面,由 $F_L(u)$与 $\psi(u)$的关系,有

$$E(L) = \int_0^{+\infty} \psi(u) du.$$

若假设 $\psi(u)$为$\frac{1}{1+\theta}e^{-Ku}$形式,则

$$\frac{1}{1+\theta} \cdot \frac{1}{K} = \frac{E(X^2)}{2\theta E(X)}, \quad 即 \quad K = \frac{2\theta}{1+\theta} \cdot \frac{E(X)}{E(X^2)},$$

从而

$$\psi(u) \approx \frac{1}{1+\theta} e^{-\frac{2\theta}{1+\theta} \cdot \frac{E(X)}{E(X^2)} \cdot u}.$$

(2) Beekman & Bowers 近似:

$$F_L(x) \approx \frac{\theta}{1+\theta} I(x) + \frac{1}{1+\theta} G(x),$$

其中 $I(x)$是零点退化分布的分布函数，$G(x)$为 Gamma(α,β)分布的分布函数. 这里近似的原则和标准是通过下两式求解 Gamma 分布的参数：

$$\mathrm{E}(L) = \frac{1}{1+\theta} \cdot \frac{\alpha}{\beta}, \quad \mathrm{E}(L^2) = \frac{1}{1+\theta}\left(\frac{\alpha}{\beta^2} + \frac{\alpha^2}{\beta^2}\right).$$

于是
$$\psi(u) = 1 - F_L(u) \approx \frac{1}{1+\theta}[1 - G(u)],$$

即用 Gamma(α,β)分布的尾部近似破产概率. 但这样的近似误差较大.

2.3.2 有限时间内破产概率的计算

由于

$$\psi(u,t) = \Pr[\exists\, t_0 \leqslant t,\ U(t_0) < 0] = \Pr(T \leqslant t),$$

$$\varphi(u,t) = \Pr(T > t) = \Pr[\forall\, s \leqslant t,\ U(s) > 0],$$

显然 $\varphi(u,t)$ 比 $\psi(u,t)$ 更易于推导，因此下面主要讨论 $\varphi(u,t)$ 的计算.

1. 初始盈余为零的情形

定理 2-6 对于初始盈余为零的盈余过程，有限时间内生存概率 $\varphi(u,t)$可表示为

$$\varphi(0,t) = \frac{1}{ct}\int_0^{ct} F_{S(t)}(x)\,\mathrm{d}x.$$

证明① 对任意 $y \geqslant 0$，考虑 $I = (y, y+\mathrm{d}y)$，有

$$\Pr[U(t) \in I, U(s) > 0, 0 \leqslant s < t] = \frac{y}{ct}\Pr(U(t) \in I),$$

$$\Pr[U(t) \in I] = \Pr[S(t) \in I_1],$$

其中
$$I_1 = (z, z+\mathrm{d}z), \quad z = ct - y \geqslant 0.$$

因此

$$\varphi(0,t) = \int_0^{ct} \Pr[U(t) \in I, U(s) > 0, 0 \leqslant s < t]$$

---

① 关于该定理的详细证明可参见文献[1],[8].

$$= \frac{1}{ct}\int_0^{ct} \Pr[S(t) \leqslant x]\mathrm{d}x = \frac{1}{ct}\int_0^{ct} F_{S(t)}(x)\mathrm{d}x.$$

通过适当的整理,定理 2-6 的结论可以表示为

$$\varphi(0,t) = \frac{\theta}{1+\theta} + \frac{1}{ct}\int_{ct}^{+\infty} [1 - F_{S(t)}(x)]\mathrm{d}x,$$

进而可以通过以下方法估计 $\varphi(0,t)$:

$$\begin{aligned} 1 - F_{S(t)}(x) &= \Pr[S(t) > x] \\ &= \Pr\{S(t) - \mathrm{E}[S(t)] > x - \mathrm{E}[S(t)]\} \\ &\leqslant \Pr\{|S(t) - \mathrm{E}[S(t)]| \geqslant x - \lambda t \mathrm{E}(X)\} \\ &\leqslant \frac{\lambda t \mathrm{E}(X^2)}{[x - \lambda t \mathrm{E}(X)]^2}, \end{aligned}$$

因此

$$\varphi(0,t) \leqslant \frac{\theta}{1+\theta} + \frac{1}{ct} \cdot \frac{\lambda \mathrm{E}(X^2)}{c - \lambda \mathrm{E}(X)}.$$

但是,当上式右边大于 1 时,该上界意义不大.

2. 一般初始盈余的情形

定理 2-7(Seal 公式)　对于一般的盈余过程,有限时间内生存概率 $\varphi(u,t)$满足以下积分方程:

$$\varphi(u,t) = F_{S(t)}(u + ct) - c\int_0^t \varphi(0,t-s) f_{S(s)}(u + cs)\mathrm{d}s, \quad u \geqslant 0,$$

其中 $f_{S(t)}(x) = \dfrac{\partial F_{S(t)}(x)}{\partial x} (x > 0)$.

证明①　生存概率可表示为

$$\varphi(u,t) = \Pr[U(t) \geqslant 0] - \Pr[U(t) \geqslant 0, \exists\, s < t, U(s) = 0],$$

若将 s 考虑为使 $U(s)=0$ 的最后时刻,进而有

$$\begin{aligned} \varphi(u,t) &= F_{S(t)}(u + ct) - \int_0^t \varphi(0,t-s)[F_{S(s)}(u + cs + c\mathrm{d}s) \\ &\quad - F_{S(s)}(u + cs)] \\ &= F_{S(t)}(u + ct) - c\int_0^t \varphi(0,t-s) f_{S(s)}(u + cs)\mathrm{d}s. \end{aligned}$$

定理 2-6 和定理 2-7 也可以利用二元函数的特殊变换进行证明.

---

① 关于该定理的详细证明可参见文献[1],[8].

定义 2-11 函数 $f(x_1,x_2)$ 的二元 L-变换 $\widetilde{f}(z_1,z_2)$ 定义为

$$\widetilde{f}(z_1,z_2)=\int_{-\infty}^{+\infty}\int_{-\infty}^{+\infty}\mathrm{e}^{-z_1x_1}\ \mathrm{e}^{-z_2x_2}f(x_1,x_2)\mathrm{d}x_1\mathrm{d}x_2,\quad z_1>0,z_2>0.$$

记

$$\widetilde{f}_0(z)=\widetilde{f}(0,z)=\int_0^{+\infty}\mathrm{e}^{-zt}f(0,t)\mathrm{d}t,\quad z>0.$$

利用 L-变换的定义，可以证明 $\varphi(u,t)$ 的 L-变换 $\tilde{\varphi}$ 具有以下形式：

$$\tilde{\varphi}(z_1,z_2)[z_2+\lambda-cz_1-\lambda L_X(z_1)]=\frac{1}{z_1}-c\tilde{\varphi}_0(z_2),$$

其中 $\tilde{\varphi}_0(z)=\dfrac{1}{cr(z)}$，这里 $r(z)$ 满足：$z+\lambda-cr(z)=\lambda L_X[r(z)]$. 再经过进一步的推导，可以得到定理 2-6 和定理 2-7 的结论.

定理 2-8 有限时间内生存概率 $\varphi(u,t)$ 满足下面的方程：

$$\frac{\partial\varphi(u,t)}{\partial t}=c\,\frac{\partial\varphi(u,t)}{\partial u}-\lambda\varphi(u,t)+\lambda\int_0^u\varphi(u-x,t)\mathrm{d}F_X(x)$$

或

$$\frac{\partial\varphi(u,t)}{\partial u}=\frac{1}{c}\cdot\frac{\partial\varphi(u,t)}{\partial t}+\frac{\lambda}{c}\varphi(u,t)-\frac{\lambda}{c}\int_0^u\varphi(u-x,t)\mathrm{d}F_X(x).$$

证明 当盈余过程沿时间从 0 到 h 时，有

$$\varphi(u,t+h)=\begin{cases}(1-\lambda h)\varphi(u+ch,t), & \text{不索赔},\\ \lambda h\displaystyle\int_0^{u+ch}\varphi(u+chx,t)\mathrm{d}F_X(x), & 1\text{ 次索赔},\\ o(h), & \geqslant 2\text{ 次索赔}.\end{cases}$$

然后采用与定理 2-2 类似的证明，可以推出结论.

§2.4 离散时间破产模型

离散时间盈余过程(2.1.7)的破产概率计算与连续时间盈余过程(2.1.1)有一些重要的差别，主要是因为两种模型本身的差异. 本节我们首先分析离散时间模型的一些基本性质. 一般情况下，假设 W_n 只依赖于时刻 $n-1$ 到时刻 n 的所有信息，特别是不依赖于 U_{n-1}

的信息. 若同时假设 $W_1,W_2,\cdots,W_n$ 独立同分布,则

$$U_n = U_{n-1} + c - W_n \quad 与 \quad U_n = U_{n-1} + c - W_1$$

同分布,即当 U_{n-1} 已知时, U_n 的概率性质完全由年总损失 W 的分布决定.

另外,采用累积方式表示盈余过程,有

$$U_n = u + \sum_{k=1}^{n} (c - W_k),$$

其中 $c-W_k$ 表示第 k 年当年的盈余.

基于上述性质,我们可以自然地得到如下计算不破产概率和破产概率的一般递推关系:

$$\begin{aligned}\tilde{\varphi}(u,n) &= \Pr(U_k > 0, 1 \leqslant k \leqslant n) \\ &= \Pr(U_n > 0 \mid U_k > 0, 1 \leqslant k \leqslant n-1) \\ &\quad \cdot \Pr(U_k > 0, 1 \leqslant k \leqslant n-1) \\ &= \tilde{\varphi}(u,n-1)\Pr(U_n > 0 \mid U_{n-1} > 0), \end{aligned} \tag{2.4.1}$$

$$\begin{aligned}\tilde{\psi}(u,n) &= \Pr(U_n \leqslant 0 \mid U_{n-1} > 0) + \tilde{\psi}(u,n-1) \\ &\quad \cdot \Pr(U_n > 0 \mid U_{n-1} > 0). \end{aligned} \tag{2.4.2}$$

更进一步,设 $W_1,W_2,\cdots,W_n$ 是独立同分布的随机变量,将 $\tilde{\varphi}(u,n)$ 看做 (u,n) 的二元函数,则有如下关于有限时间内不破产概率 $\tilde{\varphi}(u,n)$ 的递推公式结论:

定理 2-9 对于离散时间盈余过程(2.1.7),设 $W_1,W_2,\cdots,W_n$ 是独立同分布的随机变量,则 $\tilde{\varphi}(u,n)$ 满足以下递推公式:

$$\tilde{\varphi}(u,n) = \int_0^{u+c} \tilde{\varphi}(u+c-w, n-1)\mathrm{d}F_W(w) \qquad (n = 1,\cdots; u \geqslant 0). \tag{2.4.3}$$

证明 我们有

$$\begin{aligned}\tilde{\varphi}(u,n) &= \Pr(U_1 \geqslant 0, U_2 \geqslant 0, \cdots, U_n \geqslant 0) \\ &= \Pr(W_1 \leqslant u + c, W_1 + W_2 \leqslant u + 2c, \cdots, \\ &\qquad W_1 + W_2 + \cdots + W_n \leqslant u + cn) \\ &= \Pr(W_1 \leqslant u + c, W_2 \leqslant u + c - W_1 + c, \cdots, \\ &\qquad W_2 + \cdots + W_n \leqslant u + c - W_1 + c(n-1)).\end{aligned}$$

由于 $W_1,W_2,\cdots,W_n$ 独立同分布,所以上面的最后一个表达式可以

用 W_1 的分布表示为

$$\begin{aligned}\tilde{\varphi}(u,n) &= \int_0^{u+c} \Pr\left[W_2 \leqslant (u+c-x)+c,\cdots,W_2+\cdots+W_n \right.\\ &\qquad\qquad \left.\leqslant (u+c-x)+c(n-1)\right]\mathrm{d}F_W(x)\\ &= \int_0^{u+c} \Pr\left[W_1 \leqslant (u+c-x)+c,\cdots,W_1+\cdots+W_{n-1}\right.\\ &\qquad\qquad \left.\leqslant (u+c-x)+c(n-1)\right]\mathrm{d}F_W(x)\\ &= \int_0^{u+c} \tilde{\varphi}(u+c-x,n-1)\mathrm{d}F_W(x),\end{aligned}$$

其中最后一个等式由不破产概率的定义直接得到.

例 2-2　现有如下的盈余过程：初始盈余为 2 个货币单位，年保费收入为 3 个货币单位，年损失的分布为

$$\Pr(W=0)=0.6=1-\Pr(W=6).$$

计算：

(1) 第二年年底出现负盈余的概率；

(2) 前两年内不破产的概率.

解　这里初始盈余为 $U_0=2$. 盈余过程的概率分布如下：

U_1 取值于 $\{5,-1\}$，而且有

$$\Pr(U_1=5)=0.6=1-\Pr(U_1=-1),$$

因此有 $\tilde{\varphi}(2,1)=0.6$；

U_2 取值于 $\{8,2,-4\}$，而且有

$$\Pr(U_2=8)=\Pr(U_1=5,W_2=0)=0.6\times0.6=0.36,$$

$$\begin{aligned}\Pr(U_2=2) &= \Pr(U_1=5,W_2=6)+\Pr(U_1=-1,W_2=0)\\ &= 2\times0.6\times0.4=0.48,\end{aligned}$$

$$\Pr(U_2=-4)=\Pr(U_1=-1,W_2=6)=0.4\times0.4=0.16,$$

因此有

(1) $\Pr(U_2<0)=\Pr(U_2=-4)=0.16$；

(2) $\tilde{\varphi}(2,2)=\Pr(U_1>0,U_2>0)=0.6$，$\tilde{\psi}(2,2)=0.4$.

2.4.1　调节系数与破产概率

定义 2-12　称下面方程的非零解 $\tilde{R}$（若存在）为盈余过程 $\{U_n,n=0,1,\cdots\}$ 的**调节系数**：

$$M_{S_n}(r) = e^{cnr} \quad 或 \quad \ln M_W(r) = cr,$$

其中 $S_n = W_1 + W_2 + \cdots + W_n$，这里 $W_1, W_2, \cdots, W_n$ 独立同分布，共同分布记为 $W \sim f_W(x)$，并称相应的方程为**调节系数方程**.

特别是当 $W \sim CP(\lambda, f_X(x))$（复合 Poisson 分布），即每年的总损失服从复合 Poisson 分布时，W 为短期风险模型，上述调节系数方程与连续情形相同，为

$$\lambda[M_X(r) - 1] = cr.$$

一般调节系数 $\tilde{R}$ 的存在性由 W 的分布决定. 事实上，记

$$g(r) = e^{-cr} M_W(r),$$

则有 $g(0)=1, g'(r)=E[(W-c)e^{(W-c)r}]$，从而有 $g'(0)<0$ 和

$$g''(r) = E[(W-c)^2 e^{(W-c)r}] > 0, \quad r > 0.$$

只要在 $M_W(r)$ 存在的区域内找到 r_0 使得 $g(r_0)>1$ 成立，则一定存在调节系数.

特别地，对于复合 Poisson 分布，若 X 服从指数分布 $\exp(\beta)$，则有与连续时间模型相同的结论：

$$\tilde{R} = \frac{\theta}{1+\theta}\beta.$$

常常利用下式对调节系数 $\tilde{R}$ 进行近似计算：

$$\tilde{R} \approx \frac{2[c - E(W)]}{\mathrm{Var}(W)}.$$

该近似公式可以利用 Taylor 展开得到. 还可以证明，当 W 服从正态分布时上式严格成立.

定理 2-10 设 $\tilde{R}$ 为盈余过程 $\{U_n, n=0,1,\cdots\}$ 的调节系数（若存在），而且 $\{W_n, n=1,2,\cdots\}$ 独立同分布，则有

$$\tilde{\psi}(u) = \frac{e^{-\tilde{R}u}}{E(e^{-\tilde{R}U_{\tilde{T}}} \mid \tilde{T} < +\infty)}, \quad u \geqslant 0.$$

定理 2-10 的证明从略. 由该定理直接有如下的结论：

(1) 破产概率的上界：

$$\tilde{\psi}(u) \leqslant e^{-\tilde{R}u}, \quad u \geqslant 0.$$

(2) 若 W 服从复合 Poisson 分布，而且 X 服从指数分布 $\exp(\beta)$，

则有

$$\widetilde{Y} = -(U_{\widetilde{T}} \mid \widetilde{T} < +\infty) \sim \exp(\beta),$$

$$\widetilde{\psi}(u) = \frac{1}{1+\theta} e^{-\frac{\theta}{1+\theta}\beta u} = \frac{1}{1+\theta} e^{-\frac{\theta}{1+\theta}\cdot\frac{u}{E(X)}}.$$

2.4.2　总损失为一阶自回归(AR(1))形式的破产概率

年损失 W 互相独立的假设在现实中很难满足. 下面考虑模型

$$W_i = aW_{i-1} + Y_i, \quad |a| < 1, i = 1,2,\cdots,n,$$

其中$\{Y_n, n=1,2,\cdots\}$是独立同分布(已知)的随机变量序列, $E(Y_i)<(1-a)c\ (i=1,2,\cdots,n)$,那么 $W_0=w$ (退化)的取值将完全决定该模型. 所以,破产概率与 w 有关.

下面讨论上述模型的破产概率的计算.

由

$$W_i = Y_i + aY_{i-1} + a^2Y_{i-2} + \cdots + a^{i-1}Y_1 + a^i w$$

和

$$\begin{aligned} S_n &= W_1 + W_2 + \cdots + W_n \\ &= Y_n + \frac{1-a^2}{1-a}Y_{n-1} + \cdots + \frac{1-a^n}{1-a}Y_1 + a\,\frac{1-a^n}{1-a}w \end{aligned}$$

可得

$$S_n + \frac{a}{1-a}W_n = \frac{1}{1-a}\sum_{i=1}^{n} Y_i + \frac{a}{1-a}w.$$

由此,可以构造一个新的盈余过程:

$$\hat{u} = \hat{U}_0 = u - \frac{a}{1-a}w,$$

$$\hat{U}_n = U_n - \frac{a}{1-a}W_n, \quad n = 1,2,\cdots,$$

则当假定 $c > \dfrac{E(Y_1)}{1-a}$ 时,

$$\begin{aligned} \hat{U}_n &= u + cn - S_n - \frac{a}{1-a}W_n \\ &= u + cn - \left(\frac{1}{1-a}\sum_{i=1}^{n} Y_i + \frac{a}{1-a}w\right) \end{aligned}$$

$$= \left(u - \frac{a}{1-a}w\right) + cn - \sum_{i=1}^{n} \frac{Y_i}{1-a}$$

$$= \hat{u} + cn - \hat{S}_n$$

仍然为标准的盈余过程,"年"损失量$\left\{\widetilde{W}_n = \dfrac{Y_n}{1-a}, n=1,2,\cdots\right\}$独立同分布.

如果用 $\widetilde{R}$ 表示新盈余过程$\{\hat{U}_n, n=0,1,\cdots\}$的调节系数(若存在),则有

$$c\widetilde{R} = \ln M_{\frac{Y_i}{1-a}}(\widetilde{R}) = \ln M_{Y_i}\left(\frac{\widetilde{R}}{1-a}\right).$$

记

$$\widetilde{T} = \inf\{n: \hat{U}_n < 0\}, \quad \tilde{\psi}(u,w) = \Pr(\widetilde{T} < +\infty \mid \hat{U}_0 = u),$$

则盈余过程$\{\hat{U}_n, n=0,1,\cdots\}$的破产概率可表示为

$$\tilde{\psi}(\hat{u},w) = \frac{e^{-\widetilde{R}\hat{u}}}{E(e^{-\widetilde{R}\hat{U}_{\widetilde{T}}} \mid \widetilde{T} < +\infty)}, \quad \hat{u} \geqslant 0.$$

注意: 这里 $\widetilde{T}$ 为新盈余过程$\{\hat{U}_n, n=0,1,\cdots\}$的首次破产时刻.

2.4.3 一般盈余过程的破产概率

考虑基本模型:

$$U_0 = u,$$

$$U_n = u + \sum_{k=1}^{n}(P_k + C_k - W_k), \quad n = 1,2,\cdots,$$

其中 P_k 为保费收入,C_k 为除正常收入和支出之外的任何其他现金流(如投资收入). 若记 $S_k = P_k + C_k - W_k$,则有

$$U_n = U_{n-1} + S_n.$$

一般要求 S_k 最多只依赖于 U_{k-1},则$\{U_n, n=0,1,\cdots\}$为马氏过程.

对上述盈余过程$\{U_n, n=0,1,\cdots\}$考虑以下变换的新盈余过程$\{U_n^*, n=0,1,\cdots\}$(二次过程):

$$U_0^* = u,$$

$$U_k^* = U_{k-1}^* + S_k^*, \quad k = 1,2,\cdots,$$

其中
$$S_k^* = \begin{cases} 0, & U_{k-1}^* < 0, \\ S_k, & U_{k-1}^* \geqslant 0, \end{cases} \quad k = 1, 2, \cdots.$$
对于新盈余过程$\{U_k^*, n=0,1,\cdots\}$，有以下性质：

(1) 事件$U_k^*<0$与事件$U_k<0$的首次发生时刻相同；

(2) 一旦$U_k^*<0$发生，对任何$n>k$均有$U_n^*=U_k^*<0$，所以有
$$\tilde{\varphi}(u,n) = \Pr(U_k > 0, 1 \leqslant k \leqslant n) = \Pr(U_n^* \geqslant 0),$$
$$\tilde{\psi}(u,n) = \Pr(U_n^* < 0).$$

盈余过程$\{U_k^*, n=0,1,\cdots\}$破产概率的计算方法主要有以下三种：

方法1　随机模拟. 关键是生成$W_1, W_2, \cdots, W_n$的轨道，具体的模拟技术可参阅相关的教材.

方法2　离散化的递推算法.

对于$n\geqslant 1$，假设已经得到了U_{n-1}^*的分布，也就已知$\tilde{\psi}(u,n-1)=\Pr(U_{n-1}^*<0)$的值，以及在非负盈余点$0<u_1<u_2<\cdots<u_m$的概率
$$f_j = \Pr(U_{n-1}^* = u_j), \quad j = 1, 2, \cdots, m,$$
同时给定U_{n-1}^*时S_n的条件概率
$$g_{j,k} = \Pr(S_n = s_{j,k} \mid U_{n-1}^* = u_j).$$
因为有
$$\begin{aligned}
\tilde{\psi}(u,n) &= \tilde{\psi}(u,n-1) + \Pr(U_{n-1}^* \geqslant 0, U_{n-1}^* + S_n^* < 0) \\
&= \tilde{\psi}(u,n-1) + \sum_{j=1}^{m} \Pr(U_{n-1}^* + S_n < 0 \mid U_{n-1}^* = u_j) \\
&\quad \cdot \Pr(U_{n-1}^* = u_j) \\
&= \tilde{\psi}(u,n-1) + \sum_{j=1}^{m} \Pr(u_j + S_n < 0 \mid U_{n-1}^* = u_j) f_j \\
&= \tilde{\psi}(u,n-1) + \sum_{j=1}^{m} \sum_{s_{j,k} < -u_j} g_{j,k} f_j,
\end{aligned}$$
则U_n^*在各个离散点x的概率可表示为
$$\begin{aligned}
\Pr(U_n^* = x) &= \Pr(U_{n-1}^* \geqslant 0, U_{n-1}^* + S_n = x) \\
&= \sum_{j=1}^{m} \Pr(U_{n-1}^* \geqslant 0, U_{n-1}^* + S_n = x \mid U_{n-1}^* = u_j) \\
&\quad \cdot \Pr(U_{n-1}^* = u_j)
\end{aligned}$$

$$= \sum_{j=1}^{m} \Pr(u_j + S_n = x \mid U_{n-1}^* = u_j) f_j$$

$$= \sum_{j=1}^{m} \sum_{s_{j,k}+u_j=x} g_{j,k} f_j.$$

例 2 3 已知初始盈余为 $u=2$,年初保费收入为 2.5,年初的任何盈余均以年利率 10% 累积;若没有损失发生,则下一年度有 0.5 的保费折扣;年损失(年底发生)为独立同分布的随机变量,损失量为 0,2,4,6 的概率分别为 0.4,0.3,0.2,0.1. 计算前两年年底破产的概率.

解 在 0 时刻有 $\tilde{\psi}(2,0)=0$ 和 $f_1=\Pr(U_0^*=2)=1$.

在时刻 1,S_1 的条件概率如表 2-3 所示.

表 2-3

k	1	2	3	4
$s_{1,k}$	2.45	0.95	−1.05	−3.05
$g_{1,k}$	0.4	0.3	0.2	0.1

由表 2-3 可见,使得 S_1 小于 $-u_1=-2$ 的只有 $k=4$,所以 $\tilde{\psi}(2,1)=0.1$,U_1^* 非负部分的概率见表 2-4.

表 2-4

j	1	2	3
u_j	0.95	2.95	4.45
f_j	0.2	0.3	0.4

在时刻 2,不同的 j 和 k 对应的$(u_j+s_{j,k},g_{j,k})$的值如表 2-5 所示.

表 2-5

j	u_j	f_j	k			
			1	2	3	4
1	0.95	0.2	(3.295,0.4)	(1.795,0.3)	(−0.205,0.2)	(−2.205,0.1)
2	2.95	0.3	(5.495,0.4)	(3.995,0.3)	(1.995,0.2)	(−0.005,0.1)
3	4.45	0.4	(7.145,0.4)	(5.645,0.3)	(3.645,0.2)	(1.645,0.1)

对于破产概率，只要对表 2-5 中取负值的部分($j=1$ 和 $k=3$，$j=1$和 $k=4$，$j=2$ 和 $k=4$)计算相应的概率乘积便可得到：

$$\tilde{\psi}(2,2)=\tilde{\psi}(2,1)+0.2\times0.2+0.2\times0.1+0.3\times0.1=0.19.$$

U_2^* 非负部分的概率如表 2-6 所示.

表　2-6

j	1	2	3	4	5	6	7	8	9
u_j	1.645	1.795	1.995	3.295	3.645	3.995	5.495	5.645	7.145
f_j	0.04	0.06	0.06	0.08	0.08	0.09	0.12	0.12	0.16

方法 3　反演计算或快速傅里叶变换(简称 FFT).

取

$$U_k^{**}=\begin{cases}0, & U_{k-1}<0,\\ U_k, & U_{k-1}\geqslant 0,\end{cases}$$

然后采用逐年递推的分析：

(1) 给出 $U_1=u+S_1$ 的分布；

(2) 计算 U_{k-1}^{**}的特征函数：$\varphi_{1,k}(z)=\mathrm{E}(\mathrm{e}^{\mathrm{i}zU_{k-1}^{**}})$；

(3) 计算 S_k 的特征函数：$\varphi_{2,k}(z)=\mathrm{E}(\mathrm{e}^{\mathrm{i}zS_k})$；

(4) 计算 $U_{k-1}^{**}+S_k$ 的特征函数 $\varphi_{3,k}(z)=\varphi_{1,k}(z)\varphi_{2,k}(z)$；

(5) 利用反演计算得到 $U_{k-1}^{**}+S_k$ 的概率密度函数 $f_k(u)$；

(6) 记 $r_k=\Pr(U_{k-1}^{**}+S_k<0)$，表示已知组合生存至时刻 $k-1$，但是在时刻 k 破产的概率；

(7) 记 $f_k^{**}(u)=f_k(u)/(1-r_k)$，表示 U_k^{**} 的概率密度函数；

(8) 时刻 k 之前破产的概率为

$$\tilde{\psi}(u,k)=\tilde{\psi}(u,k-1)+r_k[1-\tilde{\psi}(u,k-1)].$$

例 2-4　设年总损失(年底发生)为独立同分布的随机变量，损失量为 0,2,4,6 的概率分别为 0.4,0.3,0.2,0.1. 已知初始盈余为 $u=2$，年初保费收入为 2.5. 试用 FFT 计算前两年破产的概率.

解　利用已知条件，可以很快地得到 $U_1=u+S_1$ 的分布：

$$\Pr(U_1=4.5)=0.4,\quad \Pr(U_1=2.5)=0.3,$$

$$\Pr(U_1=0.5)=0.2,\quad \Pr(U_1=-1.5)=0.1.$$

由此可立即得到 $\tilde{\psi}(2,1)=0.1$，以及 U_1^{**} 的分布：

$$\Pr(U_1^{**}=0.5)=2/9,\quad \Pr(U_1^{**}=2.5)=3/9,$$
$$\Pr(U_1^{**}=4.5)=4/9.$$

第二年破产的计算如下：

令 $x=\mathrm{e}^{\mathrm{i}z}$，则

$$\varphi_{1,2}(x)=\frac{1}{9}(2x^{0.5}+3x^{2.5}+4x^{4.5}),$$

$$\varphi_{2,2}(x)=\frac{1}{10}(x^{-3.5}+2x^{-1.5}+3x^{0.5}+4x^{2.5}),$$

从而

$$\varphi_{1,2}(x)\cdot\varphi_{2,2}(x)=\frac{1}{90}(2x^{-3}+7x^{-1}+16x+25x^{3}+24x^{5}+16x^{7}).$$

利用反演计算，可得到 $U_1^{**}+S_2$ 的概率函数 $f_2(u)$，见表 2-7，进而有

$$r_2=f_2(-3)+f_2(-1)=0.1,$$
$$\tilde{\psi}(2,2)=\tilde{\psi}(2,1)+r_2[1-\tilde{\psi}(2,1)]=0.19,$$

即前两年破产的概率为 0.19. U_2^{**}的概率函数见表 2-8，可继续计算后续的破产概率.

表 2-7

u	-3	-1	1	3	5	7
$f_2(u)$	2/90	7/90	16/90	25/90	24/90	16/90

表 2-8

u	1	3	5	7
$\Pr(U_2^{**}=u)$	16/81	25/81	24/81	16/81

§2.5 布朗运动情形的破产模型

2.5.1 布朗运动风险过程

布朗运动在理论上是一个非常基本的随机过程，在现实中也有着非常广泛的应用. 在金融领域通常用布朗运动表示股票的连续收益率变化，可以说它是现代金融定价理论的基石. 这里我们研究前

面的盈余过程与布朗运动的关系.

1. 布朗运动的定义和基本特征

定义 2-13 连续时间随机过程$\{B(t),t\geqslant 0\}$称为**布朗运动(过程)**(简称 **BM**),若它满足:

(1) 初值为零:$B(0)=0$;

(2) 具有独立增量和平稳性;

(3) 正态性:$B(t)\sim N(\mu t,\sigma^2 t),t>0$.

在定义 2-13 中,一般有$\mu\geqslant 0$. 当$\mu\neq 0$时,称$\{B(t),t\geqslant 0\}$为有**漂移(μ)的布朗运动**. 有时也称布朗运动为 **Wiener 过程或白噪声过程**. 当$\mu=0,\sigma^2=1$时,称$\{B(t),t\geqslant 0\}$为**标准布朗运动**.

从定义可以立即得到布朗运动的基本特征:轨道连续,处处不可微.

2. 布朗运动与盈余过程的联系

通过下面的分析将说明:布朗运动可看做长期复合 Poisson 风险过程的极限状态,是跳跃数增多,同时跳跃的幅度减小的渐进结果. 考虑如下随机过程:

$$Z(t)=U(t)-u=ct-S(t),\quad t\geqslant 0.$$

显然它仍然为复合 Poisson 过程. 为了找到与其对应的布朗运动,可以通过相同的均值和方差来构造极限过程.

由

$$\mu=\frac{\mathrm{E}[Z(t)]}{t}=c-\lambda\mathrm{E}(X)=\theta\lambda\mathrm{E}(X),$$

$$\sigma^2=\frac{\mathrm{Var}[Z(t)]}{t}=\lambda\mathrm{E}(X^2),$$

可以得到布朗运动与复合 Poisson 过程的参数对应关系:

$$\lambda=\frac{\sigma^2}{\mathrm{E}(X^2)},\quad c=\mu+\frac{\sigma^2}{\mathrm{E}(X^2)}\mathrm{E}(X)=\mu+\lambda\mathrm{E}(x).$$

为了构造极限过程,考虑对索赔量变量进行尺度变换:$X=\alpha Y$,其中Y具有某种标准化的期望和方差. 代入参数关系,有

$$\lambda=\frac{\sigma^2}{\mathrm{E}(Y^2)}\cdot\frac{1}{\alpha^2},\quad c=\mu+\sigma^2\frac{\mathrm{E}(Y)}{\mathrm{E}(Y^2)}\cdot\frac{1}{\alpha},$$

则当$\alpha\to 0$时,$\mathrm{E}(X)\to 0$且$\lambda\to\infty$.

因为复合 Poisson 过程显然满足 BM 的独立增量和平稳性要

求,所以只需验证 $\alpha\to 0$ 时的正态性. 这一点可以利用矩母函数的极限来证明,相当于求证:

$$\lim_{\alpha\to 0} M_{Z(t)}(r) = \exp\left\{\mu t r + \frac{\sigma^2 t}{2} r^2\right\}, \quad \text{对任意固定的 } t \geqslant 0.$$

简单证明如下: 利用复合 Poisson 过程矩母函数的定义,有

$$\begin{aligned}\frac{\ln M_{z(t)}(r)}{t} &= rc + \lambda[M_X(-r) - 1] \\ &= rc + \lambda\left[1 - r\mathrm{E}(X) + \frac{r^2}{2!}\mathrm{E}(X^2) + o(\alpha^2) - 1\right] \\ &= r[c - \lambda\mathrm{E}(X)] + \frac{r^2}{2!}\lambda\mathrm{E}(X^2) + \lambda o(\alpha^2) \\ &\to \mu r + \frac{\sigma^2}{2} r^2.\end{aligned}$$

这里只是给出一个示意性的证明,严格的证明可参阅相关的随机过程教材.

对上述极限过程从实务的角度可以做如下解释:

(1) 当业务量很大时,可以认为索赔频率非常快,单位时间内的跳跃次数增加;

(2) 相对于初始盈余,每次索赔的量充分小.

2.5.2 布朗运动下盈余过程的破产概率

考虑如下的盈余过程

$$U(t) = u + W(t), \quad t \geqslant 0, \ u > 0, \tag{2.5.1}$$

其中 $\{W(t), t\geqslant 0\}$ 是初值为零、均值为 $\mu t(\mu>0)$ 和方差为 $\sigma^2 t$ 的布朗运动.

同样有如下关于盈余过程(2.5.1)的破产定义:

首次破产时刻: $T=\inf\{t: U(t)<0\}$.

T 为盈余过程的一个停时,为严格正的随机变量.

有限时间内破产概率:

$$\begin{aligned}\psi(u,\tau) &= \Pr(T \leqslant \tau) = \Pr\left[\min_{0<t<\tau} U(t) \leqslant 0\right] \\ &= \Pr\left[\min_{0<t<\tau} W(t) \leqslant -U(0) = -u\right].\end{aligned}$$

定理 2-11 给定时间 τ,盈余过程(2.5.1)的有限时间内破产概

率可表示为

$$\psi(u,\tau)=\Phi\left(-\frac{u+\mu\tau}{\sqrt{\sigma^2\tau}}\right)+\exp\left\{-\frac{2\mu}{\sigma^2}u\right\}\Phi\left(-\frac{u-\mu\tau}{\sqrt{\sigma^2\tau}}\right),\quad u>0,\quad \tau>0. \tag{2.5.2}$$

证明　对于 $\tau>0$,任何满足 $U(\tau)<0$ 的样本轨道必须在 τ 之前穿过边界 $U(t)=0$,记这类轨道构成的集合为

$$\bigcup(\tau-)=\{U(t):0\leqslant t\leqslant\tau,U(\tau)<0\}.$$

这表明

$$\bigcup(\tau-)\subseteq\{T\leqslant\tau\},$$

而且

$$\begin{aligned}\{T\leqslant\tau\}&=\{T\leqslant\tau,U(\tau)<0\}\bigcup\{T\leqslant\tau,U(\tau)\geqslant 0\}\\&=\bigcup(\tau-)\bigcup\{T\leqslant\tau,U(\tau)\geqslant 0\}.\end{aligned}$$

对于 $\bigcup(\tau-)$ 中的每一条轨道,构造其"反转"的轨道:

$$U^*(t)=\begin{cases}U(t), & t\leqslant T,\\-U(t), & t>T.\end{cases}$$

显然,$U^*(t)$ 与 $U(t)$ 一一对应,而且在 $t\leqslant T$ 时相同.

考虑 $(0,\tau)$ 上跨过边界 $U(t)=0$ 的轨道,可划分为以下两个不交的子类:

$$\text{A 类}:U(\tau)\leqslant 0;\quad \text{B 类}:U(\tau)>0.$$

对任何 $x<0$,记

$$\begin{aligned}A_x&=\{\text{A 类轨道}:U(\tau)=x\},\\B_x&=\{\text{B 类轨道}:U(\tau)=-x\},\end{aligned}$$

则

$$\begin{aligned}\psi(u,\tau)&=\Pr(T\leqslant\tau)\\&=\Pr[T\leqslant\tau,U(\tau)\leqslant 0]+\Pr[T<\tau,U(\tau)>0]\\&=\Pr[U(\tau)\leqslant 0]+\Pr[T<\tau,U(\tau)>0],\quad \tau>0.\end{aligned}$$

所以有

$$\psi(u,\tau)=\int_{-\infty}^{0}\Pr[U(\tau)=x]\frac{\Pr(A_x)+\Pr(B_x)}{\Pr[U(\tau)=x]}\mathrm{d}x,\quad \tau>0.$$

另外,由于

$$\Pr(A_x)=\Pr[T\leqslant\tau,U(\tau)=x]=\Pr[U(\tau)=x],\quad x<0,$$

则有

$$\psi(u,\tau) = \int_{-\infty}^{0} \Pr[U(\tau) = x]\left[1 + \frac{\Pr(B_x)}{\Pr(A_x)}\right]\mathrm{d}x, \quad \tau > 0. \tag{2.5.3}$$

当 $\tau>0$ 给定时，$U(\tau)\sim N(u+\mu\tau,\sigma^2\tau)$. 由于

$$\frac{\Pr(B_x)}{\Pr(A_x)} = \frac{\int_0^\tau \Pr(B_x \mid T = t)\Pr(T = t)\mathrm{d}t}{\int_0^\tau \Pr(A_x \mid T = t)\Pr(T = t)\mathrm{d}t}$$

$$= \frac{\int_0^\tau \Pr[U(\tau) = -x \mid T = t]\Pr(T = t)\mathrm{d}t}{\int_0^\tau \Pr[U(\tau) = x \mid T = t]\Pr(T = t)\mathrm{d}t},$$

而由 $U(T)=0$ 以及当 $U(t)$ 已知时，$U(\tau)-U(t)\sim U(\tau-t)\ (\tau>t)$，则有

$$\Pr[U(\tau) = x \mid T = t] = \Pr[U(\tau) - U(t) = x \mid T = t]$$
$$= \Pr[U(\tau - t) = x \mid T = t], \quad \forall\, x,\ \tau > t,$$

其中 $U(\tau-t)\mid T=t\sim N((\tau-t)\mu,(\tau-t)\sigma^2)$，进而有

$$\frac{\Pr(B_x)}{\Pr(A_x)} = \exp\left\{-\frac{2x\mu}{\sigma^2}\right\}. \tag{2.5.4}$$

将该结果代入(2.5.3)式，经过积分计算可以导出表达式(2.5.2).

当定理 2-11 中的 $\tau\to+\infty$ 时，可直接得到以下推论：

推论 2-4　盈余过程(2.5.1)的破产概率为

$$\psi(u) = \exp\left\{-\frac{2\mu}{\sigma^2}u\right\}, \quad u > 0,\ \mu > 0.$$

这表明定理 2-10 表示的分布是有瑕疵的，因为该分布在 $+\infty$ 有非零概率. 但是可以进行一定的调整修正这个问题：对固定的 $u>0$，考虑

$$\frac{\psi(u,\tau)}{\psi(u)} = \Pr(T < \tau \mid T < \infty)$$

$$= \exp\left\{\frac{2\mu}{\sigma^2}u\right\}\Phi\left(-\frac{u+\mu\tau}{\sqrt{\sigma^2\tau}}\right) + \Phi\left(-\frac{u-\mu\tau}{\sqrt{\sigma^2\tau}}\right), \quad \tau > 0$$

为分布函数. 对应的随机变量为 $T^* = T\mid T<+\infty$，表示已知破产在

有限时间内发生的条件下具体的破产时刻随机变量.

推论 2-5 随机变量 T^* 的概率密度函数为

$$f_{T^*}(\tau) = \frac{u}{\sqrt{2\pi\sigma^2}}\tau^{-\frac{3}{2}}e^{-\frac{(u-\mu\tau)2}{2\tau\sigma^2}}, \quad \tau > 0, u > 0, \mu > 0,$$

即 T^* 服从逆高斯分布,其均值为$\frac{u}{\mu}$,方差为 $u\frac{\sigma^2}{\mu^3}$.

特别地,若 $\mu=0$,$\psi(u,\tau)=2\Phi\left(-\frac{u}{\sqrt{\sigma^2\tau}}\right)$,$\psi(u)=1$,则 T^* 的分布函数为

$$F_{T^*}(\tau) = 2\Phi\left(-\frac{u}{\tau^{½}\sigma}\right), \quad \tau > 0.$$

2.5.3 利用布朗运动近似 Poisson 盈余过程

从定理 2-11 知道,在 BM 模型中有限时间内破产概率可以有解析的表达式. 利用这个性质和前面讨论一般 Poisson 盈余过程与 BM 模型关系时得到的参数关系,则一般 Poisson 盈余过程的有限时间内破产概率可以近似表示如下:

$$\psi(u,\tau) \approx \Phi\left(-\frac{u+\theta\lambda\tau E(X)}{\sqrt{\lambda\tau E(X^2)}}\right) + \exp\left\{-\frac{2E(X)}{E(X^2)}\theta u\right\}$$
$$\cdot \Phi\left(-\frac{u-\theta\lambda\tau E(X)}{\sqrt{\lambda\tau E(X^2)}}\right), \quad u > 0, \tau > 0,$$

$$\psi(u) \approx \exp\left\{-\frac{2E(X)}{E(X^2)}\theta u\right\}, \quad u > 0.$$

同时有

$$f_{T^*}(\tau) \approx \frac{u}{\sqrt{2\pi\lambda E(X^2)}}\tau^{-\frac{3}{2}}e^{-\frac{[u-\theta\tau\lambda E(X)]2}{2\tau\lambda E(X^2)}}, \quad \tau > 0,$$

于是在已知有限时间内破产的条件下平均破产时刻有如下近似:

$$E(T^*) \approx \frac{u}{\mu} = \frac{u}{\theta\lambda E(X)}.$$

2.5.4 将布朗运动用长期复合 Poisson 风险过程近似

与 2.5.3 小节相反,对已知的 BM 模型(参数为 μ 和σ^2),也可以

考虑用复合 Poisson 过程来近似，于是有两者的参数关系：

$$\mu = \theta\lambda \mathrm{E}(X), \quad \sigma^2 = \lambda \mathrm{E}(X^2).$$

考虑对 Poisson 跳跃幅度的约束，取 $\mathrm{E}(X)=k$，$\mathrm{E}(X^2)=k^2$，则有近似 Poisson 过程的其他参数：

$$\lambda = \frac{\sigma^2}{k^2}, \quad \theta = \frac{\mu}{\sigma^2}k.$$

通过对 k 的选择，可得到不同近似精度的长期复合 Poisson 风险过程.

§2.6 再保险及分红情形的破产模型

2.6.1 再保险的破产模型

1. 关于再保险的基本概念

从风险管理的角度看，再保险是直接保险人经过对所承保风险进行的“风险-收益”的权衡之后做出的最优风险转移决策. 所以，可以从风险和收益的角度对再保险合约进行分析. 按照金融的基本原理，在一个充分有效的市场环境下，高风险必然伴随着高收益. 因此，在无法同时权衡风险和收益的情形，对最优再保险合约的决策可以按照以下两个路径进行：固定风险水平，最大化收益；固定收益，最小化风险. 在这里，某类业务线的“风险”可以用再保险后的破产概率(实际上为调节系数)来度量，“收益”可以用再保险后的剩余保费(也称净保费)与自留风险的期望之差来度量. 一般情况下，某类业务线的净保费为直接保险的总保费扣除再保险保费.

再保险的两个主体是：

(1) **分出人**、**分出公司**或**分保公司**，也称**直接承保人**或**直接保险公司**，指在再保险业务中经营直接保险业务的公司，它可将其承保业务的部分或全部转给其他保险公司；也指将其承担的最初风险通过再保险业务转移给再保险公司的保险公司.

(2) **分入人**，也称**再保险人**或**再保险公司**，指在再保险业务中从直接保险公司接受其承保业务的部分或全部的保险公司.

再保险合约的风险转移方式可以是对每个保单制定的,也可以是对某个业务线的整体损失制定的.

若用 S 表示一段时间的总损失(盈余过程的 S_n 或 $S(t)$)或个体损失,用 S 的函数 $h(\cdot)$表示再保险承保的风险模式,则分出人和分入人的风险之和还是 S. 所以,只要指定两者之一的风险模式,另外一方的风险模式也就自然地确定了. 一般是指定再保人的风险模式,或者称再保险方式. 通常的再保险基本形式为以下两种,现实中的再保险合约都是对这两种基本形式的组合:

(1) **止损再保险**:

分入人承保的风险模式为

$$h(S)=I_d(S)=(S-d)_+=\begin{cases}0, & S\leqslant d,\\ S-d, & S>d\end{cases}$$

$$(0\leqslant d\leqslant \max(S));$$

分出人自留的风险为

$$S-h(S)=S-I_d=\begin{cases}S, & S\leqslant d,\\ d, & S>d.\end{cases}$$

我们也称参数 d 为止损再保方式下分出人的**自留额**. 有时也称这种再保方式为**限额损失再保险**或**溢额再保**.

(2) **比例再保险**:

分入人承保的风险为

$$h(S)=(1-\alpha)S,\quad 0\leqslant\alpha\leqslant 1;$$

分出人自留的风险为

$$S-h(S)=\alpha S.$$

2. 再保险破产风险模型基本分析:风险-收益的权衡

首先考虑对某个业务线的全年总损失的再保险合约. 用 W_i 表示年总损失,总保费为

$$c=(1+\theta)\mathrm{E}(W_i),$$

再保保费为

$$c_r=(1+\xi)\,\mathrm{E}[h(W_i)],$$

其中的 $h(\cdot)$函数表示再保险合约的方式,θ 为直接保险的安全系数,ξ 为再保险的安全系数. 因此执行再保险合约后的情况如下:

(1) 净保费为 $\tilde{c}=c-c_r$；

(2) 自留风险为 $\widetilde{W}_i=W_i-h(W_i)$；

(3) 净收益为 $\tilde{c}-\mathrm{E}(\widetilde{W}_i)$；

(4) 盈余过程为 $U_n = u+\sum_{k=1}^{n}(\tilde{c}-\widetilde{W}_k)$，其调节系数 $\widetilde{R}$ 满足

$$\mathrm{e}^{-\tilde{c}\widetilde{R}}M_{\widetilde{W}_i}(\widetilde{R}) = 1.$$

在上述的模型假设下，风险-收益的权衡就是选择再保险函数 $h(\cdot)$使得净收益 $\tilde{c}$ 尽可能的大和净风险的调节系数 $\widetilde{R}$ 尽可能的大. 但是，从上面的关系推导中可以发现，这两个最优过程是互斥的，无法同时达到.(请读者自己思考为什么)

下面分别以止损再保险和比例再保险的两个例子说明风险-收益权衡后的最优再保决策.

例 2-5 设年总损失 W_i 服从 $CP(1.5,f_X(x))$分布，其中

$$f_X(1)=\frac{2}{3}=1-f_X(2),$$

年保费收入为 $c=2.5$(相当于 $\theta=0.25$). 现已知再保险的安全系数 ξ 为 1，再保险方式为年总损失的止损方式. 试对不同的自留额分析进行再保险的风险和收益.

解 对于止损方式的再保险合约：

$$h(x)=I_d(x)=\begin{cases}0, & x\leqslant d,\\ x-d, & x>d,\end{cases}$$

唯一决定再保险合约的参数是自留额 d.

对于确定的再保险合约，再保险后有

净保费为

$$\tilde{c}_d = 2.5-2\mathrm{E}(I_d)\quad（它为自留额\ d\ 的增函数）；$$

净风险为

$$\widetilde{W}_i(d)=W_i-h(W_i)=\begin{cases}W_i, & W_i=0,1,\cdots,d,\\ d, & W_i>d;\end{cases}$$

净收益为

$$\begin{aligned}\tilde{c}_d-\mathrm{E}[\widetilde{W}_i(d)] &= 2.5-2\mathrm{E}(I_d)-[\mathrm{E}(W)-\mathrm{E}(I_d)]\\ &= 0.5-\mathrm{E}(I_d);\end{aligned}\qquad(2.6.1)$$

调节系数方程为

$$e^{-\tilde{c}_d \tilde{R}}\left\{\sum_{x=0}^{d-1} f_{\widetilde{W}_i(d)}(x)e^{x\tilde{R}}+\left[1-F_{\widetilde{W}_i(d)}(d)\right]e^{d\tilde{R}}\right\}=1. \quad (2.6.2)$$

利用 Panjer 递推公式,可以得到年总损失 W_i 的分布如表 2-9 所示.

表 2-9

x	$f_{W_i}(x)$	$F_{W_i}(x)$	$E(I_x)$
0	0.223	0.223	2.00
1	0.223	0.446	1.223
2	0.223	0.669	0.669
3	0.149	0.818	0.339
4	0.093	0.911	0.157
5	0.048	0.959	0.068
6	0.024	0.983	0.027
7	0.010	0.993	0.011
8	0.004	0.998	0.004
9	0.002	0.999	0.001
10	0.001	1.000	0.000

利用表 2-9 的结果,对不同的参数 d 计算(2.6.1)式并求方程(2.6.2)的解. 显然,当 $d\leqslant 2$ 时,由(2.6.1)式计算的净收益为负值(请读者思考为什么会出现负值),所以不予考虑. 最终,对于 $d\geqslant 3$,有如表 2-10所示的结果. 从这个计算结果看,以 4 为自留额(或者称**止损限**)是较优的选择.

表 2-10

d	3	4	5	6	7	8	9	10	∞(全部自留)
净收益 $\tilde{c}_d$	0.161	0.344	0.433	0.473	0.489	0.496	0.499	0.500	0.500
调节系数 $\tilde{R}$	0.249	0.347	0.336	0.315	0.301	0.292	0.287	0.284	0.284

例 2-6 考虑如下的连续时间复合 Poisson 盈余过程: $\lambda=1$, X 服从(0,1)上的均匀分布, $c=1$. 现有对于每个保单规定的再保险合约 $h(X)(0\leqslant h(X)\leqslant X)$,当再保险安全系数 ξ 为 1 和 1.4 两种情况

时，分别考虑以下问题：

(1) 在比例再保险模型 $h(X)=kX, 0\leqslant k\leqslant 1$ 下，分别对 $k=0, 0.1, 0.2, \cdots, 1$ 计算调节系数；

(2) 在限额再保险模型 $h(X)=I_d(X), 0\leqslant d\leqslant 1$ 下，分别对 $d=0, 0.1, 0.2, \cdots, 1$ 计算调节系数.

(3) 在固定期望收益的条件下，比较两类模型的调节系数与再保险安排的关系.

解 因为 $\mathrm{E}(X)=\dfrac{1}{2}, \lambda=1$，而且 $c=1$，所以原保险人的附加费率为 $\theta=1$.

(1) 对于不同的 k，设相应的再保险费为 c_k，则有

$$c_k=(1+\xi)\lambda\mathrm{E}[h(X)]=(1+\xi)\lambda k\mathrm{E}(X)=\frac{(1+\xi)k}{2},$$

从而原保险人的剩余保费为 $1-\dfrac{(1+\xi)k}{2}$. 实施再保险后原保险人的自留风险的期望为

$$\lambda(1-k)\mathrm{E}(X)=\frac{1-k}{2},$$

而再保险后的调节系数方程为

$$\lambda+(c-c_k)r=\lambda M_X[(1-k)r].$$

代入条件整理后有如下的调节系数方程：

$$1+\frac{2-k-\xi k}{2}r=\frac{\mathrm{e}^{r(1-k)}-1}{r(1-k)}.$$

当 $\xi=1$ 时，再保险后的调节系数方程为

$$1+(1-k)r=\frac{\mathrm{e}^{r(1-k)}-1}{r(1-k)}. \tag{2.6.3}$$

若记 $\tilde{r}=(1-k)r$，且 $\widetilde{R}$ 为

$$\mathrm{e}^{\tilde{r}}=1+\tilde{r}+\tilde{r}^2 \tag{2.6.4}$$

的非零解(方程(2.6.4)相当于 $k=0$ 时(不安排再保险)的调节系数方程)，则对于一般的 $k=0, 0.1, 0.2, \cdots, 1$，方程(2.6.3)的解为

$$R=\frac{\widetilde{R}}{1-k}.$$

经过数值计算，方程(2.6.4)的解为 1.793. 所以，当 $\xi=1$ 时，方

程(2.6.3)的解，即再保险后的调节系数为

$$R=\frac{1.793}{1-k}.$$

可见，调节系数是比例再保险的再保系数 k 的单调递增函数. 也就是说，随着再保比例的增加，原保险人的调节系数也会增加，破产概率的上界会降低. 这与现实的直觉相符. 出现这种再保险与调节系数的直接的单调递增关系，可能的原因是原保险的附加费率与再保险的附加费率相同(均为1).

对应不同的 $k=0,0.1,0.2,\cdots,1$，方程(2.6.3)的解 R 列在表2-11中.

表　2-11

k	调节系数 R		d	调节系数 R	
	$\xi=1$	$\xi=1.4$		$\xi=1$	$\xi=1.4$
0.0	1.793	1.793	1.0	1.793	1.793
0.1	1.993	1.936	0.9	1.833	1.828
0.2	2.242	2.095	0.8	1.940	1.920
0.3	2.562	2.268	0.7	2.116	2.062
0.4	2.989	2.436	0.6	2.378	2.259
0.5	3.587	2.538	0.5	2.768	2.518
0.6	4.483	2.335	0.4	3.373	2.840
0.7	5.978	0.635	0.3	4.400	3.138
0.8	8.966	…	0.2	6.478	2.525
0.9	17.933	…	0.1	12.746	…
1.0	∞	…	0.0	∞	…

当 $\xi=1.4$ 时，原保险人的剩余保费为

$$1-\frac{(1+\xi)k}{2}=1-1.2k.$$

实施再保险后原保险人的自留风险的期望为

$$\lambda(1-k)\mathrm{E}(X)=\frac{1-k}{2},$$

而再保险后的调节系数方程为

$$1+(1-1.2k)r=\frac{\mathrm{e}^{r(1-k)}-1}{r(1-k)}. \tag{2.6.5}$$

方程(2.6.5)没有与方程(2.6.3)相似的一般性结果，只能分别

对 $k=0,0.1,0.2,\cdots,1$ 计算数值解，结果列入表 2-11. 从计算结果可以发现，调节系数 R 先是随着再保险比例 k 的增加而缓慢上升，也就是说破产概率降低. 但是，当 k 增加到一定水平($k>0.5$)后，调节系数 R 急剧下降，也就是说破产概率增加. 其原因是随着 k 的增加原保险人的剩余保费 $1-1.2k$ 可能不足以支付原保险人的自留风险的期望 $\frac{1-k}{2}$. 所以说，原保险人(从最终的意义看)必然破产，调节系数为零或者是负值.

特别地，当 $k=\frac{5}{7}$ 时，原保险人的剩余保费 $1-1.2k$ 与原保险人的自留风险的期望 $\frac{1-k}{2}$ 相等. 所以，$k\leqslant\frac{5}{7}$. 当 $k=0.8,0.9$ 时，不存在有意义的调节系数，这时的破产概率为 1.

(2) 在限额损失再保险模型下，设相应的再保险费率为 c_d，则

$$c_d=(1+\xi)\lambda\mathrm{E}(I_d)=(1+\xi)\lambda\int_d^1(x-d)\mathrm{d}x$$
$$=\frac{(1+\xi)(1-d)^2}{2},$$

从而原保险人的剩余保费为 $1-\frac{(1+\xi)(1-d)^2}{2}$. 实施再保险后原保险人的自留风险的期望为

$$\lambda[\mathrm{E}(X)-\mathrm{E}(I_d)]=\frac{1-(1-d)^2}{2}.$$

分别对两种再保险附加费率的情况确定调节系数方程：

$$1+[1-(1-d)^2]r=\frac{\mathrm{e}^{rd}-1}{r}+(1-d)\mathrm{e}^{rd}\quad(\text{当 }\xi=1\text{ 时}),$$

$$1+[1-1.2(1-d)^2]r=\frac{\mathrm{e}^{rd}-1}{r}+(1-d)\mathrm{e}^{rd}\quad(\text{当 }\xi=1.4\text{ 时}).$$

从这两个表达式无法得到解析解，只能数值求解. 对它们数值求解的结果列在表 2-11 中.

与比例再保险的情形类似，当 $\xi=1$ 时，随着自留额 d 的降低，原保险人的调节系数增加，破产概率的上界降低. 当 $\xi=1.4$ 时，从计算结果我们发现，调节系数 R 先是随着自留额 d 的降低而缓慢上升，

也就是说破产概率降低. 但是,当 d 降到一定水平($d<0.3$)后,调节系数 R 急剧下降,也就是说破产概率增加. 其原因是随着 d 的降低原保险人的剩余保费 $1-\frac{(1+\xi)(1-d)^2}{2}=1-1.2(1-d)^2$ 可能不足以支付原保险人的自留风险的期望 $\frac{1-(1-d)^2}{2}$. 所以说,原保险人(从最终的意义看)必然破产,调节系数为零或者是负值.

特别地,当原保险人的剩余保费与原保险人的自留风险的期望相等时,有 $d=1-\sqrt{5/7}=0.1548$.

调节系数方程在非负的定义域内没有非零解. 所以,对 $\xi=1.4$,当 $d=0.1$ 和 $d=0$ 时,不存在非负的调节系数.

(3) 当附加费率相同时,要保持两种再保险方式下有相同的期望收益,只要令

$$\mathrm{E}(kX)=\mathrm{E}[I_d(X)],$$

即 k 与 d 满足

$$k=(1-d)^2.$$

然后固定 $d=0,0.1,0.2,\cdots,1$,由上式解得对应的 k 值,并进一步求解调节系数,最终结果列入表 2-12.

表　2-12

k	d	调节系数 R			
		$\xi=1$		$\xi=1.4$	
		比例再保险模型	限额再保险模型	比例再保险模型	限额再保险模型
0.00	1.0	1.793	1.793	1.793	1.793
0.01	0.9	1.811	1.833	1.807	1.828
0.04	0.8	1.868	1.940	1.848	1.920
0.09	0.7	1.971	2.116	1.921	2.062
0.16	0.6	2.135	2.378	2.030	2.259
0.25	0.5	2.391	2.768	2.181	2.518
0.36	0.4	2.802	3.373	2.372	2.840
0.49	0.3	3.516	4.400	2.535	3.138
0.64	0.2	4.981	6.478	1.992	2.525
0.81	0.1	9.438	12.746	—	—
1.00	0.0	∞	∞	—	—

计算结果表明，当固定两类模型的期望收益时，无论再保险的附加费率如何选取，限额损失再保险模型的调节系数始终大于比例再保险模型的调节系数. 也就是说，在一定的意义下，限额再保险的破产可能性相对较低. 实际上，这个现象有更一般的结论，详见下面的定理 2-12.

定理 2-12 设有复合 Poisson 盈余过程，考虑针对每个个体损失 X 的再保险合约. 止损再保险方式下，记再保险函数为 $I_d(X)$，再保险费为 c_d，自留风险的调节系数为 R_d. 对任意给定的再保险函数 $h(X)$，记再保险保费为 c_h，自留风险的调节系数为 R_h. 若

$$\mathrm{E}[h(X)] = \mathrm{E}[I_d(X)], \quad 且 \quad c_h = c_d,$$

则有 $R_h \leqslant R_d$.

证明 根据再保险赔付函数的定义，两种再保险方式下原保险人的理赔额变量分别为

$$X - h(X) \quad 和 \quad X - I_d(X).$$

设 R_h 和 R_d 分别是对应的调节系数，按照调节系数的定义，它们分别是下列两个方程的正根：

$$\lambda + (c - c_h)r = \lambda M_{X-h(X)}(r), \tag{2.6.6}$$

$$\lambda + (c - c_d)r = \lambda M_{X-I_d(X)}(r). \tag{2.6.7}$$

由于 $c-c_h=c-c_d \geqslant 0$，所以等式(2.6.6)与(2.6.7)的左边表示同一条直线 L：截距为 λ，斜率为 $c-c_h=c-c_d$（见图 2-6）.

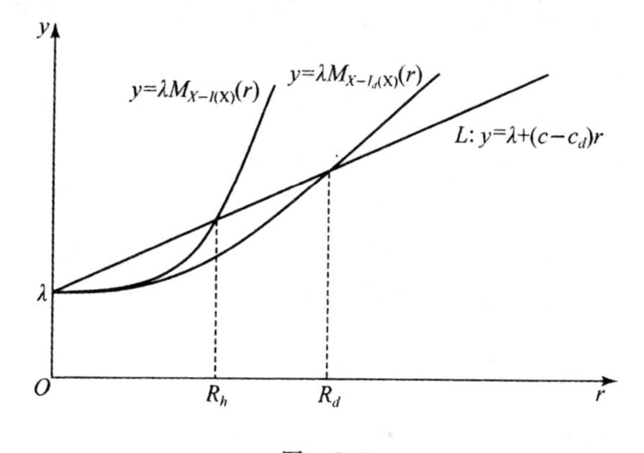

图 2-6

等式(2.6.6)的右边为单调递增且凸的函数,其曲线与 y 轴的交点为$(0,\lambda)$,且在该点处切线的斜率为$\lambda\{\mathrm{E}(X)-\mathrm{E}[h(X)]\}$;等式(2.6.7)的右边为单递调增且凸的函数,其曲线与 y 轴的交点为$(0,\lambda)$且在该点处切线的斜率为$\lambda\{\mathrm{E}(X)-\mathrm{E}[I_d(X)]\}$. 由定理的条件有

$$\lambda\{\mathrm{E}(X)-\mathrm{E}[h(X)]\}=\lambda\{\mathrm{E}(X)-\mathrm{E}[I_d(X)]\}$$

及

$$c-c_h\geqslant\lambda\{\mathrm{E}(X)-\mathrm{E}[h(X)]\}.$$

因此,在$(0,\lambda)$点,直线 L 位于等式(2.6.6)和(2.6.7)右边函数曲线的上方.所以,由图 2-6 的示意,若证明了以下结论:对于任意的 $r>0$,有

$$M_{X-h(X)}(r)\geqslant M_{X-I_d(X)}(r),\quad r>0,\tag{2.6.8}$$

则方程(2.6.6)的解 R_h 必然位于方程(2.6.7)的解 R_d 的左边(参见图 2-6),即

$$R_h\leqslant R_d.$$

为此下面只需证明(2.6.8)式成立.

利用指数函数的凸性,有

$$\mathrm{e}^{\{r[x-h(x)]\}}\geqslant\mathrm{e}^{\{r[x-I_d(x)]\}}+r\mathrm{e}^{\{r[x-I_d(x)]\}}[I_d(x)-h(x)],\quad x\geqslant 0.\tag{2.6.9}$$

另外,有

$$r\mathrm{e}^{\{r[x-I_d(x)]\}}[I_d(x)-h(x)]\geqslant r\mathrm{e}^{rd}[I_d(x)-h(x)].$$

代入(2.6.9)式,两边用随机变量 X 代替一般变量 x,然后取数学期望,有

$$\mathrm{E}\{\mathrm{e}^{\{r[X-h(X)]\}}\}\geqslant\mathrm{E}\{\mathrm{e}^{\{r[X-I_d(X)]\}}\}+r\mathrm{e}^{rd}\mathrm{E}[I_d(X)-h(X)].$$

上式右边第二项为零,所以(2.6.8)式得证.

定理 2-12 表明,在再保险风险的期望和再保险附加费率固定的条件下,止损再保险方式再保险合约的调节系数最大,或者从某种意义上讲,止损再保险方式的自留风险最小.

2.6.2　分红保险的破产模型

保险业务中,尤其是团体保险业务中,常常会设置某种对被保险人的红利政策,以使被保险人能够分享公司的部分经营成果,同

时鼓励被保险人自我防范风险，减少可以避免的损失.

现有某种分红政策如下：对实际赔付 S 低于定价假设的部分进行分红，基本的做法是以收取的保费 G 为基础，按照 G 的一定比例(记为 k, $0<k<1$)设定一个额度，如果实际发生的理赔 S 低于这个额度，则将差额部分作为红利返还给被保险人. 记此返还额为 $D(S)$，那么红利分配模型为

$$D(S)=\begin{cases}kG-S, & S<kG,\\ 0, & S\geqslant kG,\end{cases}\quad 0<k<1. \tag{2.6.10}$$

若将(2.6.10)式与限额损失再保险的模型相比较，当令 $d=kG$ 时，容易验证，有

$$S+D(S)-kG=\begin{cases}0, & S<kG,\\ S-kG, & S\geqslant kG\end{cases}$$
$$\triangleq I_{kG}(S),\quad 0<k<1. \tag{2.6.11}$$

因此，有

$$S+D(S)-G=I_{kG}(S)-(1-k)G,$$

即理赔额与红利之和超过保费的部分等于自留额为 kG 的限额损失再保险的赔付与保费 $(1-k)G$ 之差. 这表明，保费 G 可以做如下的分解：

$$G=kG+(1-k)G.$$

也就是说，理赔首先从保费 kG 中支付，如果有剩余($S<kG$)，则剩余部分 $kG-S$ 则作为红利发放，第二部分保费 $(1-k)G$ 则用来购买自留额为 kG 的限额损失再保险.

红利 $D(S)$ 作为理赔 S 的函数，关键参数是 k. 首先可以通过它的平均值 $\mathrm{E}[D(S)]$ 得到关于 k 的关系式.

设 S 的分布函数为 $F_S(x)$，概率密度函数为 $f_S(x)$，则有

$$\begin{aligned}\mathrm{E}[D(S)]&=\int_0^{+\infty}D(x)f_S(x)\mathrm{d}x\\ &=\int_0^{kG}(kG-x)f_S(x)\mathrm{d}x.\end{aligned} \tag{2.6.12}$$

例 2-7 对于例 2-5 的理赔分布，设保险人所收取的保费为 $G=5$，如果理赔总量 S 低于 4，保险人将差额的一部分按照(2.6.10)

式的方式作为红利分配给投保人. 试计算 $G-\mathrm{E}(S)-\mathrm{E}(D)$.

解　此时有 $kG=4$,按照(2.6.12)式,有

$$\mathrm{E}(D)=\int_0^{kG}(kG-s)f_S(s)\mathrm{d}s=\sum_{x=0}^{4}(4-x)f_S(x)$$

$$=4f(0)+3f(1)+2f(2)+f(3)=2.156,$$

因此　$G-\mathrm{E}(S)-\mathrm{E}(D)=5-1.5\times4/3-2.156=0.844.$

另一解法是对(2.6.11)两边取期望,得

$$\mathrm{E}(S)+\mathrm{E}(D)-kG=\int_{kG}^{+\infty}(s-kG)f(s)\mathrm{d}s=\mathrm{E}(I_{kG}),$$

故 $\mathrm{E}(D)=kG-\mathrm{E}(S)+\mathrm{E}(I_{kG})$. 又由于 $\mathrm{E}(I_4)=0.156$,故

$$\mathrm{E}(D)=4-2+0.156=2.156,$$

也有相同结果.

习　题　2

1. 已知初始盈余为 2,$c=2$,$\lambda=1$,$\Pr(X=1)=1-\Pr(X=2)=0.5$. 试根据已知条件生成离散时间模型(2.1.7)的 5000 条 U_2 样本轨道.

2. 已知连续时间复合 Poisson 盈余过程的索赔量变量服从 $\mathrm{Gamma}\left(\frac{1}{2},\beta\right)$分布. 试计算相应的调节系数.

3. 已知连续时间复合 Poisson 盈余过程的索赔额变量退化为常数 1. 试求相应的调节系数.

4. 已知连续时间复合 Poisson 盈余过程满足:

$$c=3,\quad \lambda=4\quad 和\quad f_X(x)=\mathrm{e}^{-2x}+\frac{3}{2}\mathrm{e}^{-3x}.$$

计算相应的两个调节系数.

5. 已知连续时间复合 Poisson 盈余过程满足:

$$\theta=\frac{4}{5}\quad 和\quad f_X(x)=(1+6x)\mathrm{e}^{-3x}.$$

证明 $\psi'''(u)+5\psi''(u)+4\psi'(u)=0$,并导出 $\psi(u)$的表达式.

6. 已知连续时间复合 Poisson 盈余过程满足:

$$\theta = \frac{7}{5} \quad 和 \quad f_X(x) = \int_0^x 3e^{-3(x-y)} 2e^{-2y} dy.$$

证明 $2\psi'''(u)+9\psi''(u)+7\psi'(u)=0$，并导出 $\psi(u)$ 的表达式.

7. 设 R 为调节系数，计算极限 $\lim\limits_{c\to\lambda E(X)} R$ 和 $\lim\limits_{c\to+\infty} R$.

8. 如果索赔额恒为 2 个货币单位，给出最大总损失 L 的矩母函数.

9. 在一定假设下，破产概率可表示为

$$\psi(u) = 0.3e^{-2u} + 0.2e^{-4u} + 0.1e^{-7u}.$$

试计算相应的 θ 和调节系数 R.

10. 将时间单位作如下改变：新单位为旧单位的 f 倍（$f>0$）. 记 $\tilde{c}, \tilde{\lambda}, \tilde{\psi}(u,t)$ 为采用新单位时模型的相应参数. 试用 c, λ 和 $\psi(u,t)$ 表示 $\tilde{c}, \tilde{\lambda}$ 和 $\tilde{\psi}(u,t)$. 怎样的 f 将使 $\tilde{\lambda}=1$？

11. 假设索赔量为确定的 1 个货币单位，写出 $\psi(u)$ 的积分方程. 如果 $0\leqslant u\leqslant 1$，求解该方程.

12. 已知某公司预计的新业务模式如下：每年以固定的速度 500 个货币单位产生收入流，支出为复合 Poisson 模型，其强度为 250 个货币单位，每项支出的金额为(1,2)上的均匀分布. 计算盈余水平首次低于当前水平的概率.

13. 设有两个独立的保单组，总损失均服从复合 Poisson 过程，索赔量服从期望为 10 个货币单位的指数分布. 另外，有如表 2-13 所示的数据. 现将两个保单组合并，计算合并后的保单组的破产概率.

表 2-13

保单组	平均索赔额	调节系数	初始盈余
1	8	0.03	10
2	2	0.04	5

14. 设计数过程 $N(t)$ 的等待时间变量服从(0,2)上的均匀分布. 现已知 $N(4.5)=4, T_4=4.1$. 计算 T_5 位于区间(4.5,4.9)的概率.

15. 已知总损失服从复合 Poisson 过程（强度参数为 5），$\theta=$

4/5,索赔量服从期望为 10 个货币单位的指数分布.计算相应的调节系数 R. 若要求破产概率不超过 3%,试分析对初始盈余的最低要求.

16. 设某离散时间盈余过程的年保费收入为 3 个货币单位,初始盈余恰为年保费收入,每年的总损失服从以下分布：

$$\Pr(W=1)=\Pr(W=6)=0.25,\quad \Pr(W=2)=0.5.$$

计算对应的业务类在前三年内破产的概率和恰好在第三年破产的概率.

17. 已知 $\Pr(W=c-1)=p=1-\Pr(W=c+1)$, $p<1/2$,初始盈余 u 为正整数. 试给出当 $\widetilde{T}=t<+\infty$ 时,$U(\widetilde{T})$ 的值,并用 p 表示 $\widetilde{R}$ 和 $\widetilde{\psi}(u)$.

18. 设某个业务线的总损失服从复合 Poisson 过程. 若初始盈余和收入水平相同,分别对该业务的盈余按照离散时间模型和连续时间模型进行构造,并证明 $\Pr(\widetilde{T}\geqslant T)=1$.

19. 设某险种的总损失服从复合 Poisson 过程(强度参数为 1),索赔量服从期望为 1 个货币单位的指数分布.考虑对该险种进行再保险,再保险方式为比例再保险(参数 α)和止损再保险(参数 d)两种.试分析执行再保险后,安全系数、调节系数和破产概率的变化.

20. 已知总损失服从复合 Poisson 过程,索赔量服从区间 (a,b) 上的均匀分布.利用 Beekman&Bowers 近似方法计算破产概率,并对不同的 (a,b),给出破产概率的数值结果.

21. 证明(2.5.4)式成立.

22. 试分析推论 2-4 与定理 2-1 结果的关系.

23. 试说明再保险的净收益和净风险的调节系数两者的最优性是互斥的.

24. 试说明当 $d=1,2$ 时,由(2.6.1)式计算的净收益为负值.

第 3 章　再论破产理论及其应用

§3.1　鞅方法的离散时间破产模型

3.1.1　离散时间鞅的概念和一般性质

1. 离散时间鞅的基本概念

设$\{S_n, n=0,1,\cdots\}$或$\{S_n, n\geqslant 0, n$为整数$\}$为概率空间(Ω, F, P)上的实值随机变量序列(随机过程). 另外,设有定义在同一个概率空间的(背景)随机变量向量序列$\{\boldsymbol{Z}_0, \boldsymbol{Z}_1, \cdots\}$, $\{H_k=\sigma(\boldsymbol{Z}_0, \boldsymbol{Z}_1, \cdots, \boldsymbol{Z}_k)$, $k\geqslant 0, k$为整数$\}$是由该背景序列生成的σ-代数序列(包含序列的所有有用的历史信息),而且满足以下的序列包含关系: $H_k\subseteq H_{k+1}\subseteq F$(一般称之为**上升的子$\sigma$-代数序列**). 本节主要针对随机变量序列进行讨论,为了简便,以后不再对n,k等是整数作说明.

若$\boldsymbol{Z}_n=(S_0, S_1, \cdots, S_n)$,则$H_k=\sigma(S_0, S_1, \cdots, S_k)$. 有时将这样的$H_k$记为$F_k=\sigma(S_0, S_1, \cdots, S_k)$,表示由$\{S_n, n=0,1,\cdots\}$自身生成的$\sigma$-代数序列.

定义 3-1　称随机变量序列$\{S_k, k\geqslant 0\}$是关于σ-代数序列$\{H_k, k\geqslant 0\}$的**鞅(上鞅、下鞅)序列**,或简称是关于$\{\boldsymbol{Z}_k, k\geqslant 0\}$的**鞅(上鞅、下鞅)**,如果满足:

(1) (基本性质)S_k是H_k的函数,或S_k关于H_k可测.

(2) $\mathrm{E}|S_k|<+\infty$, $k\geqslant 1$.

(3) (核心性质)鞅性:

鞅: $\mathrm{E}(S_{k+1}|H_k)=S_k$, $k\geqslant 1$;

上鞅: $\mathrm{E}(S_{k+1}|H_k)\leqslant S_k$, $k\geqslant 1$;

下鞅: $\mathrm{E}(S_{k+1}|H_k)\geqslant S_k$, $k\geqslant 1$.

一般情况下,$\boldsymbol{Z}_n=(S_0, S_1, \cdots, S_n)(n\geqslant 0)$,也就是由$\{S_k, k\geqslant 0\}$

自身生成的σ-代数序列，则鞅性可表示如下：

鞅：$\mathrm{E}(S_{k+1} | S_0, S_1, \cdots, S_k) = S_k, \ k \geqslant 1$；

上鞅：$\mathrm{E}(S_{k+1} | S_0, S_1, \cdots, S_k) \leqslant S_k, \ k \geqslant 1$；

下鞅：$\mathrm{E}(S_{k+1} | S_0, S_1, \cdots, S_k) \geqslant S_k, \ k \geqslant 1$.

这时简称$\{S_k, k \geqslant 0\}$为鞅(上鞅、下鞅).

下面通过一些分析体会鞅序列的**性质**：

(1) 由鞅定义中的鞅性条件，对任意$k \geqslant 0, h \geqslant 1$，有

鞅：$\mathrm{E}(S_{k+h} | S_0, S_1, \cdots, S_k) = S_k$；

上鞅：$\mathrm{E}(S_{k+h} | S_0, S_1, \cdots, S_k) \leqslant S_k$；

下鞅：$\mathrm{E}(S_{k+h} | S_0, S_1, \cdots, S_k) \geqslant S_k$.

(2) 对任意$k \geqslant 1$，有

鞅：$\mathrm{E}(S_k) = \mathrm{E}(S_0)$(这表明鞅序列的(无条件)期望为常数)；

上鞅：$\mathrm{E}(S_k) \leqslant \mathrm{E}(S_0)$；

下鞅：$\mathrm{E}(S_k) \geqslant \mathrm{E}(S_0)$.

(3) 鞅与独立和的关系：

对于鞅序列$\{S_k, k \geqslant 0\}$，设$X_0 = S_0, X_k = S_k - S_{k-1}$(鞅的增量，$k \geqslant 1$).有时称$\{X_k, k \geqslant 0\}$为**鞅差序列**(注意与独立同分布序列的异同).自然地，序列$\{X_k, k \geqslant 0\}$有以下**性质**：

条件期望为零：$\mathrm{E}(X_{k+h} | H_k) = 0, \ k \geqslant 0, h \geqslant 1$；

无条件期望为零：$\mathrm{E}(X_k) = 0, \ k \geqslant 0$；

增量不相关：$\mathrm{Cov}(X_{k+h}, X_k) = 0, \ k \geqslant 0, h \geqslant 1$；

方差可分解：$\mathrm{Var}(S_k) = \sum_{j=0}^{k} \mathrm{Var}(X_j), \ k \geqslant 0$.

由此看出，鞅序列可表示为一系列不相关的随机变量之和，可以看做是满足某种“弱独立”的随机变量之和.

2. 离散时间鞅的构造和常用的离散时间鞅

实际上，我们的确可以发现许多随机序列具有鞅性，而且我们也可以构造一些鞅.下面介绍常见的构造方法.

方法1　利用已知的随机变量，通过条件期望构造鞅序列.

设随机变量S满足$\mathrm{E}|S| < +\infty$，$\{\boldsymbol{Z}_1, \boldsymbol{Z}_2, \cdots\}$是随机向量序列，令

$$S_0=\mathrm{E}(S),\quad S_k=\mathrm{E}(S|\boldsymbol{Z}_1,\cdots,\boldsymbol{Z}_k),\quad k\geqslant 1,$$

则$\{S_k,k\geqslant 0\}$是关于$\{\boldsymbol{Z}_k,k\geqslant 1\}$的鞅.

特别地,若 S 表示某个事件 A 发生的示性变量,则

$$S_0=\Pr(A),\quad S_k=\Pr(A|\boldsymbol{Z}_1,\cdots,\boldsymbol{Z}_k),\quad k\geqslant 1$$

表示一种后验概率序列,$\{S_k,k\geqslant 0\}$是关于$\{\boldsymbol{Z}_k,k\geqslant 1\}$的鞅.

例 3-1 令 $X_0=x$,假定 $X_1,X_2,\cdots$是独立同分布的随机变量序列,i 表示利率,$v=\dfrac{1}{1+i}$表示贴现因子. 考虑下面的现值计算和终值计算:

$$X=\sum_{k=0}^{\infty}v^kX_k\quad(\text{需要级数的收敛性}),$$

$$S_k=\sum_{j=0}^{k}(1+i)^{k-j}X_j,\quad k\geqslant 0.$$

如果事件 A 为$\{X\leqslant 0\}$,则

$$\Pr(A)=\Pr\Big(\sum_{k=1}^{\infty}v^kX_k\leqslant -x\Big).$$

上式对任意的实值 x 都有定义,所以当 X_k 的分布和 i 已知时,上式右边的概率为 x 的函数,用 $G(x)$表示:

$$G(x)=\Pr\Big(\sum_{k=1}^{\infty}v^kX_k\leqslant -x\Big).\tag{3.1.1}$$

于是,对任意 $k\geqslant 0$,有

$$\begin{aligned}\mathrm{E}(I_A|S_k)&=\Pr\Big(\sum_{n=1}^{\infty}v^nX_n\leqslant -x\,|\,S_k\Big)\\&=\Pr\Big(\sum_{n=1}^{k}v^nX_n+v^k\sum_{n=1}^{\infty}v^n\widetilde{X}_n\leqslant -x\,|\,S_k\Big)\\&=\Pr\Big[\sum_{n=1}^{\infty}v^n\widetilde{X}_n\leqslant -(1+i)^kx-\sum_{n=1}^{k}(1+i)^{k-n}X_n\,|\,S_k\Big]\\&=\Pr\Big(\sum_{n=1}^{\infty}v^n\widetilde{X}_n\leqslant -S_k\,|\,S_k\Big)=G(S_k),\end{aligned}$$

其中$\{\widetilde{X}_n,n=1,2,\cdots\}$是相互独立且与 X_1 同分布的随机变量序列. 由上面的构造方法知,$\{G(S_k),k\geqslant 0\}$是关于$\{F_k=\sigma(X_0,X_1,\cdots,X_k),$

$k\geqslant 0\}$的鞅.

方法 2　利用已知的随机变量序列构造几何鞅序列.

已知随机变量序列 $Y_0, Y_1, Y_2, \cdots$ 关于 σ-代数序列$\{H_k, k\geqslant 0\}$可测,但不一定是鞅.若存在实数序列$\{\delta_k, k\geqslant 0\}$,满足:

$$E(Y_{k+1}\mid H_k)=e^{\delta_k}Y_k,\quad k\geqslant 0,$$

则

$$S_0 = Y_0,\quad S_k = \exp\left\{-\sum_{j=0}^{k-1}\delta_j\right\}Y_k,\quad k\geqslant 1$$

为关于$\{H_k, k\geqslant 0\}$的鞅(称为**几何鞅**).这时 $E(Y_{k+1}\mid H_k)$与 Y_k 只是差一个常数倍.

例 3-2　设 $X_0=0$,而 $X_1, X_2, \cdots$ 是独立同分布的随机变量序列,与其具有共同分布的随机变量记为 X. 对于某个 $t\geqslant 0$,当 $M_X(t)$ 存在时,可以验证

$$S_k = [M_X(t)]^{-k}\exp\left\{t\sum_{j=0}^{k}X_j\right\},\quad k\geqslant 0$$

是关于$\{F_k=\sigma(X_0, X_1, \cdots, X_k), k\geqslant 0\}$的鞅(称为**指数鞅**或 **Wald 鞅**).

事实上,若记

$$Y_k = \exp\left\{t\sum_{j=0}^{k}X_j\right\},\quad k\geqslant 0,$$

则有

$$Y_{k+1} = e^{tX_{k+1}}Y_k,\quad k\geqslant 0.$$

对固定的 t,只需要取 δ 满足:

$$M_X(t) = e^{\delta},$$

则有

$$\begin{aligned}E(S_{k+1}\mid X_0, X_1, \cdots, X_k) &= M_X^{-1}(t)S_k E(e^{tX_{k+1}}\mid X_0, X_1, \cdots, X_k)\\ &= M_X^{-1}(t)S_k E(e^{tX_{k+1}}) = S_k.\end{aligned}$$

例 3-3　设随机变量序列$\{Z_k, k\geqslant 0\}$是平稳的马氏过程,转移函数为

$$F(x,y)=\Pr(Z_{k+1}\leqslant x\mid Z_k=y).$$

若有常数 δ 和函数 $g(x)$满足:

$$\int_{\Omega} g(x)F(\mathrm{d}x,y)=\mathrm{e}^{\delta}g(y), \quad \forall y,$$

其中 Ω 是对应的概率空间,则可以验证: $\{\mathrm{e}^{-k\delta}g(Z_k)\}$ 是关于 $\{F_k=\sigma(Z_0,Z_1,\cdots,Z_k),k\geqslant 0\}$ 的鞅.

方法 3 利用已知的随机变量序列构造差值鞅序列.

设随机变量 $Y_0,Y_1,Y_2,\cdots$ 关于 σ-代数序列 $\{H_k,k\geqslant 0\}$ 可测,但不一定是鞅. 令

$$P_k=\mathrm{E}(Y_{k+1}\,|\,H_k)-Y_k, \quad k\geqslant 0,$$

$$S_0=Y_0, \quad S_k=Y_k-\sum_{j=0}^{k-1}P_j, \quad k\geqslant 1,$$

则序列 $\{S_k,k\geqslant 0\}$ 是关于 $\{H_k,k\geqslant 0\}$ 的鞅(称为**差值鞅**). 若 $H_k=\sigma(Y_0,Y_1,\cdots,Y_k)(k\geqslant 0)$,则有

$$P_k=\mathrm{E}(Y_{k+1}\,|\,Y_0,Y_1,\cdots,Y_k)-Y_k$$

$$\begin{aligned}S_k&=\sum_{j=0}^{k}Y_j-\sum_{j=1}^{k}\mathrm{E}(Y_j\,|\,Y_0,Y_1,\cdots,Y_{j-1})\\&=Y_0+\sum_{j=1}^{k}[Y_j-\mathrm{E}(Y_j\,|\,Y_0,Y_1,\cdots,Y_{j-1})].\end{aligned}$$

例 3-4 设 $X_0=0$,而 $X_1,X_2,\cdots$ 是独立的随机变量序列,且满足:

$$\mathrm{E}(X_k)=0, \quad \mathrm{Var}(X_k)=\sigma^2, \quad k\geqslant 1.$$

可以验证:

$$\left\{\sum_{j=0}^{k}X_j,k\geqslant 1\right\} \quad 和 \quad \left\{\left(\sum_{j=0}^{k}X_j\right)^2-k\sigma^2,k\geqslant 1\right\}$$

均是关于 $\{X_k,k\geqslant 1\}$ 的鞅.

3. 离散时间鞅的主要结论

鞅序列之所以在金融和精算理论中具有重要作用,是因为其优良的概率性质. 下面简要列出.

1) 鞅不等式

(1) 上鞅情形(**Doob 不等式**): 设 $\{S_k,k\geqslant 0\}$ 是关于 σ-代数序列 $\{H_k,k\geqslant 0\}$ 的非负上鞅,则对一切 $m>0$,恒有

$$\Pr(\max\{S_0,S_1,\cdots,S_k\}\geqslant m)\leqslant\frac{\mathrm{E}(S_0)}{m}, \quad k\geqslant 0; \tag{3.1.2}$$

(2) 鞅情形(**Kolmogorov 不等式**)：设$\{S_k,k\geqslant 0\}$是关于 σ-代数序列$\{H_k,k\geqslant 0\}$的鞅,则对一切 $m>0$,恒有

$$\Pr(\max\{|S_0|,|S_1|,\cdots,|S_k|\}\geqslant m)\leqslant\frac{\mathrm{E}(S_k^2)}{m^2},\quad k\geqslant 0;\tag{3.1.3}$$

(3) 下鞅情形(**Kolmogorov 不等式**)：设$\{S_k,k\geqslant 0\}$是关于 σ-代数序列$\{H_k,k\geqslant 0\}$的非负下鞅,则对一切 $m>0$,恒有

$$\Pr(\max\{S_0,S_1,\cdots,S_k\}\geqslant m)\leqslant\frac{\mathrm{E}(S_k)}{m},\quad k\geqslant 0.\tag{3.1.4}$$

2) 停时的概念与相关的结论

考虑概率空间(Ω,F,P)上的 σ-代数序列$\{F_k,k\geqslant 0\}$,满足：$F_k\subset F_{k+1}\subset F$ $(k\geqslant 0)$. 现有取值于非负整数和正无穷的随机变量 τ,满足：对任意 $k\geqslant 0$,有$\{\tau=k\}\in F_k$,则称 τ 为关于 σ-代数序列$\{F_k,k\geqslant 0\}$的**停时**.

引入了停时的概念后,我们可得到如下**结论**：

(1) 若$\{S_k,k\geqslant 0\}$是关于 σ-代数序列$\{H_k,k\geqslant 0\}$的(上、下)鞅,τ 为关于$\{H_k,k\geqslant 0\}$的停时,则

$$\widetilde{S}_k=\begin{cases}S_k, & k<\tau,\\ S_\tau, & k\geqslant\tau\end{cases}$$

也是关于 σ-代数序列$\{H_k,k\geqslant 0\}$的(上、下)鞅.

(2) 若$\{S_k,k\geqslant 0\}$是关于 σ-代数序列$\{H_k,k\geqslant 0\}$的鞅,τ 为关于$\{H_k,k\geqslant 0\}$的有界停时,则

$$\mathrm{E}(S_\tau)=\mathrm{E}(S_0).$$

3) 收敛定理

下鞅收敛定理　设$\{S_k,k\geqslant 0\}$是关于 σ-代数序列$\{H_k,k\geqslant 0\}$的下鞅,而且

$$\sup_{k\geqslant 0}\mathrm{E}(S_k)_+<+\infty,$$

则存在随机变量 S_∞,使得

$$S_k\xrightarrow{\text{a. e.}}S_\infty$$

(这里 a. e. 表示“几乎处处”,指 S_k 几乎处处收敛于 S_∞),而且有

$$\mathrm{E}|S_\infty|<+\infty.$$

如果还有

$$\sup_{k\geqslant 0} \mathrm{E}(S_k^2)<+\infty$$

成立,则有

$$\mathrm{E}(S_\infty^2)<+\infty,\quad \lim_{k\to\infty}\mathrm{E}(|S_k-S_\infty|)=0.$$

鞅收敛定理 设$\{S_k,k\geqslant 0\}$是关于σ-代数序列$\{H_k,k\geqslant 0\}$的鞅,$\{\mathrm{E}|S_k|,k\geqslant 0\}$是有界序列,则存在随机变量$S$,使得

$$S_k\xrightarrow{\text{a.e.}} S.$$

4) 测度变换

设$\{S_k,k\geqslant 0\}$为概率空间(Ω,F,P)的随机变量序列,并且关于空间Ω上的σ-代数序列$\{H_k,k\geqslant 0\}$可测.现有空间Ω上的两个测度P和$\widetilde{P}$,已知对于任意给定的n,$\{S_1,S_2,\cdots,S_n\}$在测度P下为独立同分布的序列,共同分布的概率密度函数为$f(x)$;$\{S_1,S_2,\cdots,S_n\}$在测度$\widetilde{P}$下也为独立同分布的序列,共同分布的概率密度函数为$\widetilde{f}(x)$.假设满足:$f(x)>0\Longleftrightarrow\widetilde{f}(x)>0$.定义**似然比函数**:

$$l(y_1,y_2,\cdots,y_n)=\begin{cases}\dfrac{\widetilde{f}(y_1)\cdots\widetilde{f}(y_n)}{f(y_1)\cdots f(y_n)}, & f(y_1)\cdots f(y_n)>0,\\ 0, & f(y_1)\cdots f(y_n)=0,\end{cases}$$

进而定义概率空间(Ω,F,P)上的新随机变量序列:

$$X_0\equiv 1,\quad X_n=l(S_1,S_2,\cdots,S_n),\quad n\geqslant 1.$$

于是有以下三个**结论**:

(1) $\{X_k,k\geqslant 1\}$在概率空间(Ω,F,P)上关于σ-代数序列$\{H_k,k\geqslant 0\}$为鞅(称为**似然比鞅**).

(2) 对于$H_k(k\geqslant 0)$上的任意可测集合A,有

$$\mathrm{E}(I_AX_n)=\int_A X_n(\omega)P(\mathrm{d}\omega)\quad 及\quad \mathrm{E}(X_n)=1.$$

(3) 对于$H_k(k\geqslant 0)$上的任意可测集合A,可以构造如下的测度变换:

$$\widetilde{P}(A)\triangleq\mathrm{E}(I_AX_n)=\int_A X_n(\omega)P(\mathrm{d}\omega).$$

特别地,对于例3-2的指数鞅,若有常数R,使得$M_X(R)=1$成立,则

$$S_k = \exp\left\{-R\sum_{j=0}^{k} X_j\right\}$$

为鞅序列，其中的测度变换为$\tilde{f}_X(x)=\dfrac{e^{sx}f_X(x)}{M_X(s)}$. 对所有满足条件$M_X(s)<+\infty$的$s>0$，都对应一个上述的测度变换.

3.1.2　鞅方法的离散时间盈余过程

这里我们再回到第2章讨论过的离散时间盈余过程模型：

$$\{U_n = u + cn - S_n, n \geqslant 0\}, \tag{3.1.5}$$

与第2章不同的是其中的$\{S_0=0, S_n=W_1+\cdots+W_n, n\geqslant 1\}$是一般的随机变量序列. 以下除特殊说明外，$\sigma$-代数序列$\{H_k, k\geqslant 1\}$均指$H_k=\sigma(W_1,\cdots,W_k)$，还要求满足：

$$\lim_{n\to\infty}[cn - \mathrm{E}(S_n)] = +\infty. \tag{3.1.6}$$

考虑实轴上的减函数$v(x)$为辅助函数，而且$v(+\infty)=0$，自然有$v(x)\geqslant 0$.

结论3-1　若$v(x)$使得$\{v(U_n), n\geqslant 0\}$成为一个上鞅序列，则盈余过程(3.1.5)的破产概率满足：

(1) $\psi(u)\leqslant\dfrac{v(u)}{v(0)}$, $u\geqslant 0$;

(2) $\psi(u)\leqslant\dfrac{v(u)}{\mathrm{E}[v(U_T)\mid T<+\infty]}$, $u\geqslant 0$.

证明　令$X_n=v(U_n)$ $(n\geqslant 0)$，则$\{X_n, n\geqslant 0\}$为非负上鞅，而且有$X_0=v(U_0)=v(u)\geqslant 0$.

(1) 取$m=v(0)\geqslant 0$，由上鞅不等式(3.1.2)有

$$\Pr[\max_{n\geqslant 0} X_n \geqslant v(0)] \leqslant \frac{\mathrm{E}(X_0)}{v(0)} = \frac{v(u)}{v(0)}.$$

另外，有

$$\begin{aligned}\Pr[\max_{n\geqslant 0} X_n \geqslant v(0)] &= \Pr[\max_{n\geqslant 0} v(U_n) \geqslant v(0)] \\ &= \Pr[\min_{n\geqslant 0} U_n < 0] = \psi(u),\end{aligned}$$

所以结论(1)成立.

(2) 设

$$\widetilde{X}_n=\begin{cases}X_n, & n\leqslant T,\\ X_T, & n>T,\end{cases}$$

其中 T 为盈余过程(3.1.5)的首次破产时刻. 因为 T 是停时,所以 $\{\widetilde{X}_n, n\geqslant 1\}$ 也是正上鞅,进而有

$$\begin{aligned}\mathrm{E}(X_0) &\geqslant \mathrm{E}(\widetilde{X}_n)\\ &= \mathrm{E}(X_T \mid T<n)\Pr(T<n)+\mathrm{E}(\widetilde{X}_n \mid T\geqslant n)\Pr(T\geqslant n)\\ &\geqslant \mathrm{E}(X_T \mid T<n)\Pr(T<n), \quad n>0.\end{aligned}$$

在上式中令 $n\to\infty$ 即得所需结论.

结论 3-2 若 $v(x)$ 使得 $\{v(U_n), n\geqslant 0\}$ 成为一个鞅,则盈余过程(3.1.5)的破产概率满足:

$$\psi(u)=\frac{v(u)}{\mathrm{E}[v(U_T) \mid T<+\infty]}, \quad u\geqslant 0.$$

证明 设

$$\widetilde{U}_n=\begin{cases}U_n, & n\leqslant T,\\ U_T, & n>T.\end{cases}$$

可以证明, $\{v(\widetilde{U}_n), n\geqslant 1\}$ 也是鞅. 所以

$$v(u)=\mathrm{E}[v(\widetilde{U}_0)]=\mathrm{E}[v(\widetilde{U}_n)], \quad n\geqslant 1.$$

由条件(3.1.6)有

$$\Pr(\lim_{n\to\infty}U_n=+\infty)=1.$$

又由鞅收敛定理,存在某个随机变量 $\widetilde{V}$,使得

$$v(\widetilde{U}_n)\xrightarrow{\text{a.e.}}\widetilde{V}, \quad n\to\infty,$$

于是

$$\Pr[\widetilde{V}=v(+\infty)=0]=1.$$

另外,对任何的 $n\geqslant 1$,有

$$\begin{aligned}v(u) &= \mathrm{E}[v(\widetilde{U}_n)]\\ &= \mathrm{E}[v(U_T) \mid T<n]\Pr(T<n)+\mathrm{E}[v(\widetilde{U}_n) \mid T\geqslant n]\Pr(T\geqslant n).\end{aligned}$$

令 $n\to\infty$,有

$$\lim_{n\to\infty}\mathrm{E}[v(\widetilde{U}_n) \mid T\geqslant n]=0,$$

进而有

$$v(u)=\mathrm{E}[v(U_T)\,|\,T<+\infty]\psi(u).$$

可以看出,以上的两个结论是比第2章中的定理更一般的结论.

关于 $v(x)$ 函数的说明:

(1) 当 $W_1,W_2,\cdots$ 为独立同分布的随机变量序列时,若 $\tilde{R}$ 为 $\{U_n,n\geqslant 0\}$ 的调节系数,则 $v(x)=\mathrm{e}^{-\tilde{R}x}\ (x>0)$ 将使得 $\{v(U_n)=\mathrm{e}^{-\tilde{R}U_n},n\geqslant 0\}$ 成为鞅. 具体说明如下:

$$\begin{aligned}\mathrm{E}[v(U_n)\,|\,U_0,U_1,\cdots,U_{n-1}] &= \mathrm{E}(\mathrm{e}^{-\tilde{R}U_n}\,|\,U_0,U_1,\cdots,U_{n-1})\\ &= \mathrm{e}^{-\tilde{R}U_{n-1}}\cdot\mathrm{e}^{-\tilde{R}c}\mathrm{E}(\mathrm{e}^{\tilde{R}W_n}\,|\,U_0,U_1,\cdots,U_{n-1})\\ &= v(U_{n-1})\mathrm{e}^{-\tilde{R}c}\mathrm{E}(\mathrm{e}^{\tilde{R}W_n}) = v(U_{n-1}),\end{aligned}$$

进而利用结论3-2,有

$$\psi(u)=\frac{\mathrm{e}^{-\tilde{R}u}}{\mathrm{E}(\mathrm{e}^{-\tilde{R}U_T}\,|\,T<+\infty)},\quad u\geqslant 0. \tag{3.1.7}$$

(2) 设 $u(x)$ 为一般的效用函数,单调递增,有界,$u(+\infty)<+\infty$. 令

$$v(x)=\frac{u(+\infty)-u(x)}{u(0)},$$

则可以利用效用函数对盈余过程进行调整:

(i) 如果 $\{u(U_n),n\geqslant 0\}$ 为下鞅(条件效用逐年上升),那么 $\{v(U_n),n\geqslant 0\}$ 为上鞅;

(ii) 如果 $\{u(U_n),n\geqslant 0\}$ 为鞅(条件效用各年相同),那么 $\{v(U_n),n\geqslant 0\}$ 为鞅,

进而可以得到关于破产概率的结论3-1和结论3-2的具体解.

3.1.3　含利率的盈余过程

下面考虑含年利率 i 的盈余过程:

$$U_n=\sum_{j=0}^{n}(1+i)^{n-j}X_j,\quad n\geqslant 0, \tag{3.1.8}$$

其中 $X_0=u,X_j=c-W_j\,(j\geqslant 1)$,这里 $W_1,W_2,\cdots$ 为独立同分布的随机变量序列. 模型(3.1.8)也可以表示为

$$U_0=u,\quad U_{n+1}=(1+i)U_n+X_{n+1},\quad n\geqslant 0.$$

结论3-3　对于盈余过程(3.1.8),设 $G(x)$ 如(3.1.1)式所定

义，则

$$\left\{G(U_k)=\Pr\left(\sum_{n=1}^{\infty}v^nX_n\leqslant -U_k\,|\,U_k\right),\ k\geqslant 0\right\}$$

是关于$\{W_k\}$的鞅. 令 $v(x)=G(x)$，则有

$$\psi(u)=\frac{G(u)}{\mathrm{E}[G(U_T)\,|\,T<+\infty]},\quad u\geqslant 0.$$

§3.2 鞅方法的连续时间破产模型

3.2.1 连续时间鞅的概念和一般性质

1. 连续时间鞅的基本概念

设$\{S_t,t\geqslant 0\}$为概率空间(Ω,F,P)上的实值随机过程. 另外，设有定义在同一概率空间的随机向量过程$\{\mathbf{Z}_t,t\geqslant 0\}$以及由其生成的$\sigma$-代数族$\{H_t=\sigma(\mathbf{Z}_s,0\leqslant s\leqslant t),t\geqslant 0\}$（包含过程的所有有用历史信息），则满足以下的包含关系：$H_s\subseteq H_t\subseteq F$，$s<t$（一般称之为**上升的子$\sigma$-代数族**）. 一般情况下，有$\{H_t=\sigma(S_s,0\leqslant s\leqslant t),t\leqslant 0\}$，即$H_t$是由时刻$t$之前随机过程$\{S_t,t\geqslant 0\}$的所有历史记录信息生成的$\sigma$-代数. 以下讨论除特别说明外，鞅性所对应的$\sigma$-代数族均指由过程$\{S_t,t\geqslant 0\}$本身按照上述方法生成.

定义 3-2 称随机过程$\{S_t,t\geqslant 0\}$是关于σ-代数族$\{H_t=\sigma(\mathbf{Z}_s,0\leqslant s\leqslant t),t\geqslant 0\}$的**鞅（上鞅、下鞅）过程**，或简称是关于$\{\mathbf{Z}_t,t\geqslant 0\}$的**鞅（上鞅、下鞅）**，如果满足：

(1)（基本性质）对任意的$t\geqslant 0$，S_t是H_t的函数，或S_t关于H_t可测.

(2) $\mathrm{E}|S_t|<+\infty,\ t\geqslant 0$.

(3)（核心性质）鞅性：

鞅：$\mathrm{E}(S_{t+h}\,|\,H_t)=S_t,\ t\geqslant 0,h>0$；

上鞅：$\mathrm{E}(S_{t+h}\,|\,H_t)\leqslant S_t,\ t\geqslant 0,h>0$；

下鞅：$\mathrm{E}(S_{t+h}\,|\,H_t)\geqslant S_t,\ t\geqslant 0,h>0$.

若$\mathbf{Z}_t=(S_s,0\leqslant s\leqslant t)(t\geqslant 0)$，则鞅性可表示为

鞅：$\mathrm{E}(S_{t+h}\,|\,S_s,0\leqslant s\leqslant t)=S_t,\ t\geqslant 0,h>0$； (3.2.1)

上鞅：$\mathrm{E}(S_{t+h}\mid S_s, 0\leqslant s\leqslant t)\leqslant S_t,\ t\geqslant 0, h>0;$ (3.2.2)

下鞅：$\mathrm{E}(S_{t+h}\mid S_s, 0\leqslant s\leqslant t)\geqslant S_t,\ t\geqslant 0, h>0.$ (3.2.3)

另外，也可以从变差(微分)计算考虑鞅的定义.

定义 3-3 设$\{S_t, t\geqslant 0\}$为任意的实值随机过程，对任意的$t>0$，S_t 是 H_t 的函数，定义随机过程$\{S_t, t\geqslant 0\}$的(条件)**右微分**为(若极限存在)

$$(MS)_t = \lim_{h\to 0+}\frac{\mathrm{E}(S_{t+h}\mid H_t)-S_t}{h}. \tag{3.2.4}$$

另外，右微分$(MS)_t$ 也可通过如下积分来定义：

$$\mathrm{E}(S_{t+h}\mid H_t)-S_t=\int_0^h (MS)_{t+x}\mathrm{d}x,\quad h>0. \tag{3.2.5}$$

定义 3-4 称随机过程$\{S_t, t\geqslant 0\}$是关于σ-代数族$\{H_t, t\geqslant 0\}$的鞅(上鞅、下鞅)，或简称是关于$\{\boldsymbol{Z}_t, t\geqslant 0\}$的鞅(上鞅、下鞅)，如果满足：

(1) (基本性质)任意的 $t\geqslant 0$，S_t 是 H_t 的函数，或 S_t 关于 H_t 可测.

(2) $\mathrm{E}|S_t|<+\infty,\ t\geqslant 0.$

(3) (核心性质)对任意的 $t\geqslant 0$，由(3.2.4)式定义的$(MS)_t$ 存在，具有鞅性：

鞅：$(MS)_t=0,\ t\geqslant 0;$ (3.2.6)

上鞅：$(MS)_t\leqslant 0,\ t\geqslant 0;$ (3.2.7)

下鞅：$(MS)_t\geqslant 0,\ t\geqslant 0.$ (3.2.8)

2. 连续时间鞅的构造和例子

(1) 对于标准布朗运动过程$\{B_t, t\geqslant 0\}$，有

$$\mathrm{E}(B_{t+h}\mid B_t)-B_t=\mathrm{E}(B_h\mid B_t)=\mathrm{E}(B_h)=0,\quad t\geqslant 0, h>0,$$

所以有

$$(MB)_t=0,\quad t\geqslant 0.$$

因此，标准布朗运动过程$\{B_t, t\geqslant 0\}$是鞅.

(2) 对于一般的布朗运动过程$\{B_t\sim N(\mu t,\sigma^2 t), t\geqslant 0\}$，经过简单的推导知$\{(B_t-\mu t)^2-\sigma^2 t, t\geqslant 0\}$ 和$\left\{\exp\left\{sB_t-s\mu t-\frac{1}{2}\sigma^2 s^2 t\right\}, t\geqslant 0\right\}$(对每个固定的 s)都是鞅.

(3) 对于复合 Poisson 过程$\{S_t, t\geqslant 0\}$ (参数$\lambda, F_X(x)$),有

$$\mathrm{E}(S_{t+h}\mid S_t)-S_t=\mathrm{E}(S_h\mid S_t)=\mathrm{E}(S_h)=\lambda h\mathrm{E}(X),$$

所以有

$$(MS)_t=\lambda\mathrm{E}(X)>0,\quad t\geqslant 0.$$

因此,复合 Poisson 过程$\{S_t, t\geqslant 0\}$是下鞅. 但是经过简单的推导可以证明$\{S_t-t\lambda\mathrm{E}(X), t\geqslant 0\}$是鞅. 而且,还可以得到以下构造复合 Poisson 过程鞅的一般方法.

结论 3-4 如果函数$v(x)(x\geqslant 0)$使得复合 Poisson 过程$\{S_t, t\geqslant 0\}$所生成的过程$\{v(S_t), t\geqslant 0\}$成为鞅,则$v(x)$必然满足以下鞅条件:

$$v(x)=\int_0^{+\infty}v(x+y)\mathrm{d}F_X(y),\quad x\geqslant 0. \tag{3.2.9}$$

证明 由于

$$\begin{aligned}&\mathrm{E}[v(S_{t+h})\mid H_t]-v(S_t)\\&=\mathrm{E}[v(S_{t+h}-S_t+S_t)-v(S_t)\mid H_t]\\&=\mathrm{E}[v(\tilde{S}_h+S_t)-v(S_t)\mid H_t],\end{aligned}$$

其中$\tilde{S}_h$为t时刻之后的复合 Poisson 过程,与H_t独立,因此有

$$(Mv(S))_t=\left.\frac{\partial\mathrm{E}[v(S_h+x)]}{\partial h}\right|_{\substack{h=0\\x=S_t}}.$$

另外,有

$$\begin{aligned}\frac{\partial\mathrm{E}[v(S_h+x)]}{\partial h}&=\frac{\partial\int_0^{+\infty}v(s+x)\mathrm{d}F_{S_h}(s)}{\partial h}\\&=\int_0^{+\infty}v(s+x)\frac{\partial f_{S_h}(s)}{\partial h}\mathrm{d}s.\end{aligned} \tag{3.2.10}$$

因为

$$f_{S_h}(s)=\sum_{n=0}^{\infty}\frac{(\lambda h)^n}{n!}\mathrm{e}^{-\lambda h}f_X^{*(n)}(s),\quad s\geqslant 0,$$

所以有

$$\begin{aligned}\frac{\partial f_{S_h}(s)}{\partial h}&=-\lambda\sum_{n=0}^{\infty}\frac{(\lambda h)^n}{n!}\mathrm{e}^{-\lambda h}f_X^{*(n)}(s)+\lambda\sum_{n=0}^{\infty}\frac{(\lambda h)^n}{n!}\mathrm{e}^{-\lambda h}f_X^{*(n+1)}(s)\\&=-\lambda f_{S_h}(s)+\lambda f_{S_h}(s)*f_X(s).\end{aligned} \tag{3.2.11}$$

代入(3.2.10)式,有

$$\frac{\partial \mathrm{E}[v(S_h+x)]}{\partial h}=\int_0^{+\infty} v(s+x)\frac{\partial f_{S_h}(s)}{\partial h}\mathrm{d}s$$
$$=\lambda\left[-\int_0^{+\infty} v(s+x)f_{S_h}(s)\mathrm{d}s+\int_0^{+\infty} v(s+x)f_{S_h}(s)*f_X(s)\mathrm{d}s\right].$$

当 $h=0$ 时，S_h 退化为0点的退化分布，即

$$f_{S_h}(s)\big|_{h=0}=\begin{cases}1, & s=0,\\ 0, & s\neq 0,\end{cases} \tag{3.2.12}$$

而此时 $f_{S_h}(s)*f_X(s)\big|_{h=0}$ 表示 $0+X$ 的概率密度函数，从而有

$$f_{S_h}(s)*f_X(s)\big|_{h=0}=f_X(s),\quad s>0, \tag{3.2.13}$$

所以有

$$(Mv(S))_t=\lambda\left[-v(x)+\int_0^{+\infty} v(x+s)\mathrm{d}F_X(s)\right].$$

(4) 对一般的平稳独立增量过程 $\{S_t,t\geqslant 0\}$，记

$$S_t'=S_t-t\mathrm{E}(S_1),$$

则 $\{S_t',t\geqslant 0\}$ 是鞅.

(5) 对任何随机变量 Y，取 $S_t=\mathrm{E}(Y|H_t)$，则 $\{S_t,t\geqslant 0\}$ 是鞅.

(6) 若随机过程 $\{Y_t,t\geqslant 0\}$ 的 $(MY)_t$ 存在，记

$$\delta_t=\frac{(MY)_t}{Y_t},\quad S_t=\exp\left\{-\int_0^t\delta_s\mathrm{d}s\right\}Y_t,$$

则 $\{S_t,t\geqslant 0\}$ 是鞅.

(7) 若随机过程 $\{Y_t,t\geqslant 0\}$ 的 $(MY)_t$ 存在，记

$$S_t=Y_t-\int_0^t (MY)_s\mathrm{d}s,$$

则 $\{S_t,t\geqslant 0\}$ 是鞅.

3. 连续时间鞅的主要结论

1) 鞅不等式

(1) 上鞅情形(**Doob 不等式**)：设 $\{S_t,t\geqslant 0\}$ 是关于 $\{H_t,t\geqslant 0\}$ 的非负上鞅，则对一切 $m>0$，恒有

$$\Pr[\max_{0\leqslant s\leqslant t}(S_s)\geqslant m]\leqslant\frac{\mathrm{E}(S_0)}{m},\quad t\geqslant 0;$$

(2) 鞅情形(**Kolmogorov 不等式**)：设 $\{S_t,t\geqslant 0\}$ 是关于 $\{H_t,t\geqslant 0\}$ 的鞅，则对一切 $m>0$，恒有

$$\Pr[\max_{0\leqslant s\leqslant t}|S_s|\geqslant m]\leqslant\frac{E(S_t^2)}{m^2},\quad t\geqslant 0;$$

(3) 下鞅情形(**Kolmogorov 不等式**):设$\{S_t,t\geqslant 0\}$是关于$\{H_t,t\geqslant 0\}$的非负下鞅,则对一切$m>0$,恒有

$$\Pr[\max_{0\leqslant s\leqslant t}S_s\geqslant m]\leqslant\frac{E(S_t)}{m},\quad t\geqslant 0.$$

2) 停时的概念与相关的结论

考虑基本概率空间(Ω,F,P)上的σ-代数族$\{F_t,t\geqslant 0\}$,满足:$F_s\subset F_t\subset F(s<t)$.若取值于非负实数和正无穷的随机变量$\tau$,满足:对任意$t\geqslant 0$,有$\{\tau\leqslant t\}\in F_t$,则称$\tau$为关于$\sigma$-代数族$\{F_t,t\geqslant 0\}$的**停时**.

我们有如下关于停时的**结论**:

若$\{S_t,t\geqslant 0\}$是关于$\{F_t,t\geqslant 0\}$的(上、下)鞅,τ为关于$\{F_t,t\geqslant 0\}$的有界停时,则

$$\tilde{S}_t=\begin{cases}S_t, & t<\tau,\\ S_\tau, & t\geqslant\tau\end{cases}$$

也是关于$\{F_t,t\geqslant 0\}$的(上、下)鞅,而且有$E(S_\tau)=E(S_1)$.

3) 收敛定理

下鞅收敛定理 设$\{S_t,t\geqslant 0\}$是关于$\{F_t,t\geqslant 0\}$的下鞅,而且

$$\sup_{t\geqslant 0}E(S_t)_+<+\infty,$$

则存在随机变量S_∞,使得$S_t\xrightarrow{\text{a.e.}}S_\infty$,而且有

$$E|S_\infty|<+\infty.$$

如果还有

$$\sup_{t\geqslant 0}E(S_t^2)<+\infty,$$

成立,则有

$$E(S_\infty^2)<+\infty,\quad \lim_{t\to\infty}E|S_t-S_\infty|=0.$$

3.2.2 鞅方法的连续时间盈余过程

这里我们再回到第2章讨论过的连续时间盈余过程模型:

$$U(t)=u+ct-S(t),\quad t\geqslant 0,$$

其中$\{S(t),t\geqslant 0\}$为复合 Poisson 过程,其参数为$\lambda,F_X(x)$.假设

σ-代数族$\{F_t,t\geqslant0\}$为$\{S(t),t\geqslant0\}$自身生成的递增σ-代数族. 以下的讨论除特别说明外均针对该σ-代数族.

首先考虑能够使得$\{v(U(t)),t\geqslant0\}$成为鞅的函数类(或条件).

结论 3-5　函数$v(x)(x\in\mathbb{R})$使得由 Poisson 盈余过程

$$U(t)=u+ct-S(t),\quad t\geqslant0$$

生成的实值过程$\{v[U(t)],t\geqslant0\}$成为鞅的充分必要条件是

$$cv'(x)+\lambda\int_0^{+\infty}v(x-y)\mathrm{d}F_X(y)-\lambda v(x)=0,\quad x\in\mathbb{R} \tag{3.2.14}$$

(该条件简称为**盈余过程鞅条件**).

证明　对于任意的$h>0$,有

$$U(t+h)=U(t)+ch-[S(t+h)-S(t)].$$

当F_t已知时,$S(t+h)-S(t)$与$S(h)$同分布,而且与t的取值无关,所以有

$$\mathrm{E}\{v[U(t+h)]\,|\,F_t\}-v[U(t)]=\mathrm{E}\{v[U(t)+ch-S(h)]-v[U(t)]\,|\,F_t\}.$$

因此有

$$[Mv(U)]_t=\left.\frac{\partial\mathrm{E}\{v[x+ch-S(h)]\}}{\partial h}\right|_{\substack{h=0\\x=U(t)}}.$$

而

$$\begin{aligned}&\frac{\partial\mathrm{E}\{v[x+ch-S(h)]\}}{\partial h}\\&\quad=\int\frac{\partial v(x+ch-s)}{\partial h}f_{S(h)}(s)\mathrm{d}s+\int v(x+ch-s)\frac{\partial f_{S(h)}(s)}{\partial h}\mathrm{d}s,\end{aligned}$$

又由(3.2.11)式,有

$$\frac{\partial f_{S(h)}(s)}{\partial h}=[-\lambda f_{S(h)}(s)+\lambda f_{S(h)}(s)*f_X(s)],$$

进而有

$$\begin{aligned}\frac{\partial\mathrm{E}\{v[x+ch-S(h)]\}}{\partial h}=&\int_0^{+\infty}cv'(x+ch-s)f_{S(h)}(s)\mathrm{d}s\\&-\lambda\left\{\int_0^{+\infty}v(x+ch-s)f_{S(h)}(s)\mathrm{d}s\right.\\&\left.-\int_0^{+\infty}v(x+ch-s)f_{S(h)}(s)*f_X(s)\mathrm{d}s\right\}.\end{aligned}$$

再利用(3.2.12)式和(3.2.13)式,有

$$[Mv(U)]_t=\left[cv'(x)-\lambda v(x)+\lambda\int_0^{+\infty}v(x-y)\mathrm{d}F_X(y)\right]\bigg|_{x=U(t)},$$

所以结论成立.

结论 3-6 若 R 为盈余过程 $\{U(t),t\geqslant 0\}$ 的调节系数,则函数 $v(x)=\mathrm{e}^{-Rx}$ 满足鞅条件(3.2.14),并有以下关于破产概率的结论:

$$\psi(u)\leqslant\frac{v(u)}{v(0)}=\mathrm{e}^{-Ru},\quad u\geqslant 0.$$

证明 将 $v(x)=\mathrm{e}^{-Rx}$ 代入(3.2.14)式,有

$$cR\mathrm{e}^{-Rx}-\lambda\int_0^{+\infty}\mathrm{e}^{-R(x-y)}\mathrm{d}F_X(y)+\lambda\mathrm{e}^{-Rx}=0,$$

即
$$\lambda M_X(R)=\lambda+cR.$$

这就是调节系数方程.再利用非负上鞅不等式,则有结论成立.

结论 3-7 对于盈余过程 $\{U(t),t\geqslant 0\}$,有以下结论成立:

(1) 由破产概率函数 $\psi(\cdot)$ 生成的过程 $\{\psi[U(t)],t\geqslant 0\}$ 为鞅;

(2) 破产概率 $\psi(u)$ 满足以下的微积分方程:

$$c\psi'(u)+\lambda\int_0^{+\infty}\psi(u-y)\mathrm{d}F_X(y)-\lambda\psi(u)=0,\quad u\geqslant 0;$$

(3) 若 R 为盈余过程 $\{U(t),t\geqslant 0\}$ 的调节系数,关于破产概率有以下结论成立:

$$\psi(u)=\frac{\mathrm{e}^{-Ru}}{\mathrm{E}(\mathrm{e}^{-RU_T}\mid T<+\infty)},\quad u\geqslant 0.$$

证明 记事件 $A=\{T<+\infty\}$,则有

$$\psi(u)=\mathrm{E}[I_A\mid U(0)=u].$$

(1) 由鞅的构造方法知,$\psi[U(t)]=\mathrm{E}(I_A\mid H_t)=\mathrm{E}[I_A\mid U(t)]$ 生成的过程为鞅,其中 $H_t=\sigma(U(s),0\leqslant s\leqslant t)$,且第二个等式成立是根据盈余过程的马尔科夫性质.

(2) 令 $v(x)=\psi(x)$,代入鞅条件(3.2.14)可以立即推出破产概率满足的微积分方程.

(3) 考虑如下经破产时刻 T 调整的新过程:

$$\widetilde{U}(t)=\begin{cases}U(t), & t<T,\\ U(T), & t\geqslant T.\end{cases}$$

由$\{\psi(U(t)), t\geqslant 0\}$是鞅可以推出$\{\psi(\widetilde{U}(t)), t\geqslant 0\}$也是鞅，因此可以采用与结论 3-2 类似的证明立即推出以下结论：

$$\psi(u)=\frac{\mathrm{e}^{-Ru}}{\mathrm{E}(\mathrm{e}^{-RU_T}\mid T<+\infty)},\quad u\geqslant 0.$$

请读者注意结论 3-7 包含了我们在第 2 章费了很大的力气推导的大部分定理，在这里利用鞅过程的一些现成结论很快地推出了关于破产概率的主要结果.

3.2.3 含利率的盈余过程

有了鞅过程的一些基本结论，我们可以考虑更具一般性的盈余模型，例如$U(t)$本身以常数连续利率δ ($\delta>0$)累积价值. 这种模型的微分形式为

$$\mathrm{d}U(t)=[c+\delta U(t)]\mathrm{d}t-\mathrm{d}S(t),\tag{3.2.15}$$

或积分形式为

$$U(t)=U(0)\mathrm{e}^{\delta t}+c\int_0^t \mathrm{e}^{\delta(t-s)}\mathrm{d}s-\int_0^t \mathrm{e}^{\delta(t-v)}\mathrm{d}S(v),$$

其中$\mathrm{d}S(t)\sim CP(\lambda \mathrm{d}t, F_X(x))$. 记(注意积分的存在性)

$$S=\int_0^{+\infty}\mathrm{e}^{-\delta t}\mathrm{d}S(t),\quad \delta>0,$$

则S的矩母函数为

$$\begin{aligned}M_S(z)&=\mathrm{E}(\mathrm{e}^{zS})=\mathrm{E}\left\{\exp\left\{\int_0^{+\infty}z\mathrm{e}^{-\delta t}\mathrm{d}S(t)\right\}\right\}\\&=\exp\left\{\int_0^{+\infty}M_{\mathrm{d}S(t)}(z\mathrm{e}^{-\delta t})\right\}\qquad(3.2.16)\\&=\exp\left\{\lambda\int_0^{+\infty}(M_X(z\mathrm{e}^{-\delta t})-1)\mathrm{d}t\right\}.\end{aligned}$$

对任意$u\geqslant 0, \delta>0$，考虑如下的概率：

$$\begin{aligned}G(u)&=\Pr\left(u+\frac{c}{\delta}-S\leqslant 0\right)=\Pr\left(S\geqslant u+\frac{c}{\delta}\right)\\&=\bar{F}_S\left(u+\frac{c}{\delta}\right).\end{aligned}$$

若记事件$A=\left\{S\geqslant u+\dfrac{c}{\delta}\right\}$，则

$$G(u)=\mathrm{E}[I_A \mid U(0)=u].$$

对任意 $t>0$,将 $u=U(t)$代入上式,有

$$G[U(t)]=\Pr\left[S\geqslant \frac{c}{\delta}+U(t)\right]=\Pr\left[U(t)\leqslant S-\frac{c}{\delta}\right].$$

结论 3-8 若盈余过程$\{U(t),t\geqslant 0\}$如(3.2.15)式所示,则

$$\{G[U(t)]=\mathrm{E}(I_A \mid H_t)=\mathrm{E}[I_A \mid U(t)],t\geqslant 0\} \tag{3.2.17}$$

为鞅过程,其中 $H_t=\sigma(U(s),0\leqslant s\leqslant t)$,进而盈余过程(3.2.15)的破产概率$\psi(u)$可表示为

$$\psi(u)=\frac{G(u)}{\mathrm{E}\{G[U(T)] \mid T<+\infty\}}$$

$$=\frac{\bar{F}_S\left(u+\frac{c}{\delta}\right)}{\mathrm{E}\{G[U(T)] \mid T<+\infty\}},\quad u\geqslant 0,\ \delta>0.$$

请读者注意该结论对利率因子 δ 的依赖性.显然,当 δ 为零时,S 没有定义,结论没有意义.另外,(3.2.17)式中第二个等式成立是根据盈余过程的马尔科夫性质.

结论 3-9 若盈余过程$\{U(t),t\geqslant 0\}$如(3.2.15)式所示,则当 $X\sim\exp(\beta)$时,有

$$\psi(u)=\frac{\bar{F}_{\text{Gamma}}\left(u+\frac{c}{\delta}\right)}{\bar{F}_{\text{Gamma}}\left(\frac{c}{\delta}\right)+\frac{\delta}{\lambda}f_{\text{Gamma}}\left(\frac{c}{\delta}\right)},\quad u\geqslant 0,\ \delta>0, \tag{3.2.18}$$

其中 f_{Gamma}和 $\bar{F}_{\text{Gamma}}$分别表示参数为$\left(\frac{\lambda}{\delta},\beta\right)$的 Gamma 分布的概率密度函数和生存函数.

证明 首先,由(3.2.16)式有

$$M_S(z)=\exp\left\{\lambda\int_0^{+\infty}\left(\frac{\beta}{\beta-z\mathrm{e}^{-\delta t}}-1\right)\mathrm{d}t\right\}=\left(\frac{\beta}{\beta-z}\right)^{\frac{\lambda}{\delta}},$$

即有

$$S\sim\text{Gamma}\left(\frac{\lambda}{\delta},\beta\right)\quad \text{和}\quad G(u)=\bar{F}_{\text{Gamma}}\left(u+\frac{c}{\delta}\right),\ u+\frac{c}{\delta}>0.$$

同时,由 $-U(T)\mid T<+\infty\sim\exp(\beta)$,有

$$\begin{aligned}\mathrm{E}\{G[U(T)]\,|\,T<+\infty\} &= \int_0^{+\infty} G(-y)\beta\mathrm{e}^{-\beta y}\,\mathrm{d}y \\ &= \int_{-y+c/\delta\geqslant 0} \overline{F}_{\text{Gamma}}\left(-y+\frac{c}{\delta}\right)\beta\mathrm{e}^{-\beta y}\,\mathrm{d}y + \int_{-y+c/\delta\leqslant 0}\beta\mathrm{e}^{-\beta y}\,\mathrm{d}y \\ &= \overline{F}_{\text{Gamma}}\left(\frac{c}{\delta}\right) + \frac{\delta}{\lambda} f_{\text{Gamma}}\left(\frac{c}{\delta}\right),\end{aligned}$$

这里最后一个等式的推导由读者在习题3中完成. 因此,得到了含利率的复合Poisson过程的盈余模型(指数损失函数)的破产概率表达式(3.2.18).

对于结论3-9,还可以进一步考虑模型参数的敏感性:

(1) $\psi(u)$关于$\delta>0$的敏感性,是否有递增的关系;

(2) 固定β,$\psi(u)$关于θ和$c/\delta=k$的敏感性.

3.2.4　破产在有限时间内发生的条件下破产时刻的分布

破产概率讨论了破产时刻T小于无穷的概率. 实际上,如果技术上可行,人们更加关心破产时刻T整体的分布. 下面的结论3-10回答了这个问题.

结论3-10　对于一般的盈余过程

$$U(t) = u + ct - S(t), \quad t \geqslant 0,$$

其中$\{S(t), t\geqslant 0\}$为复合Poisson过程,其参数为$\lambda, F_X(x)$,有

(1) 对任何固定的正数r,

$$\{\exp\{-t\{\lambda[M_X(r)-1]-cr\}\}\exp\{-rU(t)\}, t\geqslant 0\}$$

是鞅过程;

(2) 对于满足一定条件的停时T,若R为盈余过程$\{U(t)=u+ct-S(t), t\geqslant 0\}$的调节系数,则有

$$\psi(u)\mathrm{E}\{\exp\{-T\{\lambda[M_X(r)-1]-cr\}\}\exp\{-rU(T)\}\,|\,T<+\infty\} = \mathrm{e}^{-ru}, \quad r\geqslant R. \tag{3.2.19}$$

证明　(1) 对任何固定的正数r,令

$$Z_r(t) = \exp\{-t\{\lambda[M_X(r)-1]-cr\}\}\cdot \mathrm{e}^{-rU(t)}, \quad t\geqslant 0.$$

记$Y_t = \exp\{-rU(t)\}(t\geqslant 0)$,则有

$$(MY)_t = Y_t\{\lambda[M_X(r)-1]-cr\}, \quad t\geqslant 0.$$

再令

$$\delta_t \equiv \frac{(MY)_t}{Y_t} = \lambda[M_X(r)-1]-cr,$$

实际上 δ_t 为退化的常数 δ，且有

$$Z_r(t)=\mathrm{e}^{-\delta t}Y_t, \quad t\geqslant 0.$$

利用前面构造鞅的方法可知 $\{Z_r(t), t\geqslant 0\}$ 是一个鞅.

(2) 令 $g(r)\equiv\lambda[M_X(r)-1]-cr$，即 $g(r)=0$ 为调节系数方程，则由调节系数 R 的定义可知，对任意的 $r\geqslant R$，有 $g(r)\geqslant 0$，进而由

$$\{\widetilde{Z}_r(t)\} = \{\exp\{-t\{\lambda[M_X(r)-1]-cr\}\}\cdot \mathrm{e}^{-r\widetilde{U}(t)}, t\geqslant 0\}$$

的鞅性（其中 $\widetilde{U}(t)$ 的定义见结论 3-7 的证明），有

$$\psi(u)\mathrm{E}[\widetilde{Z}_r(T)\,|\,T<+\infty]=\mathrm{E}[Z_r(0)]=\mathrm{e}^{-ru}, \tag{3.2.20}$$

即(3.2.19)式成立.

当给定 $T<+\infty$（已知破产在有限时间发生）时，一般 T 与 $U(T)$ 并不相互独立，因此(3.2.20)式无法进行进一步的分解. 但是，对一些特殊的分布可以有很好的结论. 例如，当 $X\sim\exp(\beta)$ 时，$-U(T)\,|\,T<+\infty$ 也服从相同参数的指数分布，而且与 T 独立，于是(3.2.20)式化简为

$$\psi(u)\mathrm{E}\{\exp\{-T[\lambda(M_X(r)-1)]-cr\}\}\frac{\beta}{\beta-r}=\mathrm{e}^{-ru} \tag{3.2.21}$$

$$\left(\beta-\frac{\lambda}{c}\leqslant r\leqslant\beta\right),$$

其中 $M_X(r)=\dfrac{\beta}{\beta-r}$. 这时的破产概率为

$$\psi(u)=\frac{\lambda}{\beta c}\mathrm{e}^{-Ru}, \quad R=\beta-\frac{\lambda}{c}.$$

将其代入(3.2.21)式，有

$$\mathrm{E}\left\{\exp\left\{-T\,\frac{(\lambda-\beta c)r+cr^2}{\beta-r}\right\}\middle|\,T<+\infty\right\}=\frac{c(\beta-r)}{\lambda}\mathrm{e}^{-(r-R)u} \tag{3.2.22}$$

$$\left(\beta-\frac{\lambda}{c}\leqslant r\leqslant\beta\right).$$

(3.2.22)式实际上给出了 $T\,|\,T<+\infty$ 的条件分布的 Laplace 变换.

可以发现，当 r 从 $R=\beta-\dfrac{\lambda}{c}$ 增加至 β 时，(3.2.22)式左端 T 的系数从 0 增至 $+\infty$.

将(3.2.22)式两边对 r 求导数，然后令 $r=R$，便可得到 $T|T<+\infty$ 的数学期望：

$$\mathrm{E}(T|T<+\infty)=\frac{1+u\dfrac{\lambda}{c}}{\beta c-\lambda}.$$

另外，还可以考虑当 $T<+\infty$ 时有限时间的破产概率：

$$\begin{aligned}\psi(u,t)&=\Pr[T<t,T<+\infty|U(0)=u]\\&=\psi(u)\Pr(T<t|T<+\infty).\end{aligned}$$

由前面构造的鞅可知，对任意的 $r\geqslant R$，有

$$\begin{aligned}\mathrm{e}^{-ru}&\geqslant \mathrm{E}\{\exp\{-T\{\lambda[M_X(r)-1]-cr\}\}|T\leqslant t\}\psi(u,t)\\&\geqslant \exp\{-t\{\lambda[M_X(r)-1]-cr\}\}\psi(u,t),\end{aligned}$$

其中的第二个不等式利用了以下性质：当 $r\geqslant R$ 时，

$$\lambda[M_X(r)-1]-cr>0.$$

自然地，进一步有下述估计式：

$$\psi(u,t)\leqslant\min_{r\geqslant R}\{\exp\{t\{\lambda[M_X(r)-1]-cr\}-ru\}\}.$$

若个体损失量分布的风险率(条件密度)为递减函数，由于

$$\mathrm{E}[\mathrm{e}^{-rU(T)}|T=t]\geqslant M_X(r),$$

上述估计可以改进为

$$\psi(u,t)\leqslant\min_{r\geqslant R}\{M_X^{-1}(r)\exp\{t\{\lambda[M_X(r)-1]-cr\}-ru\}\}.$$

特别地，当 $X\sim\exp(\beta)$ 时，上述近似公式为显式表达.

例 3-5　已知盈余过程 $\{U(t)=u+ct-S(t),t\geqslant 0\}$ 的参数如下：$u=50,\lambda=1,c=1.05,X\sim\exp(1)$. 试估计 $t=100$ 时的破产概率、最终破产概率及平均破产时间.

解　将参数代入估计不等式，有

$$\psi(50,100)\leqslant\min_{r\geqslant R}\left\{(1-r)\exp\left\{\frac{100r}{1-r}-105r-50r\right\}\right\}.$$

因最小值在 $r=0.2$ 处取得，而且上式右边为 $0.8\mathrm{e}^{-6}=0.002$，因此

$$\psi(50,100)\leqslant 0.002.$$

而此时的最终破产概率为

$$\psi(50)=(1.05)^{-1}\exp\{-50R\}=0.088,$$

而且 $\mathrm{E}(T \mid T<+\infty)=972$.

3.2.5 红利模型

这部分考虑可以进行红利分配的盈余过程的破产模型. 分红的基本方法是: 定义一个线性红利边界函数

$$y(t)=b+qt \quad (b\geqslant u, 0<q<c).$$

当 $U(t)<y(t)$ 时,盈余不足以分配红利,这时的盈余模型为

$$\mathrm{d}U(t)=c\mathrm{d}t-\mathrm{d}S(t);$$

一旦 $U(t)=y(t)$ 时,可以适当地进行红利分配,设红利为 $(c-q)t$,则含分红的盈余模型调整为

$$\mathrm{d}U(t)=q\mathrm{d}t-\mathrm{d}S(t).$$

总之,含分红的盈余过程可表示为

$$\mathrm{d}U(t)=\begin{cases} c\mathrm{d}t-\mathrm{d}S(t), & U(t)<b+qt, \\ q\mathrm{d}t-\mathrm{d}S(t), & U(t)=b+qt \end{cases} \quad (t\geqslant 0),\ U(0)=u. \tag{3.2.23}$$

同样地,可以对模型(3.2.23)进行破产问题的研究. 因为这时的盈余过程有些外生的跳跃点,所以这时的核心问题是寻找二元函数 $v(y,t)$ $(t\geqslant 0, 0\leqslant y\leqslant b+qt)$,使得 $\{v(U(t),t), t\geqslant 0\}$ 成为鞅.

类似前面的讨论,此时的鞅条件可表示为(参考文献[1])

$$\begin{cases} c\dfrac{\partial v}{\partial y}+\dfrac{\partial v}{\partial t}+\lambda\displaystyle\int v(y-z,t)\mathrm{d}F_X(z)-\lambda v=0, & y<b+qt, \\ q\dfrac{\partial v}{\partial y}+\dfrac{\partial v}{\partial t}+\lambda\displaystyle\int v(y-z,t)\mathrm{d}F_X(z)-\lambda v=0, & y=b+qt. \end{cases}$$

该鞅条件等价于

$$c\frac{\partial v}{\partial y}+\frac{\partial v}{\partial t}+\lambda\int v(y-z,t)\mathrm{d}F_X(z)-\lambda v=0, \quad y\leqslant b+qt, \tag{3.2.24a}$$

$$\frac{\partial v}{\partial y}=0, \quad y=b+qt. \tag{3.2.24b}$$

考虑如下形式的函数:

$$v(y,t)=\exp\{-ry-t\{\lambda[M_X(r)-1]-rc\}\}$$
$$+\frac{r}{s}\mathrm{e}^{-(r+s)b}\exp\{sy-t\{\lambda[M_X(-s)-1]+sc\}\},$$

其中 r 和 s 为参数. 可以证明该函数满足条件(3.2.24a). 同时，条件(3.2.24b)变为以下关于参数 r 和 s 的关系式：

$$-qr-\lambda M_X(r)+cr=qs-\lambda M_X(-s)-cs.$$

若排除 $s=-r$ 的平凡情形，上式可改写为

$$q=c-\lambda\frac{M_X(r)-M_X(-s)}{r+s}.$$

若 R 为原非红利模型的调节系数，则上述方程的解 S 即为下面方程的非平凡解(请读者自己证明下面方程存在非平凡解)：

$$\lambda M_X(-s)=\lambda+qR-(c-q)s.$$

函数 $v(y,t)$ 在参数 $r=R$，$s=S$ 时的取值可表示为

$$v(y,t)\Big|_{\substack{r=R\\ s=S}}=\mathrm{e}^{-Ry}+\frac{R}{S}\mathrm{e}^{Sy}\exp\{-(b+qt)(R+S)\}. \tag{3.2.25}$$

所以，由(3.2.25)式定义的 $v(y,t)$ 使得 $\{v[U(t),t],t\geqslant 0\}$ 成为鞅. 因此，可以证明：

$$v(u,0)=\mathrm{E}\{v[U(T),T]\mid T<+\infty\}\psi(u,b).$$

这时的破产概率不仅与初始盈余有关，而且与红利边界函数的参数有关，所以将破产概率表示为 $\psi(u,b)$. 将 $v(y,t)$ 的具体形式代入，则带分红的盈余过程的有限时间破产概率的一般表示为

$$\psi(u,b)=\frac{\mathrm{e}^{-Ru}\exp\left\{1+\dfrac{R}{S}\exp\{-(R+S)(b-u)\}\right\}}{\mathrm{E}\left\{\mathrm{e}^{-RU(T)}+\dfrac{R}{S}\exp\{-(R+S)(b+qT)+SU(T)\}\,\middle|\,T<+\infty\right\}}$$
$$\leqslant\mathrm{e}^{-Ru}\exp\left\{1+\frac{R}{S}\exp\{-(R+S)(b-u)\}\right\}. \tag{3.2.26}$$

经过初步分析，可得

(1) 当 $q\nearrow c$ 时，$S\to+\infty$，(3.2.26)式退化为不分红模型的结论；

(2) 若 $X\sim\exp(\beta)$，则有 $S=\dfrac{\beta q}{c-q}$.

例 3-6　已知分红盈余过程(3.2.23)的参数如下：$u=50$，$\lambda=1, X\sim\exp(1)$. 对以下两种情形计算破产概率：

(1) 对于非分红合约，取 $c=1.05$；

(2) 对于分红合约，取 $c=1.5, q=1.05, b=50$.

解　(1) 对于非分红合约，破产概率为

$$\psi(50)=(1.05)^{-1}\exp\{-50R\}=0.088.$$

(2) 对于分红合约，通过数值计算得到 $R=\frac{1}{3}, S=\frac{1}{29}$，进而有

$$\psi(50,50)\leqslant e^{-\frac{50}{3}}\left(1+\frac{29}{3}\right)=6.2\times10^{-7}.$$

显然它远远小于非分红情形的破产概率.

习　题　3

1. 推导(3.2.16)式.

2. 完成结论 3-9 中最后一个等式的推导.

3. 分析结论 3-9 关于参数 $\delta>0, \theta>0$ 和 $k=\frac{c}{\delta}$ 的敏感性.

4. 证明：例 3-5 中 $(1-r)\exp\left\{\frac{100r}{1-r}-105r-50r\right\}$ 的最小值在 $r=0.2$ 处取得.

5. 证明以下关于 s 的方程存在非平凡解：

$$\lambda M_X(-s)=\lambda+qR-(c-q)s.$$

第 4 章　风险排序与风险度量

风险是风险理论的核心，风险的本质是不确定或随机的损失. 人们需要对各种风险进行比较，进而可以更好地控制和管理风险. 由于风险的随机性，在进行风险比较时，需要建立一些基本的原则. 同时，运用一些数学理论和工具，我们还可以对风险的水平进行定量的刻画，为风险情形下的决策提供定量的支持.

本章将从风险排序的基本概念入手，然后进一步讨论风险度量的一般理论，最后介绍现代风险度量在精算中的一些应用.

§4.1　风险排序及其应用

金融中的风险是指不确定的损失，也就是说风险是一种不确定的结果，因此，很难像进行数值比较一样直接对风险进行比较. 但是，现实中人们已经形成了一些对于风险（分布不同的随机变量）的客观大小的感觉. 例如，考虑以下两种情况：

(1) 方差相同、均值不同的随机变量：$X\sim N(0,1)$，$Y\sim N(1,1)$；

(2) 均值相同、方差不同的随机变量：$X\sim N(0,1)$，$Y\sim N(0,2)$.

直观上，在上面两种情况，都会感觉 Y 的损失比 X 的损失大，尽管 X 与 Y 的具体损失值是不确定的. 还有一种情况是，两个非负随机变量的每次随机结果的值都满足相同的大小序，例如 $X\sim U(0,1)$，$Y\sim U(1,2)$，则自然会感觉 Y 的损失比 X 的大.

本节的核心问题是：如何对风险（非负随机变量）建立某种序的关系，并进行比较？

在建立风险序的关系之前，我们需要一些基本的假定：

假定 4-1　风险为来自同一个概率空间的非负随机变量.

假定 4-2　具有相同分布的随机变量是等价的，即：随机变量序的关系是在分布意义下建立的.

关于随机变量的大小关系，最先自然想到的是几乎处处成立的序关系：设 X 与 Y 是定义于共同的概率空间(Ω,F,P)上的随机变量. 若 $\Pr(X\leqslant Y)=1$ 成立，则一般记为 $X\leqslant Y$ 或 $X\leqslant_1 Y$.

更一般地，按照序关系的数学描述方法，**随机变量的序**是定义于某随机变量集合 $\mathbf{X}$ 上的一种二元关系，用"$\leqslant_p$"或"$\prec$"表示. 其中的**偏序**是指满足以下条件的集合 $\mathbf{X}$ 上的一种二元关系：

(1) **传递性**：若 $X\leqslant_p Y, Y\leqslant_p Z$，则 $X\leqslant_p Z$，$\forall X,Y,Z\in\mathbf{X}$；

(2) **反身性**：$X\leqslant_p X$，$\forall X\in\mathbf{X}$；

(3) 若 $X\leqslant_p Y$ 且 $Y\leqslant_p X$，则 X 与 Y 相同（即同分布，记为 $X\overset{d}{=}Y$），$\forall X,Y\in\mathbf{X}$.

而**全序**是指满足以下条件的随机变量的序：对于集合 $\mathbf{X}$ 上的任意 X 与 Y，必有 $X\leqslant_p Y$ 或 $Y\leqslant_p X$ 的关系之一成立.

4.1.1 随机序

定义 4-1（随机序） 设 X 与 Y 为两个非负随机变量. 若对所有定义在实数集 $\mathbb{R}$ 上的递增函数 $g:\mathbb{R}\to\mathbb{R}$，$\mathrm{E}[g(X)]$与 $\mathrm{E}[g(Y)]$存在，有

$$\mathrm{E}[g(X)]\leqslant\mathrm{E}[g(Y)], \tag{4.1.1}$$

则称 X **随机地受到** Y **的控制**（或 X **随机地小于** Y），记为 $X\leqslant_{st}Y$.

从效用的角度看，风险 X 与 Y 满足：$X\leqslant_{st}Y$，等价于对所有决策者（无论风险态度如何）都认为损失 X 产生的期望效用要大于损失 Y 产生的期望效用，即对所有的效用函数 $u(\cdot)$成立

$$\mathrm{E}[u(w_0-X)]\geqslant\mathrm{E}[u(w_0-Y)].$$

定理 4-1 以下关于随机序的结论等价：

(1) $X\leqslant_{st}Y$；

(2) 存在定义于概率空间(Ω,F,P)的随机变量 Y'，满足：$Y\overset{d}{=}Y'$，而且 $X\leqslant Y'$；

(3) 对所有 $x\in\mathbb{R}$，有 $\bar{F}_X(x)\leqslant\bar{F}_Y(x)$.

证明 (1) $\Rightarrow$ (3)：对任何固定的 $x(\geqslant 0)$，$I_{(x,+\infty)}(\cdot)$为递增函数. 另外，有

$$\bar{F}_X(x)=\mathrm{E}[I_{(x,+\infty)}(X)],\quad \bar{F}_Y(x)=\mathrm{E}[I_{(x,+\infty)}(Y)].$$

因此,结论(3)成立.

(3)⇒(1):对任何取定的 $n>0$,阶梯函数

$$w_n(x)=\sum_{m=1}^{\infty}p_m^{(n)}I_{(x_m^{(n)},+\infty)}(x)\quad (p_m^{(n)}\geqslant 0, m=1,2,\cdots)$$

满足: $\mathrm{E}[w_n(X)]\leqslant\mathrm{E}[w_n(Y)]$. 另外,任何非降的实值函数都可以用形如 $w_n(x)(n\to\infty)$ 的函数逼近. 由此容易推知结论(1)成立.

(1)→(2):首先,考虑 X 和 Y 都是连续型随机变量的情形. 定义 $Y'=F_Y^{-1}[F_X(X)]$,则 Y' 的分布函数也是 $F_Y(x)$. 而且,由 $\bar{F}_X(x)\leqslant\bar{F}_Y(x)$ 和 $\bar{F}(x)$ 函数的单调性可得 $x\leqslant F_Y^{-1}[F_X(x)]$,即 $X\leqslant Y'$.

若 X 和 Y 均为离散型随机变量,考虑如下定义的两个逆函数 f 和 g:对于任何 $0<u<1$,有

$$f(u)=x,\quad 当\ F_X(x-0)<u\leqslant F_X(x)\ 时;$$
$$g(u)=y,\quad 当\ F_Y(y-0)<u\leqslant F_Y(y)\ 时.$$

取随机变量 $U\sim U(0,1)$,则有 $f(U)\overset{d}{=}X$ 和 $g(U)\overset{d}{=}Y$. 因此,对任何 x 成立 $\bar{F}_X(x)\leqslant\bar{F}_Y(x)$ 蕴含着 $f(u)\leqslant g(u)$ $(\forall u)$,于是

$$\Pr[f(U)\leqslant g(U)]=1,\quad 即\quad X\overset{d}{=}f(U)\leqslant_{st}g(U)\overset{d}{=}Y.$$

若 X 和 Y 一个为离散型,一个为连续型,可参照上面两种情况分别处理.

(2)⇒(3):对所有的 $x>0$,有

$$\bar{F}_X(x)=\Pr(X>x)\leqslant\Pr(Y'>x)=\bar{F}_Y(x).$$

有些读者可能会对定理 4-1 中的第二个结论产生疑问:是否真的存在不同的 Y 和 Y' 满足定理所述的情形? 下面的例子是文献[2]中提出的一个例子,将对此问题进行说明.

例 4-1　投掷一枚均匀的硬币 7 次,用 X 表示其中出现正面的次数;另投掷一枚非均匀的硬币 10 次,设每次出现正面的概率为 p $(p>1/2)$,Y 表示 10 次中出现正面的次数. 若两枚硬币的抛掷是独立的,则 $\Pr(X>Y)>0$,也就是说,Y 不是概率为 1 的大于 X. 是否可以构造一个试验产生新的随机变量 X',使得 X' 与 X 同分布,而且由 X' 的定义有 $X'\leqslant Y$?

解　在 10 次投掷非均匀硬币的前面 7 次中,每当出现正面时,

立即投掷另一枚以概率 $1/(2p)$ 出现正面的硬币，并以 X' 表示第二枚非均匀硬币的正面次数，则 X' 服从二项分布 $B(7,p')$，其中 $p'=p[1/(2p)]=1/2$，所以 X' 与 X 同分布，而且 $X'\leqslant Y$.

从定理 4-1 的第三个结论可以发现，比较随机变量的随机序只需要比较两个随机变量的边缘分布，与它们的联合分布无关.

从随机序的定义我们还可以发现，$X\leqslant_{st}Y$ 的必要条件为

$$\mathrm{E}(X)\leqslant \mathrm{E}(Y).$$

但是，显然它不是充分条件，请读者试举反例.

定理 4-2（随机序判定定理） 若非负随机变量 X 与 Y 的分布函数 $F_X(x)$ 与 $F_Y(x)$ 均有导数存在，分别记为 $f_X(x)$，$f_Y(x)$，而且存在 $c>0$，满足：

(1) 当 $0\leqslant x\leqslant c$ 时，$f_X(x)\geqslant f_Y(x)$；

(2) 当 $x>c$ 时，$f_X(x)\leqslant f_Y(x)$，

则有 $X\leqslant_{st}Y$.

证明 取 $G(x)=F_X(x)-F_Y(x)\,(x>0)$，则 $G(0)=G(+\infty)=0$，而且当 $0\leqslant x\leqslant c$ 时，$G'(x)\geqslant 0$；当 $x>c$ 时，$G'(x)\leqslant 0$. 所以

$$G(x)\geqslant 0,\quad 即\quad F_X(x)\geqslant F_Y(x)\ (x\geqslant 0),$$

从而 $X\leqslant_{st}Y$.

例 4-2 在随机序的意义下，二项分布 $B(n,p)$ 关于两个参数（固定之一）都是随机递增的.

证明 设 $X\sim B(n,p)$，$X_1\sim B(n_1,p)$，$X_2\sim B(n,p_1)$，其中 $n<n_1$，$p<p_1$.

先证明 $X\leqslant_{st}X_1$. 由二项分布的定义，X 与 $Y=Y_1+Y_2+\cdots+Y_n$ 同分布，X_1 与 $Z=Y_1+Y_2+\cdots+Y_n+Y_{n+1}+\cdots+Y_{n_1}$ 同分布，其中 $Y_i\,(i=1,2,\cdots,n_1)$ 为独立同分布的随机变量，且

$$\Pr(Y_i=1)=p=1-\Pr(Y_i=0),\quad i=1,2,\cdots,n_1.$$

显然有 $Y\leqslant Z$，进而有 $X\leqslant_{st}X_1$ 成立.

再证明 $X\leqslant_{st}X_2$. X 和 X_2 的概率函数分别为

$$\left.\begin{aligned}\Pr(X=k)&=\mathrm{C}_n^k p^k(1-p)^{n-k},\\ \Pr(X_2=k)&=\mathrm{C}_n^k p_1^k(1-p_1)^{n-k},\end{aligned}\right\}\quad k=0,1,\cdots,n.$$

因为 $p<p_1$，所以必然存在某个 k_0，满足：

$$p^k(1-p)^{n-k} \geqslant p_1^k(1-p_1)^{n-k}, \quad k \leqslant k_0,$$
$$p^k(1-p)^{n-k} \leqslant p_1^k(1-p_1)^{n-k}, \quad k \geqslant k_0.$$

因此，由定理 4-2 有 $X \leqslant_{st} X_2$ 成立.

例 4-3　在随机序的意义下，Poisson 分布关于参数是随机递增的.

证明　设 $X \sim \text{Poisson}(\lambda_1)$，$Y \sim \text{Poisson}(\lambda_2)$，其中 $\lambda_1 < \lambda_2$，则 X 和 Y 的概率函数分别为

$$\Pr(X=n) = \frac{\lambda_1^n}{n!}e^{-\lambda_1}, \quad \Pr(Y=n) = \frac{\lambda_2^n}{n!}e^{-\lambda_2}, \quad n = 0,1,\cdots.$$

因为 $\lambda_1 < \lambda_2$，所以必然存在某个 n_0，满足：

$$\left(\frac{\lambda_1}{\lambda_2}\right)^n e^{-(\lambda_1-\lambda_2)} \geqslant 1, \quad n \leqslant n_0,$$

$$\left(\frac{\lambda_1}{\lambda_2}\right)^n e^{-(\lambda_1-\lambda_2)} \leqslant 1, \quad n \geqslant n_0.$$

因此，由定理 4-2 有 $X \leqslant_{st} Y$ 成立.

例 4-4　在随机序的意义下，指数分布关于参数(期望的倒数)是随机递减的.

证明　参照例 4-3 的证明容易得到结论.

经过简单的证明可以发现，随机序具有以下**性质**：

(1) 若 $X \leqslant_{st} Y$，Z 与 X，Y 均相互独立，则有 $X+Z \leqslant_{st} Y+Z$；

(2) 若 $N \leqslant_{st} M$，$X_i \leqslant_{st} Y_i$，且 X_i 与 Y_i 相互独立(所有 i)，则有

$$\sum_{i=1}^{N} X_i \leqslant_{st} \sum_{i=1}^{M} Y_i.$$

4.1.2　止损序

定义 4-2(止损序)　设 X 与 Y 为两个随机变量，且 $E(X_+) < +\infty$，$E(Y_+) < +\infty$. 若对所有递增且凸的函数 $g: \mathbb{R} \to \mathbb{R}$，$E[g(X)]$ 与 $E[g(Y)]$ 存在，有(4.1.1)式成立，则称 X **依止损序随机地小于** Y，记为 $X \leqslant_{sl} Y$.

定义 4-3　对给定的非负随机变量 X，当 X 的数学期望存在时，称

$$\pi_X(d) = E[(X-d)_+], \quad d \in [0, +\infty)$$

为随机变量 X(关于 d)的**止损函数**.

显然有

$$\pi'_X(d)=F_X(d)-1,$$

因此,$\pi_X(d)$是 d 的连续函数,并且只要 $F_X(d)<1$,$\pi_X(d)$是 d 的严格递减函数,而且有 $\pi_X(0)=\mathrm{E}(X)$,$\pi_X(+\infty)=0$. $\pi_X(d)$还可以表示为

$$\pi_X(d)=\int_d^{+\infty}[1-F_X(x)]\mathrm{d}x.$$

若 X 有概率密度函数 $f_X(d)$,则有 $\pi_X''(d)=f_X(d)>0$. 这意味着 $\pi_X(d)$为凸函数.

从效用的角度看,若损失 X 与 Y 满足: $X\leqslant_{sl}Y$,则意味着所有风险回避型决策者都认为损失 X 产生的期望效用要大于损失 Y 产生的期望效用,即对所有风险回避型效用函数 $u(\cdot)$,有

$$\mathrm{E}[u(w_0-X)]\geqslant\mathrm{E}[u(w_0-Y)],$$

所以,有时也记止损序为 $X\leqslant_{ra}Y$,表示风险厌恶型决策者的一致看法.

由止损序的定义自然有:若 X 与 Y 满足: $X\leqslant_{st}Y$,则 X 与 Y 满足: $X\leqslant_{sl}Y$. 而且,更进一步地有以下结论:

定理 4-3 以下关于止损序的结论等价:

(1) $X\leqslant_{sl}Y$;

(2) X 与 Y 的止损函数有一致的大小关系:

$$\pi_X(d)\leqslant\pi_Y(d),\quad d\in(-\infty,+\infty);$$

(3) 存在随机变量 D,使得 $X+D$ 与 Y 同分布,且

$$\Pr[\mathrm{E}(D|X)\geqslant 0]=1$$

(一般也称满足这个条件的随机变量 X 与 Y 存在**变差序**,记为 $X\leqslant_{v}Y$).

证明 与定理 4-1 的证明类似,这里用到任何递增且凸的函数可以表示为 $\pi_X(d)$形式函数的有限和或极限.

由止损序的定义,采用与定理 4-2 类似的证明方法,我们可以立即得到下面两个关于止损序的判定定理.

定理 4-4 对非负随机变量 X 与 Y,若存在常数 $c\geqslant 0$,使得 X

与 Y 的分布函数 $F_X(x)$ 与 $F_Y(x)$ 满足：

(1) 当 $0\leqslant x\leqslant c$ 时，$F_X(x)\leqslant F_Y(x)$；

(2) 当 $x>c$ 时，$F_X(x)\geqslant F_Y(x)$，

而且有 $\mathrm{E}(X)=\mathrm{E}(Y)$，则 $X\leqslant_{sl}Y$.

定理 4-5 若非负随机变量 X 与 Y 的分布函数 $F_X(x)$ 与 $F_Y(x)$ 均存在导数，分别记为 $f_X(x)$，$f_Y(x)$，同时存在对 $[0,+\infty)$ 的分割 I_1，I_2 和 I_3，使得 X 与 Y 的分布函数的导数满足：

(1) 当 $x\in I_1\cup I_3$ 时，$f_X(x)\leqslant f_Y(x)$；

(2) 当 $x\in I_2$ 时，$f_X(x)\geqslant f_Y(x)$，

而且有 $\mathrm{E}(X)=\mathrm{E}(Y)$，则 $X\leqslant_{sl}Y$.

例 4-5 设 X 服从二项分布，Y 服从 Poisson 分布，则在期望相同的条件下，有 $X\leqslant_{sl}Y$.

证明 设 $X\sim B(n,p)$，$Y\sim \mathrm{Poisson}(\lambda)$，其中 $\lambda=np$，则 X 和 Y 的概率函数分别为

$$P_X(k)=\Pr(X=k)=\mathrm{C}_n^k p^k(1-p)^{n-k},\quad k=0,1,\cdots,n,$$

$$P_Y(k)=\Pr(Y=k)=\frac{\lambda^k}{k!}\mathrm{e}^{-\lambda},\quad k=0,1,\cdots.$$

记这两个概率函数的比值为

$$P(k)=\frac{P_X(k)}{P_Y(k)}=\frac{n(n-1)\cdots(n-k+1)}{n^k(1-p)^k}(1-p)^n\mathrm{e}^{np}\quad (k=0,1,\cdots,n).$$

只需证明 $P(k)$ 先单调递增，然后单调递减. 具体如下：

$$\frac{P(k)}{P(k-1)}=\frac{n-k+1}{n(1-p)}\leqslant 1\quad \text{当且仅当}\quad k\geqslant np+1.$$

再应用定理 4-5，可得 $X\leqslant_{sl}Y$.

通常将例 4-5 这一性质记为 $B(n,q)\leqslant_{sl}\mathrm{Poisson}(nq)$.

根据定义，马上可以得知满足随机序必然满足止损序. 但是，应该如何理解止损序与随机序的差异呢？下面的分离定理将让我们对止损序比随机序多出的部分有一定的了解.

定理 4-6 若非负随机变量 X 与 Y 满足：$X\leqslant_{sl}Y$ 和 $\mathrm{E}(X)<\mathrm{E}(Y)$，则存在随机变量 Z，使得

(1) $X \leqslant_{st} Z$;

(2) $Z \leqslant_{sl} Y$,且 $\mathrm{E}(Z)=\mathrm{E}(Y)$.

证明 取常数 $b>0$,使得 $Z=\max\{X,b\}$满足: $\mathrm{E}(Z)=\mathrm{E}(Y)$,则自然有 $X \leqslant_{st} Z$.

另外,由 Z 的定义可得

$$F_Z(x)=\begin{cases}0, & 0<x<b,\\ F_X(x), & x\geqslant b\end{cases}$$

和

$$\begin{aligned}\pi_Z(d)&=\int_{\max\{b,d\}}^{+\infty}(x-d)\mathrm{d}F_X(x)\\ &\leqslant \pi_X(d), \quad d\geqslant 0.\end{aligned}$$

由 $X \leqslant_{sl} Y$,进而有 $\pi_X(d) \leqslant \pi_Y(d)$对任意 $d \geqslant 0$ 成立. 因此有 $Z \leqslant_{sl} Y$.

定理 4-6 的分解实际上可以一直做下去,也就是说,两个满足止损序的随机变量(分布)之间可以插入一个按照止损序单调递增的(收敛)序列,见下面的定理.

定理 4-7 对非负随机变量 X 与 Y,若有 $X \leqslant_{sl} Y$ 和 $\mathrm{E}(X)=\mathrm{E}(Y)$,则存在分布函数序列$\{F_1,F_2,\cdots\}$,满足: $X \sim F_1, Z \sim \lim\limits_{n\to\infty} F_n$,且对任意的 $n<m$, F_n 和 F_m 满足定理 4-4 中的条件(1),(2)(这里 F_n 对应于 F_X, F_m 对应于 F_Y).

定理证明从略.

例 4-6 给定 $b>0$,设 $\gamma=\{Y: \mathrm{E}(Y)=\mu, \Pr(0\leqslant Y\leqslant b)=1\}$,其中 $0<\mu<b$. 若将 γ 中的元素依据止损序进行排序,则 γ 中的最大元服从两点(0 和 b)分布,记为 $Y_{\max}$:

$$\Pr(Y_{\max}=b)=\frac{\mu}{b}=1-\Pr(Y_{\max}=0);$$

γ 中的最小元服从 μ 点的退化分布,记为 $Y_{\min}$.

证明 首先 $Y_{\max}$和 $Y_{\min}$的分布分别为

$$F_{Y_{\max}}(x)=\begin{cases}1-\dfrac{\mu}{b}, & 0\leqslant x<b,\\ 1, & x\geqslant b,\end{cases}$$

$$F_{Y_{\min}}(x)=\begin{cases}0, & 0\leqslant x<\mu,\\ 1, & x\geqslant \mu.\end{cases}$$

而对于 γ 中的任何随机变量 Y,其分布函数 $F_Y(x)$ 满足:

当 $0\leqslant x<\mu$ 时,$F_Y(x)\geqslant F_{Y_{\min}}(x)$;

当 $x\geqslant\mu$ 时,$F_Y(x)\leqslant F_{Y_{\min}}(x)$.

因此有 $Y_{\min}\leqslant_{sl}Y$.

若 $F_Y(0)\geqslant 1-\frac{\mu}{b}$,则当 $0\leqslant x<b$ 时,$F_Y(x)\geqslant F_{Y_{\max}}(x)$,因此有

$$Y\leqslant_{sl}Y_{\max}.$$

若 $F_Y(0)<1-\frac{\mu}{b}$,则存在某个 $x_0(0<x_0<b)$,当 $0\leqslant x<x_0$ 时,$F_Y(x)\leqslant F_{Y_{\max}}(x)$;当 $x\geqslant x_0$ 时,$F_Y(x)\geqslant F_{Y_{\max}}(x)$. 因此有

$$Y\leqslant_{sl}Y_{\max}.$$

止损序对独立和具有一些基本的性质. 下面不加证明地列出这些性质:

(1) 若 $X_i\leqslant_{sl}Y_i$ 且 X_i 与 Y_i 相互独立($i=1,2,\cdots,n$),则有

$$\sum_{i=1}^{n}X_i\leqslant_{sl}\sum_{i=1}^{n}Y_i.$$

(2) 设 $X_1,X_2,\cdots$ 和 $Y_1,Y_2,\cdots$ 是两个独立同分布的非负随机变量序列,N 和 M 是独立于上述两序列的计数随机变量. 若 $X_i\leqslant_{sl}Y_i$ 和 $N\leqslant_{sl}M$,则有

$$\sum_{i=1}^{N}X_i\leqslant_{sl}\sum_{i=1}^{N}Y_i \quad 和 \quad \sum_{i=1}^{N}X_i\leqslant_{sl}\sum_{i=1}^{M}X_i.$$

(3) 若 $X\leqslant_{sl}Y$,则对任何 $\alpha\geqslant 1$,有 $\mathrm{E}(X^{\alpha})\leqslant\mathrm{E}(Y^{\alpha})$.

4.1.3　其他序及随机变量排序的应用

定义 4-4(似然比序)　设非负随机变量 X,Y 的分布函数的导数存在,分别记为 $f_X(x),f_Y(x)$. 若对所有 $0\leqslant x<y$,有

$$f_X(x)\,f_Y(y)\geqslant f_X(y)f_Y(x),$$

或 $\frac{\mathrm{d}F_X(x)}{\mathrm{d}F_Y(x)}$ 为 x 的递减函数,则称 X **依似然比序随机地小于** Y,记为 $X\leqslant_{LR}Y$.

由似然比序的定义,可以证明:若有 $X\leqslant_{LR}Y$,则有 $X\leqslant_{st}Y$. 另外,可以用似然比序分析指数分布族的序关系.

定义 4-5(高阶止损序) 若非负随机变量 X 与 Y 满足:

$$\mathrm{E}(X^k) \leqslant \mathrm{E}(Y^k), \quad k = 1,2,\cdots,n-1,$$

而且对任意 $d\geqslant 0$,有

$$\mathrm{E}[(X-d)_+^n] \leqslant \mathrm{E}[(Y-d)_+^n],$$

则称 X **依 n 阶止损序随机地小于** Y,记做 $X\leqslant_{(n)}Y$.

实际上,经过简单的证明可以发现,随机序就是 0 阶止损序,止损序就是 1 阶止损序. 与前面的随机序和止损序类似,我们也可以得到满足 n 阶止损序所对应的一类效用函数.

定理 4-8 设 X 与 Y 为非负随机变量,$X\leqslant_{(n)}Y$ 的充分必要条件是,对满足以下条件的任何 $u(x)$:

(1) 当 $k=1,2,\cdots,n-1$ 时,$(-1)^{k-1}u^{(k)}(x)\geqslant 0$;

(2) $(-1)^{n-1}u^{(n)}(x)\geqslant 0$,而且为不增函数,

有

$$\mathrm{E}[u(-X)] \geqslant \mathrm{E}[u(-Y)].$$

定理 4-8 表明,从效用的观点看,高阶止损序代表了一类决策者(效用函数满足一定性质)的风险排序. 由定理 4-8,通过简单的推导可以得到如下高阶止损序之间的关系:

定理 4-9 设 X 与 Y 为非负随机变量,且 $n<m$. 若 $X\leqslant_{(n)}Y$,则

$$X \leqslant_{(m)} Y.$$

不同的高阶止损序之间是否存在严格的差异呢? 下面给出一个满足高阶止损序但不满足低阶序的例子: 设 $\Pr(X=i)=1/4(i=0,1,2,3)$,$\Pr(Y=0)=1/3$,$\Pr(Y=2)=1/2$,$\Pr(Y=3)=1/6$,则有 $Y\leqslant_{(2)}X$,但是没有 $Y\leqslant_{st}X$ 成立.

定义 4-6(指数序) 若非负随机变量 X 与 Y 满足: 对任何 $\alpha\geqslant 0$,有 $\mathrm{E}(\mathrm{e}^{\alpha X})\leqslant \mathrm{E}(\mathrm{e}^{\alpha Y})$,则称 X **依指数序随机地小于** Y,记为 $X\leqslant_e Y$.

通过简单的分析可以发现,止损序满足时自然地满足指数序. 另外,事实上,存在一对随机变量满足指数序,但不满足止损序.

例 4-7 分析第 1 章的个体模型与复合模型总损失之间的序关系.

解 设个体模型为

$$S = X_1 + \cdots + X_n,$$

其中 $X_1,\cdots,X_n$ 为独立同分布序列，共同分布为 $F_X(x)$，且 $q=1-F_X(0)<1$. 可以考虑以下三种与之对应的复合模型：

$$S_0=Y_1+\cdots+Y_N,\quad N\sim B(n,q);$$

$$S_1=Y_1+\cdots+Y_N,\quad N\sim \text{Poisson}(\lambda),\ \lambda=nq;$$

$$S_2=Y_1+\cdots+Y_N,\quad N\sim \text{Poisson}(\lambda),\ \lambda=-n\ln(1-q),$$

其中当 $N=n$ 时，$Y_1,\cdots,Y_n$ 独立同分布，$F_{Y_1}(x)=F_X(x)/q\ (x>0)$，而 $F_{Y_1}(0)=0$. 则有

(1) S_0 与 S 同分布，所以，从随机变量序的角度看，两者相等.

(2) 自然有 $\mathrm{E}(S_1)=\mathrm{E}(S)$；同时，由 $B(n,q)\leqslant_{sl}\text{Poisson}(nq)$，有 $S\leqslant_{sl}S_1$，即对于所有风险厌恶型决策者来说，复合模型 S_1 的风险加大了. 但是，注意这里不一定存在 $S\leqslant_{st}S_1$ 的序关系(见习题).

(3) 因为 $q<-\ln(1-q)\ (0<q<1)$，所以有

$$B(n,q)\leqslant_{st}\text{Poisson}(-n\ln(1-q)),$$

进而有 $S\leqslant_{st}S_2$，即对于所有的决策者来说，复合模型 S_2 的风险加大了.

从例 4-7 的分析可以发现，后面两种复合模型代表了不同的风险态度.

例 4-8　分析盈余过程中的索赔量分布的序关系对破产概率的影响.

解　设有如(2.1.5)式所示的盈余过程：

$$U(t)=u+ct-S(t),\quad t\geqslant 0,$$

其中 $S(t)$ 为复合 Poisson 过程，参数为 $(\lambda,F_X(x))$. 记该过程的最大总损失为 L，则有破产概率的表达式

$$\psi(u)=1-\varphi(u)=1-\Pr(L\leqslant u)=1-F_L(u),\quad u\geqslant 0,$$

以及

$$L=L_1+L_2+\cdots+L_N,$$

且 L 服从复合几何分布，其中 $N\sim G\left(\frac{1}{1+\theta}\right)$，当 $N=n$ 时，$L_1,\cdots,L_n$ 独立同分布，共同的概率密度函数为

$$f_{L_1}(x)=\frac{1-F_X(x)}{\mathrm{E}(X)}.$$

另假设有新的盈余过程

$$\widetilde{U}(t)=u+ct-\widetilde{S}(t),$$

其中

$$\widetilde{S}(t)=\begin{cases}\widetilde{X}_1+\widetilde{X}_2+\cdots+\widetilde{X}_{N(t)}, & N(t)>0,\\ 0, & N(t)=0.\end{cases}$$

并设 $\widetilde{L}=\widetilde{L}_1+\widetilde{L}_2+\cdots+\widetilde{L}_N$，这里当 $N=n$ 时，$\widetilde{L}_1,\cdots,\widetilde{L}_n$ 独立同分布，共同的概率密度函数为

$$f_{\widetilde{L}_1}(x)=\frac{1-F_{\widetilde{X}}(X)}{\mathrm{E}(\widetilde{X})}.$$

$\widetilde{U}(t)$与$U(t)$的唯一不同是索赔量的分布不同.下面分别讨论索赔量 $\widetilde{X}$ 与 X 的不同序关系下两个盈余过程$\{\widetilde{U}(t),t\geqslant 0\}$与$\{U(t),t\geqslant 0\}$的调节系数及破产概率的关系.

情形 1 索赔量的期望相同 $\mathrm{E}(\widetilde{X})=\mathrm{E}(X)$，并满足止损序关系：$X\leqslant_{sl}\widetilde{X}$，且盈余过程的索赔数分布不变、保费收入不变.

这时有

$$F_{\widetilde{L}_1}(y)=\frac{1}{\mathrm{E}(\widetilde{X})}\int_0^y[1-F_{\widetilde{X}}(x)]\mathrm{d}x=1-\frac{\mathrm{E}[(\widetilde{X}-y)_+]}{\mathrm{E}(\widetilde{X})}$$

$$\leqslant 1-\frac{\mathrm{E}[(X-y)_+]}{\mathrm{E}(X)}=F_{L_1}(y),\quad y\geqslant 0,$$

进而有 $L_1\leqslant_{st}\widetilde{L}_1$ 及 $L\leqslant_{st}\widetilde{L}$，所以有

$$\psi(u)=1-F_L(u)\leqslant\widetilde{\psi}(u)=1-F_{\widetilde{L}}(u),\quad u\geqslant 0,$$

即当盈余过程的索赔数分布不变、保费收入不变、索赔量的期望保持不变，但是索赔量依止损序增加时，破产概率上升.

情形 2 索赔量满足随机序关系：$X\leqslant_{st}\widetilde{X}$，且盈余过程的索赔数分布不变、保费收入不变.

这时根据定理 4-1，存在与 $\widetilde{X}$ 同分布的随机变量 X^*，满足：$\Pr(X\leqslant X^*)=1$. 因此，概率为 1 地满足：

$$\widetilde{U}(t)-U(t)=S(t)-\widetilde{S}(t)\leqslant 0,$$

进而有

$$\psi(u)\leqslant\widetilde{\psi}(u),\quad u\geqslant 0,$$

即当盈余过程的索赔数分布不变、保费收入不变，但是索赔量依随

机序增加时，破产概率上升.

情形 3　索赔量满足止损序关系：$X \leqslant_{sl} \widetilde{X}$，但 $\widetilde{X}$ 和 X 不一定有相同的期望，且盈余过程的索赔数分布不变、保费收入不变.

这时由定理 4-6，存在随机变量 Z，满足：

$$X \leqslant_{st} Z \leqslant_{sl} \widetilde{X}, \quad \mathrm{E}(\widetilde{X}) = \mathrm{E}(Z).$$

再由情形 1 和情形 2 的分析，有

$$\psi(u) \leqslant \psi_Z(u) \leqslant \tilde{\psi}(u), \quad u \geqslant 0,$$

其中 $\psi_Z(u)$ 表示以随机变量 Z 为索赔量的盈余过程的破产概率.

例 4-9　设 n 种投资产品的收益率和资产权重分别为 r_i 和 p_i $(i = 1,2,\cdots,n)$，且独立同分布，$\sum_{i=1}^{n} p_i = 1$；效用函数 $u(x)$ 为风险厌恶型. 证明：最优化问题

$$\max_{\{p_i, i=1,\cdots,n\}} \mathrm{E}\Big[u\Big(\sum_{i=1}^{n} p_i r_i\Big)\Big],$$

$$\text{s.t.} \quad \sum_{i=1}^{n} p_i = 1$$

的解为 $p_i = \dfrac{1}{n}(i=1,2,\cdots,n)$.

证明　记 $\bar{R} = \dfrac{1}{n}\sum_{i=1}^{n} r_i$，则有

$$\sum_{i=1}^{n} \mathrm{E}(r_i | \bar{R}) = \mathrm{E}\Big(\sum_{i=1}^{n} r_i \Big| \bar{R}\Big) = n\bar{R}, \quad \text{即} \quad \mathrm{E}(r_i | \bar{R}) = \bar{R},$$

进而有

$$\mathrm{E}\Big(\sum_{i=1}^{n} p_i r_i \Big| \bar{R}\Big) = \bar{R}.$$

因为效用函数 $u(x)$ 为凹函数，所以由 Jensen 不等式，有

$$\mathrm{E}\Big[u\Big(\sum_{i=1}^{n} p_i r_i\Big)\Big] = \mathrm{E}\Big\{\mathrm{E}\Big[u\Big(\sum_{i=1}^{n} p_i r_i\Big) \Big| \bar{R}\Big]\Big\}$$

$$\leqslant \mathrm{E}\Big\{u\Big[\mathrm{E}\Big(\sum_{i=1}^{n} p_i r_i \Big| \bar{R}\Big)\Big]\Big\} = \mathrm{E}[u(\bar{R})],$$

且当 $p_i = \dfrac{1}{n}$ 时等号成立，即结论成立.

实际上，这个例子可以从 Rao-Blackwell 定理（参见文献[2]）的

角度考虑：对于给定的随机变量 X，条件均值 $E(X|Y)$ 是比 X 风险更小的随机变量. 更一般地，还可以得到以下的结论.

例 4-10 设有独立同分布的随机变量序列 $X_1,X_2,\cdots,X_n$ 和 n 个非负函数 $\rho_i(i=1,2,\cdots,n)$，则可以证明：

$$\sum_{i=1}^{n}\bar{\rho}(X_i)\leqslant_{sl}\sum_{i=1}^{n}\rho_i(X_i),\quad \bar{\rho}(x)=\frac{1}{n}\sum_{i=1}^{n}\rho_i(x).$$

证明 记 $V=\sum_{i=1}^{n}\bar{\rho}(X_i)$，$W=\sum_{i=1}^{n}\rho_i(X_i)$，则有

$$\begin{aligned}E\Big[\sum_{i=1}^{n}\rho_i(X_i)\Big|V\Big]&=\sum_{i=1}^{n}E[\rho_i(X_i)|V]\\&=\sum_{i=1}^{n}E\Big[\frac{1}{n}\sum_{j=1}^{n}\rho_i(X_j)\Big|V\Big]=V,\end{aligned}$$

进而有 $E(W|V)=V$，最终得到 $V\leqslant_{sl}W$.

例 4-11 对于任意的独立同分布的随机变量序列 $X_1,X_2,\cdots$，证明：

$$E(X_1)\leqslant_{sl}\cdots\leqslant_{sl}\bar{X}_n\leqslant_{sl}\cdots\leqslant_{sl}\bar{X}_2\leqslant_{sl}\bar{X}_1,\qquad(4.1.2)$$

其中 $\bar{X}_n=\frac{1}{n}\sum_{i=1}^{n}X_i$，$n=1,2,\cdots$.

证明 在例 4-10 中，令

$$\rho_i(x)=\frac{x}{n-1}\ (i=1,2,\cdots,n-1),\quad \rho_n(x)=0,$$

进而有 $\bar{\rho}(x)=\frac{x}{n}$. 反复代入例 4-10 的结论可得(4.1.2)式.

例 4-12 对已知非负随机变量 X 构造满足如下条件且取值于 $\{0,1,2,\cdots\}$ 的随机变量 Y：

(1) $\pi_Y(d)=\pi_X(d)$，$d=0,1,2,\cdots$；

(2) 当 $d\in[k,k+1)$ 时，$\pi_Y(d)$ 为线性函数；

(3) $E(Y)=E(X)$，且 $X\leqslant_{sl}Y$.

解 取 Y 的概率函数为

$$\Pr(Y=k)=\pi_X(k-1)-2\pi_X(k)+\pi_X(k+1),\quad k=0,1,2,\cdots.$$

下面证明上述定义的随机变量满足要求的三个条件.

证明满足条件(1)：对于 $d=0,1,2,\cdots$，有

$$\begin{aligned}\pi_Y(d) &= \sum_{k=d}^{\infty}(k-d)\Pr(Y=k)\\&= \sum_{k=d}^{\infty}(k-d)[\pi_X(k-1)-2\pi_X(k)+\pi_X(k+1)]\\&= \sum_{k=0}^{\infty}k[\pi_X(k+d-1)-2\pi_X(k+d)+\pi_X(k+d+1)]\\&= \pi_X(d).\end{aligned}$$

证明满足条件(2)：当 $d\in(k,k+1)$(某个 k)时，有

$$\begin{aligned}\pi_Y(d) &= \sum_{i=k+1}^{\infty}(i-d)\Pr(Y=i)\\&= \sum_{i=k+1}^{\infty}(i-d)[\pi_X(i-1)-2\pi_X(i)+\pi_X(i+1)]\\&= \sum_{i=k+1}^{\infty}(i-d)[\pi_X(i+1)-\pi_X(i)]\\&\quad-\sum_{i=k+1}^{\infty}(i-d)[\pi_X(i)-\pi_X(i-1)]\\&= (k+1-d)\pi_X(k)+(d-k)\pi_X(k+1)\\&\geqslant \pi_X(d),\end{aligned}$$

其中的最后有一个不等式利用了止损函数的凸性.

证明满足条件(3)：取 $d=0$，则有 $E(Y)=E(X)$. 综合上述证明即有 $X\leqslant_{sl}Y$.

§4.2 保费设计原理与风险度量

保费是对随机损失即风险所定义的一个数值，可看做随机变量集合上的某种泛函 H：$P=H(X)$，其中 P 表示保费值，X 为承保的风险. 另外，保费只依赖于风险的分布函数，换句话说，具有相同分布的风险具有相同的保费. 所以，从这个意义上讲，保费设计原理是定义在分布函数集合上的泛函.

由于保险产品本身的复杂性和特殊性，使得保险产品的价格往往是由保险人单方面决定的(当然也要考虑市场竞争)，所以这里所

谈的保费设计原理也是指保险人的保费设计原理.

4.2.1 保费设计原理的一般分析

当然,并不是任何泛函都可以作为保费设计原理来使用. 现实中,经过人们的摸索和一定的实践,已经形成了一些常用的保费设计原理.

下面列出的就是一些常见的保费设计原理:

(1) 净保费原理:

$$P = H(X) = \mathrm{E}(X). \tag{4.2.1}$$

这一原理只适合风险中性型的保险人.

(2) 期望原理:

$$P = H(X) = (1+\lambda)\mathrm{E}(X), \quad \lambda > 0. \tag{4.2.2}$$

(3) 方差原理:

$$P = H(X) = \mathrm{E}(X) + \alpha \mathrm{Var}(X), \quad \alpha > 0. \tag{4.2.3}$$

(4) 标准差原理:

$$P = H(X) = \mathrm{E}(X) + \beta\sqrt{\mathrm{Var}(X)}, \quad \beta > 0. \tag{4.2.4}$$

(5) 指数保费原理:

$$P = H(X) = \frac{\ln M_X(\alpha)}{\alpha}, \quad \alpha > 0. \tag{4.2.5}$$

(6) 零效用原理: 保费 $P=H(X)$ 对某个效用函数 $u(x)$ 满足:

$$u(w) = \mathrm{E}[u(w+P-X)]. \tag{4.2.6}$$

所以,净保费原理相当于 $u(x)$ 为线性函数,方差原理相当于 $u(x)$ 为二次函数,指数保费原理相当于 $u(x)$ 为指数函数.

(7) 平均值原理: 保费 $P=H(X)$ 满足:

$$v(P) = \mathrm{E}[v(X)], \tag{4.2.7}$$

其中 $v(x)$ 为单调递增且凸的函数,或者要求 $v'(x)>0, v''(x)\geqslant 0$.

所以,净保费原理相当于 $v(x)$ 为线性函数,指数保费原理相当于 $v(x)$ 为指数函数.

(8) 分位点原理: 对某个 $\varepsilon(0\leqslant\varepsilon\leqslant 1)$,取

$$P = H(X) = \min\{x: F_X(x) \geqslant 1-\varepsilon\}. \tag{4.2.8}$$

使用这个原理可以保证保险人招致损失的最大概率为 ε.

(9) 最大损失量原理：

$$P = H(X) = \min\{x: F_X(x) = 1\}, \qquad (4.2.9)$$

即保费 P 为 X 的最大值.

(10) Esscher 保费原理：

$$P = H(X) = \frac{\mathrm{E}(X\mathrm{e}^{hX})}{\mathrm{E}(\mathrm{e}^{hX})}, \quad h > 0. \qquad (4.2.10)$$

这意味着，按照给定的参数 $h>0$，对已知的风险 X，考虑随机变量 Y：

$$Y = \frac{X\mathrm{e}^{hX}}{\mathrm{E}(\mathrm{e}^{hX})}.$$

显然 Y 是对 X 的一种扭曲，使得 X 的较小值部分变得更小了，较大值部分变得更大了. 因此，Esscher 保费原理相当于对风险 Y 的净保费原理. 另外，若风险 X 存在概率密度函数 $f_X(x)$，对给定的 $h>0$，考虑下面的 **Esscher 密度变换**：

$$g(x) = \frac{\mathrm{e}^{hx} f_X(x)}{M_X(h)}, \quad x > 0,$$

显然，这个概率密度函数与 $f_X(x)$ 相比较取小值的概率减小了，取大值的概率增大了. 也可以说，通过这个变换保险人得到了更加“安全”的保费.

(11) 再保险的保费设计原理：$P-P' \geqslant H(X-X')$，其中 X' 为再保险分出风险，P' 为再保险保费.

(12) 风险调节保费设计原理：任意给定 $p \geqslant 1$，对风险 X 可以构造如下的保费：

$$P = H(X) = \int_0^{+\infty} [1 - F_X(x)]^{\frac{1}{p}} \mathrm{d}x. \qquad (4.2.11)$$

(13) 绝对偏差保费设计原理：对风险 X，记

$$\kappa_X = \mathrm{E}(|X - F_X^{-1}(0.5)|)$$

(它表示风险 X 的绝对偏差)，取保费为

$$P = H(X) = \mathrm{E}(X) + a\kappa_X, \quad 0 < a \leqslant 1. \qquad (4.2.12)$$

保费设计原理作为一种泛函应该有一定的数学性质. 另外，保费设计原理是一种现实操作，所以也对其有一些基本的要求. 下面给出常用的保费设计原理的基本性质：

(1) 具有**非负的风险附加(加成)**: $P \geqslant \mathrm{E}(X)$;

(2) **高价限制**: $P \leqslant$ 最大损失;

(3) **一致(相容)性**: 对任意风险 X 及常数 c,有

$$H(X+c) = H(X) + c;$$

(4) **独立可加性**: 对任意独立的风险 X_1 和 X_2,有

$$H(X_1 + X_2) = H(X_1) + H(X_2);$$

(5) **迭代性或平滑性**: 对任意风险 X_1 和 X_2,有

$$H(X_1) = H[H(X_1 | X_2)].$$

另外,还可以考虑:

(6) **正齐次性**: 对任意风险 X 及正实数 c,有

$$H(cX) = cH(X);$$

(7) **单调性**: 对任意风险 X 和 Y,若有 $X \leqslant Y$,则有

$$H(X) \leqslant H(Y).$$

前面提出的部分保费设计原理满足上述保费设计原理基本性质(1)~(5)的情况如表 4-1 所示. 从中可以发现,只有净保费原理和指数保费原理满足所有 5 个性质.

表 4-1

性质	净保费原理	期望值原理	方差原理	标准差原理	指数保费原理	零效用原理	平均值原理	分位点原理
(1)	+	+	+	+	+	+	+	−
(2)	+	−	−	−	+	+	+	+
(3)	+	−	+	+	+	+	#	+
(4)	+	+	+	−	+	#	#	−
(5)	+	−	−	−	+	#	+	−

注: 表中"+"表示满足,"−"表示不满足,"#"表示除指数函数和线性函数外均不满足.

4.2.2 指数与净保费原理的优良性

由表 4-1 我们发现了指数保费原理和净保费原理的优良性. 通过简单的数学推导(参考文献[8]),我们可以得知,若要同时满足保费设计原理的 5 个基本性质,则只能是指数保费原理和净保费原

理. 下面为具体的结论和证明.

结论 4-1　平均值原理具有一致性当且仅当其为指数保费原理或净保费原理.

证明　对平均值原理(4.2.7)考虑如下特殊的风险 X：

$$\Pr(X=1)=q=1-\Pr(X=0).$$

记相应的保费为 $P(q)$，代入(4.2.7)式，有

$$v[P(q)]=qv(1)+(1-q)v(0). \tag{4.2.13}$$

(4.2.13)式两边在 $q=0$ 处求导数和二阶导数(指右导数)分别得

$$P'(0)v'(0)=v(1)-v(0)$$

和

$$P''(0)v'(0)+[P'(0)]^2v''(0)=0. \tag{4.2.14}$$

由于一致性条件，对任何 $c>0$，$X+c$ 的保费应该等于 $P(q)+c$，即

$$v[P(q)+c]=qv(1+c)+(1-q)v(c).$$

上式两边在 $q=0$ 处求二阶导数得

$$P''(0)v'(c)+[P'(0)]^2v''(c)=0. \tag{4.2.15}$$

比较(4.2.14)和(4.2.15)两式，可得

$$\frac{v''(c)}{v'(c)}=\frac{v''(0)}{v'(0)},\quad c>0.$$

这表明，当 $v''(0)=0$ 时，$v(x)$ 为线性函数；当 $v''(0)>0$ 时，$v(x)$ 为指数函数. 由此知结论成立.

结论 4-2　平均值原理具有可加性当且仅当其为指数保费原理或净保费原理.

证明　只需证明，若平均值原理具有可加性，则它满足一致性条件. 这容易得到.

结论 4-3　零效用原理具有可加性当且仅当其为指数保费原理或净保费原理.

证明　不失一般性，设 $u(0)=0$，$u'(0)=1$.

设 X_1 和 X_2 为独立同分布的随机变量，对某个 $x>0$，$0\leqslant q\leqslant 1$，满足：

$$\Pr(X_i=x)=q=1-\Pr(X_i=0),\quad i=1,2.$$

令 $H(X_i)=P(q)(i=1,2)$，则由定义有

$$qu[P(q)-x]+(1-q)u[P(q)]=0. \qquad (4.2.16)$$

将(4.2.16)式两边分别对 q 求一阶、二阶导数，然后代入 $q=0$，有

$$u(-x)+P'(0)=0 \qquad (4.2.17)$$

和

$$2P'(0)u'(-x)-2P'(0)+P''(0)-u''(0)[P'(0)]^2=0. \qquad (4.2.18)$$

另取 $Y=X_1+X_2$，由可加性有 $H(Y)=2P(q)$. 因此，由定义有

$$q^2u[2P(q)-2x]+2q(1-q)\cdot u[2P(q)-x] + (1-q)^2u[2P(q)]=0. \qquad (4.2.19)$$

将(4.2.19)式两边对 q 求二阶导数，然后代入 $q=0$，有

$$u(-2x)-2u(-x)+4P'(0)u'(-x)-4P'(0) + P''(0)-2u''(0)[P'(0)]^2=0. \qquad (4.2.20)$$

将(4.2.20)式减去(4.2.18)式，有

$$u(-2x)-2u(-x)+2P'(0)u'(-x)-2P'(0) + P''(0)-u''(0)[P'(0)]^2=0. \qquad (4.2.21)$$

再将(4.2.17)式代入(4.2.21)式，最终有

$$u(-2x)-2u(-x)u'(-x)-u''(0)[u(-x)]^2=0. \qquad (4.2.22)$$

(4.2.22)式为 $u(x)$ 的一阶微分方程，再加上 $u(x)$ 的边界条件，方程的解如下：当 $u''(0)=0$ 时，$u(x)=x$ 为线性函数；当 $u''(0)>0$ 时，$u(x)$ 为指数函数. 因此结论成立.

结论 4-4 零效用原理具有可迭代性当且仅当其为指数保费原理或净保费原理.

证明 假设有随机变量 Q，满足以下分布：

$$\Pr(Q=q_i)=\frac{1}{2}, \quad 0<q_i<1,\ i=1,2.$$

又设随机变量 X 的条件分布为

$$\Pr(X=x|Q=q_i)=q_i=1-\Pr(X=0|Q=q_i), \quad i=1,2,$$

则当 $Q=q_i$ 时，有

$$H(X)=P(q_i), \quad i=1,2,$$

于是
$$H(X)=P(q), \quad q=\frac{(q_1+q_2)}{2}.$$

由可迭代性,有

$$\frac{1}{2}\cdot u[P(q)-P(q_1)]+\frac{1}{2}\cdot u[P(q)-P(q_2)]=0. \tag{4.2.23}$$

将(4.2.23)式两边对 q_1 求二阶导数,然后代入 $q_1=q_2$,有

$$P''(q_2)+u''(0)[P'(q_2)]^2=0,\quad 0\leqslant q_2\leqslant 1.$$

加上边界条件 $P(0)=0$,可得结论.

对于确定的保费设计原理,当各个公司将其面临的风险进行合并后,可以通过合作来减少总的保费水平,见下例.

例 4-13 设 n 个保险公司共同承担风险 X,各个公司均采用指数保费原理,参数分别为 $a_1,a_2,\cdots,a_n$. 若各个公司分摊的风险(独立)为 $X_1,X_2,\cdots,X_n(X=X_1+X_2+\cdots+X_n)$,则第 i 个公司的保费 P_i 满足:

$$P_i=\frac{1}{a_i}\ln\mathrm{E}(\mathrm{e}^{a_iX_i}),\quad i=1,2,\cdots,n.$$

记总保费为 $P=\sum\limits_{i=1}^{n}P_i$. 试推导使得 P 达到极小的风险分摊方案.

解 对于一组给定的 $X_1,X_2,\cdots,X_n$,满足 $X=X_1+X_2+\cdots+X_n$,由 Hölder 不等式,有

$$\mathrm{E}\Big(\prod_{i=1}^{n}\mathrm{e}^{aX_i}\Big)\leqslant\prod_{i=1}^{n}[\mathrm{E}(\mathrm{e}^{a_iX_i})]^{a/a_i},$$

其中 $a=\left(\sum\limits_{i=1}^{n}\dfrac{1}{a_i}\right)^{-1}$,进而有

$$\frac{1}{a}\ln\mathrm{E}\Big\{\exp\Big\{a\sum_{i=1}^{n}X_i\Big\}\Big\}\leqslant\sum_{i=1}^{n}\frac{1}{a_i}\ln\mathrm{E}(\mathrm{e}^{a_iX_i}).$$

这表明,取 $X_i^*=\dfrac{a}{a_i}X$ 时,相应的总保费达到最小,为

$$\frac{1}{a}\ln\mathrm{E}\{\exp\{aX\}\}.$$

从例 4-13 看,各个保险公司可以依据各自指数效用系数的倒数比例分摊风险,使总保费达到极小.

4.2.3 一般的风险度量

所谓的风险度量是建立风险随机变量与(非负)数值对应关系的方法.用数学的语言描述,风险度量是定义在同一概率空间的风险随机变量集合上的非负实值函数,一般用 $\rho(\cdot)\in\mathbb{R}_+$ 表示.如4.2.1小节介绍的保费设计原理就是一种风险度量.

显然存在很多风险度量,因此,这方面的研究主要是关于风险度量的标准. Artzner 等人(1999)提出了关于一致风险度量的概念和主要的表示定理,这个概念中的风险度量原则被认为是风险度量必须具备的特征.这些原则具体如下:

TI 原则(平移不变性) 对任意非负随机变量 X 和非随机数 c,有

$$\rho(X+c)=\rho(X)+c. \tag{4.2.24}$$

该原则表明,当风险直接增加一个固定的数额时,其风险度量也会增加相同的数额.它还说明,对于退化的非随机风险,风险度量就是其本身的值.

PH 原则(正齐次性) 对任意非随机数 $\lambda>0$,有

$$\rho(\lambda X)=\lambda\rho(X). \tag{4.2.25}$$

该原则表明,改变风险的计量单位不会影响风险度量结果.

Sub-A 原则(次可加性) 对任意两个风险随机变量 X 和 Y,有

$$\rho(X+Y)\leqslant\rho(X)+\rho(Y). \tag{4.2.26}$$

该原则的本质想法非常直观,风险的合并或者进行多样化处理不会加大风险,当两个风险不是严格相关时,合并处理将使得风险严格降低.次可加性原则是人们在检验风险度量的一致性时最为关注的原则.

M 原则(单调性) 对任意两个风险随机变量 X 和 Y,若有 $\Pr(X\leqslant Y)=1$,则有 $\rho(X)\leqslant\rho(Y)$.

单调性也是直观上很容易接受的原则.如果一个风险总是比另一个风险大,则风险度量也应该是相同方向的大小关系.

满足上述四个原则的风险度量称为具有**一致性**. M 原则与 TI 原则同时成立则意味着一致风险度量不低于风险的最小值,不高于

风险的最大值.这一点很容易证明:将M原则中下界的X用$\min Y$代替,则$\Pr(\min Y \leqslant Y)=1$,所以

$$\rho(\min Y) \leqslant \rho(Y). \tag{4.2.27}$$

利用TI原则,注意到$\min Y$是非随机的,$\rho(\min Y)=\min Y$给出下界.类似地,可以证明$\rho(Y) \leqslant \max(Y)$.

前面4.2.1小节中的期望值原理满足上述所有的一致性要求;而分位点原理的风险度量不是一致的,因为它不满足次可加性.我们可以通过一个简单的例子说明这一点.

例4-14　试举例说明分位点原理(4.2.8)的风险度量不是一致风险度量.

解　假设有风险随机变量X和Y,以及服从(0,1)上均匀分布的随机变量U,且有

$$X=\begin{cases}1000, & U \leqslant 0.04, \\ 0, & U>0.04\end{cases}$$

$$Y=\begin{cases}0, & U \leqslant 0.96, \\ 1000, & U>0.96.\end{cases}$$

取$\rho(X)$表示风险X的95%分位点风险度量.一方面,因为在两种情况下,非零损失的概率都小于5%,所以有

$$\rho(X)=\rho(Y)=0.$$

另一方面,$X+Y$的非零概率是8%,因此$X+Y$的95%分位点风险度量满足:

$$\rho(X+Y)=1000>\rho(X)+\rho(Y)=0.$$

这表明,随机变量和的分位点风险度量大于随机变量分位点风险度量之和,即风险合并后将增加风险水平.

§4.3　常用风险度量的应用[①]

在精算实务中,除了考虑基于产品损失分布的定价设计外,经常还会关心某个业务组合的风险管理.本书第2章的盈余过程破产概率

① 本节主要参考文献[15].

是一种风险计量的方法. 但是,破产概率的经济意义不明确,现代金融风险管理多数是采用具有更为明确的经济意义的量来刻画组合未来的风险. 这就需要一些在概念上与定价有本质差异的风险度量.

在银行业中,收益分布和损失分布同样重要,因此对于银行业的风险管理惯例是使用收益随机变量,即对于收益随机变量 Y,若损失发生,则 $Y<0$. 而保险业的惯例是使用损失随机变量 $X=-Y$. 由于本书中我们大多数情况只考虑损失随机变量,本节下面的一些讨论有时需要对于收益随机变量做适当调整. 假设损失随机变量非负并不是必须的,对于以实数轴任意部分为样本空间的随机变量,我们描述的风险度量都可适当调整后进行应用.

风险度量是一个函数映射,将损失(收益)分布映射到实数. 如果我们用适当的随机变量 L 表示损失,令 H 表示风险度量函数映射,则 $H: L \longmapsto a \in \mathbb{R}$.

风险度量在金融中第一个自然的应用就是发展了产品定价理论. 除了价格的计算,现实中还需要我们使用风险度量来确定风险资本. 所谓的风险资本是指金融机构需要保留多少资本,使得未来不确定的损失在很大的概率下可以覆盖. 无论是对于内部的风险管理目的,还是外部的监管资本(即保险监管者制定的资本要求),都会产生这种计算要求,也需要相应的风险度量方法.

另外,由于资本市场的快速变化,自 20 世纪 90 年代开始,投资银行很关心其交易账户在未来一段时间(天)可接受的最大损失的量,因此推动了各种风险度量方法的研究和应用. 银行业新资本协议要求的本质是对损失变量分布分位点的计算,简称**风险值**(**VaR**)**度量**. 显然这种度量在概念上与定价和评估存在本质的区别.

4.3.1 风险资本的度量

这节我们将介绍一些目前在金融风险管理中使用较为广泛的风险资本度量方法. 为了使读者建立感性的认识,本节将反复利用以下三个具体数值例子说明这些风险资本度量方法:

例 A 损失 L 服从正态分布,其中均值为 33,标准差为 109.

例 B 损失 L 服从 Pareto 分布,其中均值为 33,标准差为 109,

其概率密度函数和分布函数分别为

$$f_L(x)=\frac{\gamma\theta^\gamma}{(\theta+x)^{\gamma+1}},\quad F_L(x)=1-\left(\frac{\theta}{\theta+x}\right)^\gamma,$$

这里 $\theta=39.660,\gamma=2.2018$.

例 C　损失为 $L=1000\max\{1-S_{10},0\}$,其中 S_{10} 是初值为 $S_0=1$ 的某个权益资产在 $T=10$ 时刻的价格随机变量,假设该价格过程 $\{S_t,t\geqslant 0\}$ 满足对数正态过程: $S_t\sim LN(\mu t,\sigma^2 t)$,其中参数 $\mu=0.08$, $\sigma=0.22$. 因此,经过简单的计算可知损失 L 的均值为 33,标准差为 109. 这种损失形态是看跌期权产品的收益函数,在寿险"变额年金"等含最低保证的产品中往往隐含这样的选择权.

图 4-1(a)给出了上述例 A,例 B 和例 C 三种损失分布的概率密度函数,其中垂直线表示例 C(看跌期权)的损失分布在 0 点有概率质量;图 4 1(b)将损失分布的尾部进行放大,从中可明显看出例 C

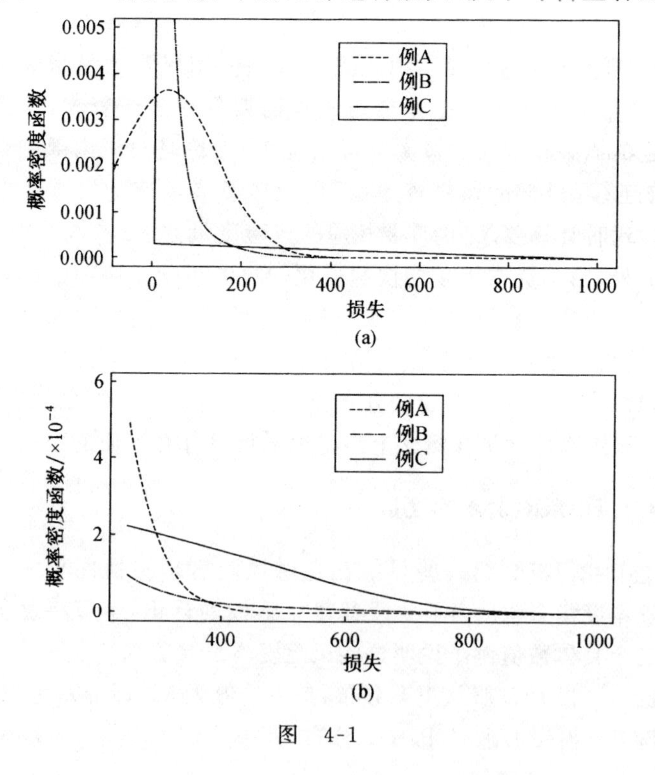

图　4-1

的损失分布在 400～800 部分的尾部很厚. 虽然上述三种损失的风险形态相差巨大,但是具有相同的一阶和二阶矩.

本节下面统一用 L 表示损失,用 $H(L)$表示其风险度量.

1. 分位点风险度量

实际上,VaR 风险度量在被投资银行重新发现使用前,很早就被精算师所使用. 在精算领域它被称为分位点风险度量或分位点保费原理. VaR 总是由某个给定的置信水平 α 来确定的(典型的有 $\alpha=95\%$或 $\alpha=99\%$),所以,一般记损失 L 的风险值为 α-VaR(L).

广义来讲,α-VaR(L)表示 L 以 α 的概率不超过它的值. 由于它可能不是唯一的确定值(如这个值周围有一个概率聚集),我们需要更精确的 α-VaR(L)定义. 为此,对给定的 $0\leqslant\alpha\leqslant1$,定义风险度量 $H(L)$为

$$H(L) = Q_\alpha = \inf\{Q: \Pr(L \leqslant Q) \geqslant \alpha\}, \qquad (4.3.1)$$

称之为**分位点风险度量**. 对于连续的分布函数,上式可简化为

$$\Pr(L \leqslant Q_\alpha) = \alpha, \qquad (4.3.2)$$

即 $Q_\alpha=F_L^{-1}(\alpha)$,其中 $F_L(x)$为损失随机变量 L 的分布函数.

定义的(4.3.1)式中取"inf"的原因是,对于离散型损失随机变量或离散连续混合的损失随机变量,我们可能无法得到恰好满足(4.3.1)式的值. 例如,有如下的离散型损失随机变量:

$$L = \begin{cases} 100, & p = 0.005, \\ 50, & p = 0.045, \\ 10, & p = 0.10, \\ 0, & p = 0.85, \end{cases} \qquad (4.3.3)$$

其中 p 为 L 取相应值的概率. 由定义发现不存在唯一的值 Q,使得 $\Pr(L\leqslant Q)=0.99$ 成立,所以选择满足该条件的最小值,即使得以 99%的概率损失小于该值: $50=\inf\{Q: \Pr(L\leqslant Q)\geqslant 0.99\}$.

下面分别讨论例 A,例 B 和例 C 中损失的分位点风险度量.

例 4-15 计算例 A 中正态分布损失的 95%和 99%分位点风险度量.

解 由于损失随机变量是连续型的,我们容易得到损失分布的分位点,即 95%分位点风险度量 $Q_{0.95}$满足:

$$\Pr(L \leqslant Q_{0.95}) = 0.95,$$

即

$$\Phi\left(\frac{Q_{0.95} - 33}{109}\right) = 0.95 \Rightarrow \frac{Q_{0.95} - 33}{109} = 1.6449,$$

得到 $Q_{0.95}=212.29$. 同理可得 $Q_{0.99}=286.57$.

例 4-16　计算例 B 中 Pareto 分布损失的 95%和 99%分位点风险度量.

解　这里 $\theta=39.660,\gamma=2.2018$,于是所求的 95%分位点风险度量 $Q_{0.95}$满足:

$$\Pr(L \leqslant Q_{0.95}) = 0.95, \quad F_L(Q_{0.95}) = 0.95$$

$$\Rightarrow 1 - \left(\frac{\theta}{\theta + Q_{0.95}}\right)^{\gamma} = 0.95$$

$$\Rightarrow Q_{0.95} = \theta[(1-0.95)^{-1/\gamma} - 1],$$

得到 $Q_{0.95}=114.95$. 同理可得 $Q_{0.99}=281.48$.

例 4-17　计算例 C 中对数正态看跌期权损失的 95%和 99%分位点风险度量.

解　首先我们要找出分位点风险度量在 0 点是否有非零概率. 损失 L 为 0 的概率:

$$\Pr(L = 0) = \Pr(S_{10} > 1) = 1 - \Phi\left(\frac{\ln 1 - 10\mu}{\sqrt{10}\sigma}\right)$$

$$= 0.8749 > 0.95,$$

其中 $\mu=0.08,\sigma=0.22$. 所以,95%和 99%分位点风险度量都位于损失分布的连续部分. 损失 L 的 95%分位点风险度量 $Q_{0.95}$满足:

$$\Pr[L \leqslant Q_{0.95}] = 0.95$$

$$\Leftrightarrow \Pr[1000(1-S_{10})_+ \leqslant Q_{0.95}] = 0.95$$

$$\Leftrightarrow \Pr[0 < 1000(1-S_{10}) \leqslant Q_{0.95}] = 0.95 - 0.8749 = 0.0751$$

$$\Leftrightarrow \Pr\left[1 > S_{10} > \left(1 - \frac{Q_{0.95}}{1000}\right)\right] = 0.0751$$

$$\Leftrightarrow \Phi\left[\frac{-10\mu}{\sqrt{10}\sigma}\right] - \Phi\left[\frac{\ln\left(1 - \frac{Q_{0.95}}{1000}\right) - 10\mu}{\sqrt{10}\sigma}\right] = 0.0751,$$

进而近似得到 $Q_{0.95}=291.30$. 同理可得 $Q_{0.99}=558.88$.

对于更多复杂的损失分布，可能无法得到分位点风险度量的解析表达式，但可以通过蒙特卡洛模拟估计得到(参见 4.3.3 小节).

2. 条件尾期望

分位点风险度量考虑了“最差”情况下的损失，这里的**最差**是指发生了 $1-\alpha$ 概率的事件. 分位点风险度量存在的问题是，它没有考虑当 $1-\alpha$ 概率的事件真正发生时的损失是多少. 分位点之上的损失分布不影响度量结果. **条件尾部期望**(**CTE**，简称**条件尾期望**)就是针对分位点风险度量的一些问题而提出的. 几个不同的研究团队几乎同时提出这种方法，所以它有很多种称谓，如尾部风险价值(TVaR)、亏损期望等.

与分位点风险度量相似，CTE 的定义含有置信水平 $\alpha(0\leqslant\alpha\leqslant 1)$. 类似分位点风险度量，$\alpha$ 的一般取值为 90%，95%，99%. 简言之，CTE 是当损失超过分布最差 $1-\alpha$ 部分时的平均损失，这里损失分布最差 $1-\alpha$ 部分是指分布 α 分位点 Q_α 之上的部分. 与风险值的情形类似，由于损失分布的连续性，CTE 的计算方法也会稍有不同.

当 Q_α 处于分布的连续取值部分时，即 Q_α 不是概率质点时，置信水平为 α 的 CTE 可以表示为

$$\mathrm{CTE}_\alpha = \mathrm{E}(L\,|\,L > Q_\alpha). \tag{4.3.4}$$

当 Q_α 处于概率质点时，即当存在 $\varepsilon>0$ 满足 $Q_\alpha=Q_{\alpha+\varepsilon}$ 时，公式(4.3.4)不成立. 这种情况下，可以有两种处理方法：

(1) 考虑严格大于 Q_α 的损失，则 CTE_α 为损失分布最差 $1-\alpha$ 部分的平均.

(2) 考虑大于等于 Q_α 的损失，则 CTE_α 将覆盖损失分布最差 $1-\alpha$ 部分的平均. 这时将公式(4.3.4)调整为

$$\mathrm{CTE}_\alpha = \frac{(\beta'-\alpha)Q_\alpha + (1-\beta')\mathrm{E}(L\,|\,L > Q_\beta)}{1-\alpha}, \tag{4.3.5}$$

其中 $\beta'=\max\{\beta\colon Q_\alpha=Q_\beta\}$.

我们可以通过一个简单的离散型例子来说明这种方法.

例 4-18 假设 X 是一个损失随机变量，概率分布函数为

$$X = \begin{cases} 0, & p = 0.9, \\ 100, & p = 0.06, \\ 1000, & p = 0.04, \end{cases}$$

其中 p 为 X 取相应值的概率. 试计算 $\mathrm{CTE}_{0.90}$ 和 $\mathrm{CTE}_{0.95}$.

解　首先考虑 $\mathrm{CTE}_{0.90}$. 由于损失 X 的 90%的分位点 $Q_{0.90}=0$, 对任意 $\varepsilon>0, Q_{0.90+\varepsilon}>Q_{0.90}$, 所以

$$\mathrm{CTE}_{0.90}=\mathrm{E}(X \mid X>0)=\frac{0.06\times 100+0.04\times 1000}{0.10}=460,$$

即当已知损失处于分布尾部 10%区域时的期望损失为 460.

下面考虑 $\mathrm{CTE}_{0.95}$. 由已知有 $Q_{0.96}=Q_{0.95}=100$. 为了计算分布尾部 5%区域的期望损失, 我们采用调整后的(4.3.5)式. 取 $\beta'=0.96$, 则

$$\mathrm{CTE}_{0.95}=\frac{0.01\times 100+0.04\times 1000}{0.05}=820.$$

对一般的分布, 处理尾部期望值的常规方法是使用扭曲函数. 对此本章后面将做介绍.

当分位点 Q_α 不处于概率质点时, (4.3.4)式和(4.3.5)式的结果相同. 两种情况下, 我们都是求分布最差 $1-\alpha$ 部分的期望. 但当 Q_α 为概率质点时, 最差 $1-\alpha$ 部分的有些概率将来自该概率质点.

CTE 非常直观, 易于理解, 通过模拟容易实现应用, 它已成为精算应用领域非常重要的风险度量方法. 加拿大和美国已经将 CTE 应用于投资型寿险业务的随机准备金和偿付能力的标准计算中. 由于 CTE 是一个均值, 所以, 在统计应用中, CTE 在样本误差方面相对于分位点更加稳健.

值得注意的是, CTE_α 是当损失超过 Q_α 时的期望损失, 因此, 对于相同的置信水平, 有 $\mathrm{CTE}_\alpha\geqslant Q_\alpha$, 而且大多数情况为严格的不等式.

一般来说, 如果损失 L 的分布是连续的(至少大于某一分位点的部分是连续的), 概率密度函数为 $f(y)$, 则(4.3.5)式可具体表示为

$$\mathrm{CTE}_\alpha=\frac{1}{1-\alpha}\int_{Q_\alpha}^{+\infty} y f(y)\,\mathrm{d}y. \tag{4.3.6}$$

对于损失 $L\geqslant 0$, 这个计算与损失的有限期望值有一定的关联. 事实上, 有

$$\begin{aligned}\mathrm{CTE}_\alpha &= \frac{1}{1-\alpha}\int_{Q_\alpha}^{+\infty} yf(y)\mathrm{d}y \\ &= \frac{1}{1-\alpha}\left[\int_0^{+\infty} yf(y)\mathrm{d}y - \int_0^{Q_\alpha} yf(y)\mathrm{d}y\right],\end{aligned}$$

而损失的有限期望值为

$$\begin{aligned}\mathrm{E}(L\wedge Q_\alpha) &= \mathrm{E}\{\min\{L,Q_\alpha\}\} \\ &= \int_0^{Q_\alpha} yf(y)\mathrm{d}y + Q_\alpha[1-F(Q_\alpha)] \\ &= \int_0^{Q_\alpha} yf(y)\mathrm{d}y + Q_\alpha(1-\alpha),\end{aligned}$$

所以对于连续情形,我们可以将 CTE_α 表示为

$$\begin{aligned}\mathrm{CTE}_\alpha &= \frac{1}{1-\alpha}\{\mathrm{E}(L) - [\mathrm{E}(L\wedge Q_\alpha) - Q_\alpha(1-\alpha)]\} \\ &= Q_\alpha + \frac{1}{1-\alpha}[\mathrm{E}(L) - \mathrm{E}(L\wedge Q_\alpha)].\end{aligned} \tag{4.3.7}$$

下面分别计算例 A,例 B 和例 C 中损失的条件尾期望 CTE.

例 4-19 给出一般正态分布损失的 CTE_α,并计算例 A 中正态分布损失的 $\mathrm{CTE}_{0.95}$ 和 $\mathrm{CTE}_{0.99}$.

解 设损失 $L\sim N(\mu,\alpha^2)$,则

$$\mathrm{CTE}_\alpha = \mathrm{E}(L|L>Q_\alpha) = \frac{1}{1-\alpha}\int_{Q_\alpha}^{+\infty}\frac{y}{\sqrt{2\pi}\sigma}\mathrm{e}^{-\frac{1}{2}\left(\frac{y-\mu}{\sigma}\right)^2}\mathrm{d}y.$$

令 $z=\frac{y-\mu}{\sigma}$,则

$$\begin{aligned}\mathrm{CTE}_\alpha &= \frac{1}{1-\alpha}\int_{\frac{Q_\alpha-\mu}{\sigma}}^{+\infty}\frac{\sigma z+\mu}{\sqrt{2\pi}}\mathrm{e}^{-\frac{1}{2}z^2}\mathrm{d}z \\ &= \frac{1}{1-\alpha}\left[\int_{\frac{Q_\alpha-\mu}{\sigma}}^{+\infty}\frac{\sigma z}{\sqrt{2\pi}}\mathrm{e}^{-\frac{1}{2}z^2}\mathrm{d}z + \mu\int_{\frac{Q_\alpha-\mu}{\sigma}}^{+\infty}\varphi(z)\mathrm{d}z\right],\end{aligned}$$

其中 $\varphi(z)$表示标准正态分布的概率密度函数. 在上式第一个积分中代入 $\mu=\frac{z^2}{2}$,注意到第二个积分为

$$\mu\left[1-\Phi\left(\frac{Q_\alpha-\mu}{\sigma}\right)\right] = \mu(1-\alpha),$$

得到正态分布损失的 CTE_α 公式为

$$\mathrm{CTE}_\alpha = \mu + \frac{\sigma}{1-\alpha}\varphi\left(\frac{Q_\alpha - \mu}{\sigma}\right). \tag{4.3.8}$$

所以,例A中$N(33,109^2)$分布损失的$\mathrm{CTE}_{0.95}$为257.83,$\mathrm{CTE}_{0.99}$为323.52.

例4-20　给出一般Pareto分布损失的CTE_α,并计算例B中Pareto分布损失的$\mathrm{CTE}_{0.95}$和$\mathrm{CTE}_{0.99}$.

解　对于一般的参数为(θ,γ)的Pareto分布,有

$$\begin{aligned}\mathrm{CTE}_\alpha &= \mathrm{E}(L\,|\,L > Q_\alpha) = \frac{1}{1-\alpha}\int_{Q_\alpha}^{+\infty}\frac{\gamma\theta^\gamma y}{(\theta+y)^{\gamma+1}}\mathrm{d}y \\ &= \frac{1}{1-\alpha}\frac{\theta+\gamma Q_\alpha}{\gamma-1}\left(\frac{\theta}{\theta+Q_\alpha}\right)^\gamma,\end{aligned}$$

其中$Q_\alpha=\theta[(1-\alpha)^{-1/\gamma}-1]$. 代入例B中Pareto分布的参数$\theta=39.660$,$\gamma=2.2018$,进而可求得$\mathrm{CTE}_{0.95}$和$\mathrm{CTE}_{0.99}$分别为243.6045和548.704.

例4-21　给出对数正态看跌期权损失$L=K\max(1-S,0)$,的CTE_α,其中$S\sim LN(\mu,\sigma^2)$,并计算例C中对数正态看跌期权损失的$\mathrm{CTE}_{0.95}$和$\mathrm{CTE}_{0.99}$.

解　若Q_α表示损失L的分布的α分位点,则损失L的CTE_α为

$$\begin{aligned}\mathrm{CTE}_\alpha &= \frac{1}{1-\alpha}\int_0^{Q_{1-\alpha}} K(1-y)\frac{1}{\sqrt{2\pi}\sigma y}\exp\left\{-\frac{1}{2}\left(\frac{\ln y-\mu}{\sigma}\right)^2\right\}\mathrm{d}y \\ &= \frac{K}{1-\alpha}\left\{\int_0^{Q_{1-\alpha}}\frac{1}{\sqrt{2\pi}\sigma y}\exp\left\{-\frac{1}{2}\left(\frac{\ln y-\mu}{\sigma}\right)^2\right\}\mathrm{d}y\right. \\ &\quad \left. -\int_0^{Q_{1-\alpha}}\frac{y}{\sqrt{2\pi}\sigma y}\exp\left\{-\frac{1}{2}\left(\frac{\ln y-\mu}{\sigma}\right)^2\right\}\mathrm{d}y\right\}.\end{aligned}$$

上式后一等式右端花括号中的第一项是$F_L(Q_{1-\alpha})=1-\alpha$,第二项令$z=\dfrac{\ln y-\mu-\sigma^2}{\sigma}$可化简,于是上式化简为

$$\begin{aligned}\mathrm{CTE}_\alpha &= \frac{K}{1-\alpha}\left[1-\alpha-\mathrm{e}^{\mu+\sigma^2/2}\Phi\left(\frac{\ln Q_{1-\alpha}-\mu-\sigma^2}{\sigma}\right)\right] \\ &= K\left[1-\frac{\mathrm{e}^{\mu+\sigma^2/2}}{1-\alpha}\Phi\left(\frac{\ln Q_{1-\alpha}-\mu-\sigma^2}{\sigma}\right)\right].\end{aligned}$$

注意到$\ln Q_{1-\alpha}-\mu/\sigma=\Phi^{-1}(1-\alpha)$,将例C中的损失分布代入上面的

公式,得到 $\mathrm{CTE}_{0.95}$ 为 454.14,$\mathrm{CTE}_{0.99}$ 为 644.10.

通过本例,可以得到参数为 μ 和 σ 的对数正态随机变量的 CTE_α 公式:

$$\mathrm{CTE}_\alpha = \frac{e^{\mu+\frac{\sigma^2}{2}}}{1-\alpha}\left[1-\Phi\left(\frac{\ln Q_\alpha-\mu-\sigma^2}{\sigma}\right)\right], \qquad (4.3.9)$$

其中 $Q_\alpha=\exp\{\Phi^{-1}(\alpha)\sigma+\mu\}$.

3. 对分位点风险度量和条件尾期望的讨论

显然,只有当 Q_α 达到损失随机变量的最大值时,$\mathrm{CTE}_\alpha \geqslant Q_\alpha$ 中的等号才成立. 而 CTE_0 是损失的均值;Q_0 是最小损失,$Q_{0.50}$ 是损失中位数. 图 4-2(a),(b)显示了例 A,例 B 和例 C 中损失分布的分位点风险度量 Q_α 和条件尾期望 CTE_α,其中 α 取值于 0 和 1 之间. 图 4-2(a)中,$\alpha=0$ 点的分位点风险度量对于例 B 和例 C 中的损失分布(Pareto 分布和看跌期权)都是 0. 这是因为 0 是最小损失. 例 A 中的损失分布(正态分布)存在盈利情况,所以较小的分位点风险度量

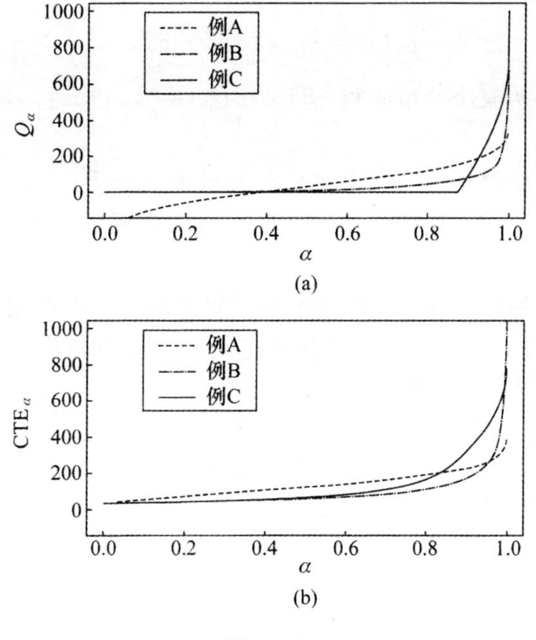

(a)

(b)

图 4-2

Q_α 是负数；当 $\alpha<0.875$ 时，例 C 中损失分布的分位点风险度量 Q_α 均为 0. 图4-2(b)中三条线在左端点重合，因为三者的平均损失相同；比较偏右侧时，例 B 中的损失分布（Pareto 分布）的厚尾性质变得明显，较极端的条件尾期望 CTE 显示非常高的潜在损失. 图中 α 的最大值为 0.999，在这个水平，Pareto 分布的 CTE 为 1634，正态分布的 CTE 为 400，看跌期权的 CTE 为 783.

一般，我们不考虑将风险度量取为负值. 为此，图 4-2(a)中的正态分布当 $\alpha<0.38$ 时的分位点风险度量 Q_α 取为 0. 对 $\mathrm{CTE}_\alpha=\mathrm{E}[\max(L,0)\mid L>Q_\alpha]$来说，可能在 α 较小时度量值变大.

4. 扭曲风险度量

扭曲风险度量通过损失随机变量 L 的生存函数

$$S(x)=1-F_L(x)$$

进行定义（$F_L(x)$为 L 的分布函数），只考虑非负损失，即 $L\geqslant 0$. 这种方法也可以适当调整应用于一般的损益变量.

损失随机变量 L 的**扭曲风险度量**定义为

$$\rho(L)=\int_0^{+\infty} g[S(x)]\mathrm{d}x, \tag{4.3.10}$$

其中 $g(\cdot)$为某个递增函数，满足：$g(0)=0, g(1)=1$，称之为**扭曲函数**.

这种方法对损失随机变量原有的概率分布 $F(x)$进行调整，使得损失的尾部被人为赋予较高的概率. 通常称函数 $g[S(x)]$为**风险调整的生存函数**.

分位点风险度量和条件尾期望都属于扭曲风险度量，在度量资本充足性方面，它们是目前应用最广泛的扭曲风险度量，特别是应用于财产意外保险领域的保费设计.

实际上，分位点风险度量 Q_α 的扭曲函数为

$$g[S(x)]=\begin{cases}0, & 0\leqslant S(x)\leqslant 1-\alpha,\\ 1, & 1-\alpha<S(x)\leqslant 1,\end{cases} \tag{4.3.11}$$

而条件尾期望 CTE_α 的扭曲函数为

$$g[S(x)]=\begin{cases}\dfrac{S(x)}{(1-\alpha)}, & 0\leqslant S(x)\leqslant 1-\alpha,\\ 1, & 1-\alpha<S(x)\leqslant 1.\end{cases} \tag{4.3.12}$$

注意到,使用扭曲函数定义非负损失的 CTE,调整的概率分布将会产生离散概率质点.

下面介绍一些其他的扭曲风险度量.

(1) **PH 变换风险变量**: Wang(1995,1996)提出了比例风险率变换(PH 变换):

$$g[S(x)]=[S(x)]^{\frac{1}{\kappa}},\quad \kappa\geqslant 1, \tag{4.3.13}$$

其中参数 κ 表示风险厌恶程度,κ 值越大对应的风险厌恶程度越高,安全等级也越高. 通过(4.3.13)式所示的风险调整生存函数确定的扭曲风险变量称为 PH 变换风险度量.

例如,假设损失 L 服从参数为(γ,θ)的 Pareto 分布,即 $L\sim$ Pareto(γ,θ),则其生存函数为 $S(x)=\left(\frac{\theta}{\theta+x}\right)^{\gamma}(x>0)$. 代入扭曲生存函数变换(4.3.13),有

$$g[S(x)]=\left(\frac{\theta}{\theta+x}\right)^{\gamma/\kappa},\quad x>0.$$

这是一个新的 Pareto 分布$\left(参数为\left(\frac{\gamma}{\kappa},\theta\right)\right)$的生存函数. 因为生存函数的积分是损失的期望,所以有

$$\rho(L)=\frac{\theta}{\gamma/\kappa-1},\quad \frac{\gamma}{\kappa}>1. \tag{4.3.14}$$

若假设 $\theta=1200,\gamma=13$,则平均损失为 100,标准差为 109,从而 95% 分位点风险度量为 311;而当 $\kappa=3$ 时的 PH 变换风险度量为 360.

PH 变换风险度量的一个问题是对参数 κ 没有直观的解释.

(2) **对偶幂变换风险度量**: 该风险度量使用的风险调整生存函数为

$$g[S(x)]=1-[1-S(x)]^{\kappa}. \tag{4.3.15}$$

这种度量方法的参数 κ 有实际解释,它是损失 L 的 κ 个观测样本中最大值的期望.

(3) **Wang 变换风险度量**: 它是由 Wang (2002)提出的一种平移的正态保费设计原理,使用的风险调整生存函数为

$$g[S(x)]=\Phi\{\Phi^{-1}[S(x)]+\kappa\}. \tag{4.3.16}$$

例如,假设损失 L 服从对数正态分布,参数为 $\mu=0,\sigma=1$,平均

损失为1.65,标准差为2.16.考虑右尾的损失概率 $\Pr(L>12)$. 原概率为

$$\begin{aligned}\Pr(L>12)&=1-\Phi[(\ln 12-\mu)/\sigma]\\&=1-\Phi(2.4849)=0.0065.\end{aligned}$$

我们求得 $\Phi^{-1}(0.0065)=-2.4849$. 当 $\kappa=1$ 时,它平移至 -1.4849. 使用标准正态分布函数得到变换后的尾部概率为

$$g[S(12)]=\Phi(-1.4849)=0.06879.$$

这表明,该调整后尾部扭曲概率比原概率值放大了十倍以上,因此在计算期望值时将会给予尾部更多权重.

这种保费设计原理对损失是对数正态分布的情况效果更为明显,因为风险调整生存函数是平移参数 μ 后的对数正态分布的生存函数. 通过简单推导可以证明,对于参数为 (μ,σ) 的对数正态分布,应用 Wang 变换得到的新的对数正态分布的参数为 $(\mu+\kappa\sigma,\sigma)$. 事实上,我们将

$$S(x)=1-\Phi\left(\frac{\ln x-\mu}{\sigma}\right)$$

代入(4.3.16)式,有

$$\begin{aligned}g[S(x)]&=\Phi\left\{\Phi^{-1}\left[1-\Phi\left(\frac{\ln x-\mu}{\sigma}\right)\right]+\kappa\right\}\\&=\Phi\left\{\Phi^{-1}\left[\Phi\left(\frac{-\ln x+\mu}{\sigma}\right)\right]+\kappa\right\}=\Phi\left(\frac{-\ln x+\mu}{\sigma}+\kappa\right)\\&=1-\Phi\left(\frac{\ln x-\mu-\kappa\sigma}{\sigma}\right).\end{aligned}$$

4.3.2 其他风险度量

目前为止我们介绍的风险度量都是度量偿付能力的,即它们可被解释为金融保险风险的保费或者资本要求. 另一类风险度量是度量波动性的.

在均值方差投资组合理论中,投资组合的方差或标准差是风险的一种度量. 它们是最常使用的波动性度量方法. 一般认为,方差越大,损失随机变量的风险越大.

另一种度量风险波动性的方法是半方差度量. 定义它的出发点是,只有发生较坏情况的一侧方差对风险的度量有大的影响. 也就是说,我们只关注相对均值来说更加糟糕的一侧. 由于我们针对的是损失随机变量 X,这对应较大值的 X,所以**半方差**定义为

$$\sigma_{SV}^2 = \mathrm{E}\{\{\max\{0, X-\mu_X\}\}^2\}. \tag{4.3.17}$$

一般通过样本半方差 sv^2 来估计 σ_{SV}^2. 若样本为 $x_1, x_2, \cdots, x_n$,则有

$$sv^2 = \sum_{i=1}^{n} \frac{\{\max\{x_i - \overline{x}, 0\}\}^2}{n}, \tag{4.3.18}$$

其中 $\overline{x} = \frac{1}{n}\sum_{i=1}^{n} x_i$.

在实际应用中,sv^2 中的均值可用某个已知的阈值参数 τ 代替,称之为**阈值半方差**,记为 sv_τ^2,即

$$sv_\tau^2 = \sum_{i=1}^{n} \frac{\{\max\{x_i - \tau, 0\}\}^2}{n} \tag{4.3.19}$$

对于一个损益随机变量 Y,即正值表示收益,负值表示损失,半方差将考虑下侧方差,所以阈值下侧半方差就是

$$\sigma_{SV}^2 = \mathrm{E}\{\{\min\{0, Y-\tau\}\}^2\}. \tag{4.3.20}$$

$\tau=0$ 是一般常用的阈值,即不考虑受益的影响,度量损失的方差. 下侧半标准差是下侧半方差的平方根.

我们可以利用波动性风险度量来构造偿付能力风险度量. 例如,若令 $\nu(X)$ 表示一种波动性风险度量,可以构造一种偿付能力风险度量:

$$\rho(X) = \mathrm{E}(X) + \alpha\nu(X).$$

我们已经在方差保费原理和标准差保费原理中使用过这种形式. 但是,任何这种形式的风险度量都不是一致风险度量. 标准差保费原理 $\rho(X)=\mathrm{E}(X)+\alpha\sigma$ 不满足单调性原则,方差保费原理 $\rho(X)=\mathrm{E}(X)+\alpha\sigma^2$ 与半方差保费原理 $\rho(X)=\mathrm{E}(X)+\alpha\sigma_{SV}^2$ 都不满足次可加性原则.

4.3.3 蒙特卡洛模拟估计风险度量

在精算实务中,我们经常使用蒙特卡洛模拟损失分布,进而可

以估计风险度量，特别是当损失过程非常复杂无法进行解析操作时.

1. 分位点风险度量的随机模拟

使用标准的蒙特卡洛模拟，可以生成大量损失随机变量 L 的独立模拟结果. 假设生成了 N 个这样的值，将它们从小到大排序，使得 $L_{(j)}$ 是 L 的第 j 个最小生成值. 假设 $L_{(j)}$ 的经验分布是 L 的真实分布的一个估计.

例如，假设我们使用蒙特卡洛模拟生成一个损失随机变量 L 的 1000 个模拟样本. 我们感兴趣的是损失的 95% 分位点风险度量 $Q_{0.95}$ 和 $\mathrm{CTE}_{0.95}$. 为此，有两个非常重要的问题：

(1) 怎样利用模拟结果估计风险度量?

(2) 估计结果的不确定性有多大?

假设我们想估计 L 的 95% 分位点风险度量. 一方面，对于上面 1000 个模拟样本，一个显而易见的估计量是 $L_{(950)}$，因为它是由蒙特卡洛样本定义的经验分布的 95% 分位点，即 L 的模拟结果中有 95% 小于或等于 $L_{(950)}$. 另一方面，模拟结果中有 5% 大于或等于 $L_{(951)}$，所以后者也是另一个备选的估计量. 在《损失模型》(Klugman, Panjer, Willmot (2004)) 一书中提出了“平滑经验估计”方法，即 $L_{(j)}$ 是理论分布的 $\dfrac{j}{N+1}$ 分位点的估计量，然后使用线性插值得到想要的分位点结果. 在本例中，这意味着 $L_{(950)}$ 是 $\dfrac{950}{1001}=94.905\%$ 分位点的一个估计，$L_{(951)}$ 是 $\dfrac{951}{1001}=95.005\%$ 分位点的一个估计，用线性插值得到的 95% 分位点为

$$Q_{0.95} \approx 0.05 \times L_{(950)} + 0.95 \times L_{(951)}.$$

总的来说，对于损失随机变量 L 的 N 个模拟样本，我们有以下三种关于 Q_α 的估计方法(假设 $N\alpha$ 是整数)：

(1) 取 $L_{(N\alpha)}$ 作为估计量；

(2) 取 $L_{(N\alpha+1)}$ 作为估计量；

(3) (平滑经验估计) 取 $L_{(N\alpha)}$ 和 $L_{(N\alpha+1)}$ 之间的插值作为估计量(称为**平滑估计量**).

这些估计量中没有一个一定是最好的,每一个都可能是有偏的,尽管这种偏差对大样本来说非常小.我们甚至不能确定真实的 α 分位点风险度量在 $\mathrm{E}[L_{(N\alpha)}]$ 和 $\mathrm{E}[L_{(N\alpha+1)}]$ 之间.实际中,对于精算损失分布,我们感兴趣的是它的右尾,从而我们一般使用 $L_{(N\alpha+1)}$ 或平滑经验估计,它们有较低的偏差.注意到估计方法得到的三个估计量都是渐近无偏的,所以对于大样本来说偏差是非常小的.同时,分布越接近尾部偏差会越大.

当然,在实际情形中,当使用蒙特卡洛模拟时,我们并不知道真实的分位点风险度量.假设使用 $L_{(N\alpha)}$ 表示 α 分位点风险度量的一个估计量.这个估计量将受到样本选择的影响.我们可以采用以下方法构造分位点风险度量估计量的非参数置信区间.

设小于真实 α 分位点风险度量 Q_α 的模拟结果个数为随机变量 M,它服从二项分布.事实上,每一个 L 的模拟结果都以概率 α 小于 Q_α,概率 $1-\alpha$ 不小于 Q_α,所以

$$M \sim B(N,\alpha).$$

这意味着,

$$\mathrm{E}(M) = N\alpha, \quad \mathrm{Var}(M) = N\alpha(1-\alpha).$$

假设我们想得到 Q_α 的 β $(0<\beta<1)$ 置信区间.首先我们对 $\mathrm{E}(M)$ 构造 β 置信区间 (m_L, m_U),使得

$$\Pr(m_L < M \leqslant m_U) = \beta;$$

然后限制这个区间关于 $N\alpha$ 对称,所以 $m_L = N\alpha - a$, $m_U = N\alpha + a$.若用 $F_M(x)$ 表示 M 的分布函数,则参数 a 满足:

$$F_M(N\alpha + a) - F_M(N\alpha - a) = \beta.$$

使用正态分布近似二项分布得到

$$a = \Phi^{-1}\left(\frac{1+\beta}{2}\right)\sqrt{N\alpha(1-\alpha)}. \tag{4.3.21}$$

$\mathrm{E}(M)$ 的 β 置信区间给出了排序后的蒙特卡洛模拟结果的范围,对应于 Q_α 的 β 置信区间为

$$\Pr[Q_\alpha \in (L_{(N\alpha-a)}, L_{(N\alpha+a)})] = \beta.$$

实际中,若 a 不是整数,可以近似取整,也可以采用内部插值方法进行处理. 另外, 为使正态近似有效,需要 $N(1-\alpha)$(若 $N\alpha$ 小,

则为 $N\alpha$)至少约为 5.

我们可以重复进行多次模拟. 这时需要生成 K 组样本,每一组样本由 N 个模拟值组成. 从每一组模拟样本都可以得到一个分位点风险度量的估计,令 $\hat{Q}_\alpha(i)$ 表示从第 i 组样本得到的估计. K 个 $\hat{Q}_\alpha(i)$ 值可以看做一个独立同分布的样本,则可以用它们的均值作为分位点风险度量的估计,即

$$\hat{Q}_\alpha = \frac{1}{K}\sum_{i=1}^{K}\hat{Q}_\alpha(i).$$

而对应的样本标准差可以看做分位点风险度量标准差的估计:

$$\hat{s}_Q = \frac{1}{K-1}\sum_{i=1}^{K}[\hat{Q}_\alpha(i) - \hat{Q}_\alpha]^2.$$

于是我们可以使用上述样本均值和标准差构造分位点风险度量的近似置信区间,如 90% 的置信区间为

$$(\hat{Q}_\alpha - 1.64\,\hat{s}_Q, \hat{Q}_\alpha + 1.64\,\hat{s}_Q).$$

以正态分布 $N(33, 109^2)$ 的例子来说明. 设有 $K=1000$ 组样本,每组样本量为 1000,得到蒙特卡洛模拟估计量的均值和标准差:

$$\overline{L}_{(950)} = 211.53,\quad s_{L_{(950)}} = 7.30;$$

$$\overline{L}_{(951)} = 212.61,\quad s_{L_{(951)}} = 7.34.$$

平均平滑估计量为 212.56;95%分位点风险度量的真值为 212.29,从而平滑估计量的相对误差平均为 0.13%. 而使用 $L_{(950)}$ 得到的相对误差为 −0.36%,使用 $L_{(951)}$ 得到的相对误差为 0.15%.

相似地,对于 99%分位点风险度量的估计,使用 $K=5000$ 组样本,结果为

$$\overline{L}_{(990)} = 284.41,\quad s_{L_{(990)}} = 12.5;$$

$$\overline{L}_{(991)} = 288.41,\quad s_{L_{(991)}} = 12.9.$$

平均平滑估计量为 288.37;99%分位点风险度量的真值为 286.57. 注意到,越接近尾部,标准误差和相对误差都呈增加趋势.

使用 $L_{(951)}$ 作为 $Q_{0.95}$ 的估计量,均值为 212.61,1000 组模拟的标准误差为 $s_{Q_{0.95}} = 7.34$. 这时得到的 $Q_{0.95}$ 的 90% 置信区间为 (200.57, 224.65),与非参情况下得到的 90%置信区间相似,但达到

这个水平付出了巨大的代价，多需要 999 组模拟样本，每组样本量为 1000.

2. 条件尾期望的随机模拟

条件尾期望 CTE_α 是损失分布最差 $1-\alpha$ 部分的均值，自然利用模拟结果最差 $1-\alpha$ 部分的均值估计 CTE_α，即假设 $N(1-\alpha)$ 为整数，有

$$\mathrm{C\hat{T}E}_\alpha = \frac{1}{N(1-\alpha)}\sum_{j=N\alpha+1}^{N} L_{(j)}. \qquad (4.3.22)$$

对于估计量 $\mathrm{C\hat{T}E}_\alpha$ 的标准误差，最显而易见的方法是用 $\frac{s_1}{\sqrt{N(1-\alpha)}}$ 来估计，其中 s_1 是最差 $1-\alpha$ 部分模拟损失的标准误差，即

$$s_1 = \sqrt{\frac{1}{N(1-\alpha)-1}\sum_{j=N\alpha+1}^{N}(L_{(j)} - \mathrm{C\hat{T}E}_\alpha)^2}. \qquad (4.3.23)$$

我们可以直接用(4.3.23)式进行误差估计，因为一般来说，样本均值的方差等于样本方差除以样本量. 但平均来说，它会低估不确定程度. 我们感兴趣的量是 $\mathrm{Var}(\mathrm{C\hat{T}E}_\alpha)$，可以基于分位点估计量 $\hat{Q}_\alpha$ 作条件期望，得到

$$\mathrm{Var}(\mathrm{C\hat{T}E}_\alpha) = \mathrm{E}[\mathrm{Var}(\mathrm{C\hat{T}E}_\alpha \mid \hat{Q}_\alpha)] + \mathrm{Var}[\mathrm{E}(\mathrm{C\hat{T}E}_\alpha \mid \hat{Q}_\alpha)]. \qquad (4.3.24)$$

$\frac{s_1^2}{N(1-\alpha)}$ 估计了上式右端的第一项，我们需要补充估计第二项，它考虑了分位点的不确定程度. Manistre 和 Hancock (2005)提出了一种同时估计(4.3.24)式右端两项的影响函数方法：

$$s_{\mathrm{CTE}_\alpha}^2 = \frac{s_1^2 + \alpha(\mathrm{C\hat{T}E}_\alpha - \hat{Q}_\alpha)}{N(1-\alpha)}, \qquad (4.3.25)$$

即用 $s_{\mathrm{CTE}_\alpha}^2$ 估计 $\mathrm{Var}(\mathrm{C\hat{T}E}_\alpha)$.

注意到，公式(4.3.25)中的第一项与前面提到的 $\frac{s_1}{\sqrt{N(1-\alpha)}}$ 相同，第二项度量了 CTE 的不确定程度.

另一种估计标准误差的方法是重复模拟很多次，计算估计量的标准误差，这与分位点风险度量情况完全相同. 这种方法比较有效，但成本也非常高，需要进行大量的模拟.

习 题 4

1. 若 $X_1, X_2, \cdots$ 和 $Y_1, Y_2, \cdots$ 是相互独立的随机变量序列，且 $X_i \leqslant_{sl} Y_i\ (i=1,2,\cdots)$，证明：

$$\mathrm{E}\{\max\{X_i\}\} \leqslant \mathrm{E}\{\max\{Y_i\}\}.$$

2. 已知 $\mathrm{E}(X)=\mathrm{E}(Y)$，$X$ 和 Y 均取值于 $\{a_1, a_2, a_3 : 0 \leqslant a_1 < a_2 < a_3\}$. 证明：$X \leqslant_{sl} Y$ 与 $Y \leqslant_{sl} X$ 至少一个关系式成立.

3. 证明：$\mathrm{Gamma}(\alpha, \beta)$ 分布随机变量的随机序关于 α 单调递增，对 β 单调递减.

4. 已知 $X \sim \exp(\lambda)$，记 $Y_t = [X+t]$，$t \in [0,1]$. 证明：

(1) $Y_0 \leqslant_{st} X \leqslant_{st} Y_1$；

(2) 若 t_0 满足条件 $\mathrm{E}(X)=\mathrm{E}(Y_{t_0})$，则 $X \leqslant_{sl} Y_{t_0}$.

5. 证明：设 X 服从 Poisson 分布，Y 服从负二项分布，则在期望相同的条件下，有 $X \leqslant_{sl} Y$（这一性质通常记为 $\mathrm{Poisson} \leqslant_{sl} NB$）.

6. 证明下面两个序的定义可以由 n 阶止损序导出：

(1) 几何平均序：$X \prec Y \Leftrightarrow \mathrm{E}(\ln X) \leqslant \mathrm{E}(\ln Y)$；

(2) 序调和函数：$X \prec Y \Leftrightarrow \mathrm{E}\left(\dfrac{1}{X}\right) \geqslant \mathrm{E}\left(\dfrac{1}{Y}\right)$

7. 已知 $X \sim \exp(\lambda)$，$Y \sim f(x) = t\alpha \mathrm{e}^{-\alpha x} + (1-t)\beta \mathrm{e}^{-\beta x}\ (x>0; \alpha>0, \beta>0; t \in [0,1])$，且满足：$\dfrac{1}{\lambda} = \dfrac{t}{\alpha} + \dfrac{1-t}{\beta}$. 讨论 X 和 Y 的止损序关系.

8. 试举例说明例 4-7 中不一定存在 $S \leqslant_{st} S_1$ 的序关系.

9. 请给出一种保费设计原理，并写出数学的表达，分析你所提出的设计原理的优良性.

10. 证明：对于风险 X，$\rho(X)=\mathrm{E}(X)$ 是一致风险度量.

11. 证明：方差保费原理不是一致风险度量.

12. 对于风险 X,定义指数保费原理:

$$\rho(X)=\frac{\ln \mathrm{E}(\mathrm{e}^{\alpha X})}{\alpha},\quad \alpha>0.$$

证明它不是一致风险度量,并说明它不满足一致性的哪条原则.

13. 分位点风险度量是否满足除了次可加性之外的其他一致性原则?

14. 推导均值为 θ 的指数分布损失的 $\mathrm{CTE}_\alpha-Q_\alpha$ 表达式.

15. 计算例 C 中看跌期权损失的 $\mathrm{CTE}_{0.80}$.

16. 推导损失随机变量 L 的 CTE_α 与平均剩余生存函数的关系式.

17. 对例 C 中的看跌期权损失,使用 Excel 计算如下的风险度量:

(1) PH 变换风险度量,其中 $\kappa=20$;

(2) 对偶幂变换风险度量,其中 $\kappa=40$.

18. 考虑 Weibull 损失分布: $f_L(x)=\dfrac{\tau(x/\theta)^\tau \mathrm{e}^{-(x/\theta)^\tau}}{x}(x>0)$,其中 $\theta=1000,\tau=2$. 利用(4.3.13)式($\kappa=0.5$)进行扭曲变换,计算下列风险度量:

(1) 95%分位点风险度量;

(2) $\mathrm{CTE}_{0.95}$(使用有限期望值函数表示).

另计算(4.3.16)式对应的扭曲风险度量,其中 $\kappa=5$.

19. 计算下列损失样本值的半方差和阈值 $\tau=35$ 的半方差:

$$1,\ 1,\ 1,\ 2,\ 5,\ 8,\ 35,\ 75.$$

20. 已知下面的离散损失分布:

$$X=\begin{cases}10, & p=0.8,\\ 50, & p=0.1,\\ 200, & p=0.08,\\ 1000, & p=0.02,\end{cases}$$

其中 p 为 X 取相应值的概率. 计算:

(1) 95%分位点风险度量;　(2) $\mathrm{CTE}_{0.95}$;　(3) 半方差.

21. 试对均值为 33,标准差为 109 的正态损失分布进行蒙特卡洛模拟,得到1000个模拟样本值.

(1) 利用该模拟信息和三种估计方法估计正态分布损失 $L\sim N(33,109^2)$ 的95%和99%分位点风险度量.

(2) 该模拟的相对误差是多少?即由模拟得到的估计结果与理论结果的差异是多少?采用真实结果的百分数表示.

(3) 构造(1)中两个估计量的90%置信区间,计算由(4.3.21)式定义的 a 的值.

22. 试利用第21题的蒙特卡洛模拟结果估计 $\mathrm{CTE}_{0.95}$,并对比真值.用两种以上的方法估计 $\mathrm{CTE}_{0.95}$ 估计量的标准误差,并进行比较.

第5章　效用理论与保险决策

对风险本身的研究并不是风险理论的唯一目的,加强对风险的定量认识是为了更好地控制和管理风险;同时,更为重要的是,为了在风险情形下的决策提供量化的支持.

风险决策是一种主观性比较强的行为,也有人怀疑在风险决策上是否存在一致的规律和准则,但是随着人类风险决策活动的频繁和决策水平的提高,以及人类对自身认识的不断加强,也的确发现了一些人类进行风险决策的一般规律.

本章将从保险决策入手使读者对风险决策的基本问题有所感受,然后站在保险市场的角度讨论均衡的风险交换问题. 最后介绍最优再保险决策最近的一些研究成果.

§5.1　效用、风险与保险决策

效用函数是经济学中描述经济市场各个客体在考虑与财富有关的行为方式时最常见的一种分析工具,在金融风险决策分析中自然地也首选效用函数作为基本的辅助工具.

5.1.1　效用理论的一般原理

1. 效用函数

在经济学中,效用函数是表示消费者在消费中所获得的效用与所消费的商品价值之间的数量关系,它被用以衡量消费者从消费既定的商品组合中所获得满足的程度. 在经济决策中,决策者的效用是指其财富 x 的函数,常常称这个函数为效用函数.

理论上讲,可以通过一系列的测试来近似得到每个客体的效用函数. 显然,一般情况下不同的决策者具有不同的效用函数.

下面我们给出效用函数的一种很一般性的定义.

定义 5-1　效用表示经济活动的决策者(投资者和消费者)对其拥有的财富的看法(或偏好),**效用函数**表示财富与决策者的效用之间的函数关系. 一般用 $u(w)$ 表示效用函数,并要求财富 $w>0$.

常见的效用函数有以下几种:

(1) **等值效用函数**:

$$u(w)=w \quad (w>0).$$

也就是说,决策者的偏好恒等于财富的价值(偏好对财富的敏感度为常数 1),也可以说决策者对财富没有任何特殊的偏好.

(2) **线性效用函数**:

$$u(w) = aw + b \quad (w > 0, a > 0, b \text{ 为任意实数}).$$

也就是说,决策者的偏好随财富价值的增加而比例增加(偏好对财富的敏感度为常数 $a>0$).

(3) **指数效用函数**:

$$u(w)=1-\mathrm{e}^{-\alpha w} \quad (w>0,\alpha>0).$$

也就是说,决策者的偏好随财富价值的增加而呈指数增加(偏好对财富的敏感度为 $\alpha\mathrm{e}^{-\alpha w}$),或决策者对财富有强烈的偏好.

根据效用函数的定义,效用函数应具有以下的基本**性质**:

(1) 非负性: $u(w)\geqslant 0$;

(2) $u(w)$ 为严格单调递增函数;

一般情况下 $u(w)$ 为凹函数(称效用函数的一阶导数为边际效用,所以边际效用单调递减. 这个性质在很多的经济分析中是默认的).

2. 风险情景的期望效用分析

随着人类经济活动变得越来越复杂,出现了许多影响财富变化的不确定因素. 也就是说,人类的财富不论是从个体看还是整体看都变得越来越具有随机性. 对此,一般采用损失变量 X(一般为非负随机变量)来表现那些不确定因素对财富的影响,也简称之为**风险变量**. 风险(与财富符号相反)本身是随机的,因此不能简单地直接对风险进行大小的比较,即不能直接对受到风险影响的财富进行比较. 从本质上看,这种比较都是随机结果的比较,而如何比较两个随机变量的大小,本章将对此进行详细的讨论.

前面构造的效用函数代表了决策者对财富的偏好，因此可以利用这个函数来刻画风险决策者的决策过程．当财富面临风险时，由效用表示的对财富的偏好也就具有了风险性，是一种随机结果，这时的决策就是对随机偏好的选择，因此必须首先明确选择的标准．显然，最简单的是以比较期望效用的大小为标准．

下面说明如何将人们对风险的直观感觉通过风险的期望效用表现出来．有时，人们直观（经验）上对某两个风险 X 和 Y（非负随机变量）有一种大小次序的感觉．例如，感觉到风险 X 比风险 Y 对现有财富 w_0 的影响要小．那么是否可以将这种关于风险大小的直观感觉通过某种度量的比较进行表示呢？一个直观的想法是通过决策者的效用函数 $u(w)$ 来表示其对风险的感觉：

决策者认为风险 X 对现有财富 w_0 的影响为 $u(w_0-X)$；

决策者认为风险 Y 对现有财富 w_0 的影响为 $u(w_0-Y)$．

上面的两个效用函数值都是随机的，无法直接进行比较，但是我们可以对两种风险下的财富的期望效用

$$\mathrm{E}[u(w_0-X)] \quad \text{和} \quad \mathrm{E}[u(w_0-Y)]$$

进行比较．基于这样的考虑，提出了如下基于期望值原则的风险大小比较．

定义 5-2（期望值原则） 设有如下的决策问题：决策者的初始财富 w_0，效用函数 $u(w)$，面临风险 X 和风险 Y（均为非负随机变量）．若有

$$\mathrm{E}[u(w_0-X)] \geqslant \mathrm{E}[u(w_0-Y)], \tag{5.1.1}$$

则称**在期望值原则下，风险 X 小于风险 Y**；若有

$$\mathrm{E}[u(w_0-X)] = \mathrm{E}[u(w_0-Y)], \tag{5.1.2}$$

则称**在期望值原则下，风险 X 与风险 Y 无差异**．

由定义，在期望值原则下，风险 X 与风险 Y 无差异就意味着两种风险的期望效用相等．特别地，若风险 Y 退化为固定值 G，则称 G 是风险 X 的期望效用无差异选择．这时，G 满足：

$$u(w_0-G) = \mathrm{E}[u(w_0-Y)]. \tag{5.1.3}$$

下面讨论一些常见的效用函数下的随机决策分析．

（1）若效用函数为线性函数

$$u(w) = aw + b \quad (a > 0, b \text{ 为任意实数}),$$

通过简单的计算,我们知道,在期望值原则下,风险 X 与风险 Y 的大小关系完全由其数学期望的大小关系决定,即表达式(5.1.1)退化为

$$\mathrm{E}(X) \leqslant \mathrm{E}(Y). \tag{5.1.4}$$

(2) 若效用函数为二次函数

$$u(w) = w - \alpha w^2 \quad \left(0 < w < \frac{1}{2\alpha}, \alpha > 0\right),$$

同样通过简单的计算,我们知道,在期望值原则下,风险 X 与风险 Y 的大小关系完全由其数学期望与方差的综合结果的大小关系决定,即表达式(5.1.1)退化为

$$\begin{aligned} &\mathrm{E}(X) + \alpha\{[w_0 - \mathrm{E}(X)]^2 + \mathrm{Var}(X)\} \\ &\quad \leqslant \mathrm{E}(Y) + \alpha\{[w_0 - \mathrm{E}(Y)]^2 + \mathrm{Var}(Y)\}. \end{aligned} \tag{5.1.5}$$

特别地,当风险 X 与风险 Y 的数学期望相等时($\mathrm{E}(X)=\mathrm{E}(Y)$),比较风险 X 与风险 Y 大小关系的(5.1.5)式退化为方差的比较. 也就是说,在期望相同的条件下,风险变量的大小关系由方差决定.

(3) 若效用函数为指数函数

$$u(w) = 1 - \mathrm{e}^{-\alpha w} \quad (w \geqslant 0, \alpha > 0),$$

则容易知道,在期望值原则下,风险 X 与风险 Y 的大小关系由其矩母函数的大小关系决定,即表达式(5.1.1)退化为

$$\mathrm{E}(\mathrm{e}^{\alpha X}) \leqslant \mathrm{E}(\mathrm{e}^{\alpha Y}). \tag{5.1.6}$$

这时,比较风险 X 与风险 Y 大小关系需要两个随机变量所有的高阶矩信息.

命题 5-1 在期望值原则下,效用函数在风险决策上具有线性不变性,即对任意的实数 $a>0,b$,由 $au(w)+b$ 与 $u(w)$ 分别代表的两类效用函数在风险决策的结论上是一致的(这时简称两类效用函数是等价的,在决策分析中可视为同一个效用函数).

证明 直接将两类效用函数代入表达式(5.1.1),必然得到相同的关系,从而得到结论.

例如,设有两个风险决策者 A 和 B,A 的效用函数为 $u(w)$,B 的效用函数为 $au(w)+b$,两个决策者同时面临风险 X 和 Y. 假设在期望

值原则下,决策者 A 认为风险 X 比风险 Y 大,即有表达式(5.1.1)成立,则将决策者 B 的效用函数代入,表达式(5.1.1)也成立

$$\mathrm{E}[au(w_0 - X) + b] \geqslant \mathrm{E}[au(w_0 - Y) + b],$$

即两个决策者对风险 X 和 Y 得出相同的看法;反之亦然.

因此,在期望值原则下,对效用函数进行平移和正比例变换,都不会影响风险决策的结果. 这一点也可看做一种效用函数的不变性.

3. 通过风险决策确定效用函数

利用命题 5-1 的线性不变性,可以人为取定效用函数在一些特殊点的值,如事先取定 $u(0)=0$,$u(+\infty)=1$ 等,然后逐步建立决策者的风险效用函数. 基本方法是:对已知的风险(即分布函数已知的随机变量)量化决策者在风险对其已有财富影响上的看法(态度、偏好). 具体步骤示范如下:

设 $w_1<w_2$(如 $w_1=0$,$w_2=w_{\max}$)为两个财富值点,其效用值已知,而且有 $u(w_1)<u(w_2)$. 已知面临以下风险:保持财富水平 w_2 的概率为 p,财富水平降为 w_1 的概率为 $1-p$. 考查决策者面对以上风险时的期望效用无差异选择,记决策者的决策结果为 G,或者说,决策者认为上述以概率 $1-p$ 使财富降为 w_1 的风险与固定支出 G(财富水平降为 w_2-G)的风险无差异. 由公式(5.1.3),这可表示为

$$u(w_2 - G) = pu(w_2) + (1-p)u(w_1). \tag{5.1.7}$$

公式(5.1.7)表示,风险 X 服从在 0 点概率为 p,在 w_2-w_1 点概率为 $1-p$的两点分布. 因此由表达式(5.1.7)将得到该决策者在财富值点 w_2-G(显然有 $w_1<w_2-G<w_2$)的效用函数值 $u(w_2-G)$,而且满足:

$$u(w_1) < u(w_2 - G) < u(w_2),$$

即 $u(w_2-G)$落在 $u(w_1)$与 $u(w_2)$之间.

在上述计算过程中,需要事先已知风险 X 的分布(这里只需要已知 p 的值). 由得到的效用函数值 $u(w_2-G)$,可以再对财富值区间$[w_1, w_2-G]$和$[w_2-G, w_2]$分别重复上述过程,依次类推,可确定决策者在所有财富点的效用函数值.

例 5-1 根据决策者对以下风险的态度决定决策者的(风险)效用函数. 已知某决策者的初始财富为 100 万元,面临如下风险:

风险 1:损失量为 100 万元的概率为 3%,或者无任何损失;

风险2：损失量为90万元的概率为10%，或者无任何损失；

风险3：损失量为76万元的概率为20%，或者无任何损失；

风险4：损失量为58万元的概率为50%，或者无任何损失.

解　不妨设 $u(0)=0, u(100)=1$.

第一步：如果决策者对风险1的期望效用无差异选择为 $G=10$ 万元（$>E(X)=3$ 万元），则有

$$u(100-10)=0.03u(100-100)+0.97u(100-0),$$

从而有

$$u(90)=0.97;$$

第二步：如果决策者对风险2的期望效用无差异选择为 $G=14$ 万元（$>E(X)=9$ 万元），则有

$$u(76)=0.9\times 0.97=0.873;$$

第三步：如果决策者对风险3的期望效用无差异选择为 $G=18$ 万元（$>E(X)=15.2$ 万元），则有

$$u(58)=0.8\times 0.873=0.6984;$$

第四步：如果决策者对风险4的期望效用无差异选择为 $G=30$ 万元（$>E(X)=29$ 万元），则有

$$u(28)=0.6984\times 0.5=0.3492.$$

这样就得到了6个点的效用函数值. 由上述各点得到效用函数的近似图形如图5-1所示. 从上述决策结果 $G>E(X)$ 和图5-1均可得到该效用函数为凹函数.

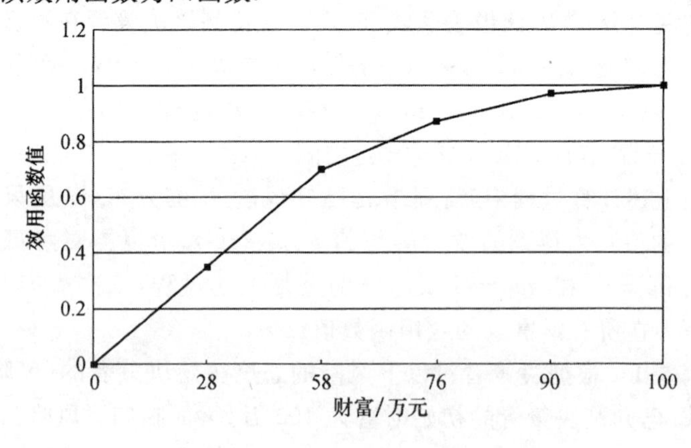

图 5-1

4. 效用函数的函数性质与风险态度

因为效用代表了决策者对财富的看法，所以效用函数自身的特征也将代表决策者对风险的态度. 一般认为，人们对风险的态度可以大致分为以下三类：回避的、追逐的和介于两者之间的所谓中性态度. 目前常用的关于这三类风险态度的定义如下：

定义 5-3 如果决策者的效用函数满足：$u''(w)<0$，即效用函数为凹函数(或二阶差分小于零)，则称这类决策者为**风险回避(厌恶)型**；如果决策者的效用函数满足：$u''(w)=0$(或二阶差分等于零)，则称这类决策者为**风险中性型**；如果决策者的效用函数满足：$u''(w)>0$，即效用函数为凸函数(或二阶差分大于零)，则称这类决策者为**风险喜好型**.

通过简单的数学推导可以证明，以上三类决策者的风险偏好可以表现为其无差异选择结果上的某种特征. 具体结论如下：

命题 5-2 设决策者的效用函数为 $u(w)$，而且为风险中性型，则其对任何风险 X 的期望效用无差异选择 G 满足：$G=\mathrm{E}(X)$.

命题证明从略.

命题 5-3 设决策者的效用函数为 $u(w)$，$u(w)$ 的一、二阶导数均存在，而且该决策者为风险回避型，则其对任何风险 X 的期望效用无差异选择 G 满足：$G\geqslant \mathrm{E}(X)$.

证明 已知 $u''(w)<0$. 由 Jensen 不等式，对任何风险 X，有

$$u(w_0-G)=\mathrm{E}[u(w_0-X)]\leqslant u[w_0-\mathrm{E}(X)].$$

又因为 $u(w)$ 为严格递增函数，则有

$$G\geqslant \mathrm{E}(X),$$

而且等号只在 X 退化为常数时成立.

命题 5-4 设决策者的效用函数为 $u(w)$，$u(w)$ 的一、二阶导数均存在，而且该决策者为风险喜好型，则其对任何风险 X 的期望效用无差异选择 G 满足：$G<\mathrm{E}(X)$.

参照命题 5-3 的证明容易得到命题 5-4 成立.

为了度量效用函数所代表的决策者对风险的态度，人们引进了一些对风险的态度的度量.

定义 5-4 效用函数 $u(w)$ 在点 w_0 的**风险厌恶系数**定义为

$$r(w_0) = -\frac{u''(w_0)}{u'(w_0)}. \tag{5.1.8}$$

实际上，若 $r(w)>0$，则决策者为风险厌恶型，而且 $r(w)$ 越大表示决策者的风险厌恶程度越高.

关于风险厌恶系数的含义可以从下面的讨论得到解释.

已知风险 X 的期望为 μ，方差为 σ^2；决策者的效用函数为 $u(w)$，期望效用无差异选择为 G. 将函数 $u(w-G)$ 在点 $w-\mu$ 按照 Taylor 级数一阶展开：

$$u(w-G) \approx u(w-\mu) + (\mu - G)u'(w-\mu).$$

再将函数 $u(w-X)$ 在点 $w-\mu$ 二阶展开：

$$u(w-X) \approx u(w-\mu) + (\mu - X)u'(w-\mu) + \frac{1}{2}(\mu - X)^2 u''(w-\mu).$$

上式取期望，有

$$\mathrm{E}[u(w-X)] \approx u(w-\mu) + \frac{1}{2}\sigma^2 u''(w-\mu).$$

由 G 的定义，有

$$(\mu - G)u'(w-\mu) \approx \frac{1}{2}\sigma^2 u''(w-\mu),$$

进而有

$$G \approx \mu - \frac{1}{2}\sigma^2 \frac{u''(w-\mu)}{u'(w-\mu)} = \mu + \frac{1}{2}r(w-\mu)\sigma^2. \tag{5.1.9}$$

这表明，在一定的近似意义下，风险厌恶系数 $r(w)$ 代表了无差异选择与风险期望值的偏离情况.

下面，我们讨论常见的效用函数对应的风险态度：

(1) 线性函数：$u(w)=aw+b$. 这时决策者为风险中性型，其偏好是用平均损失表示的，对效用的偏好与数学期望是一致的，期望效用无差异选择为风险的期望. 对应的风险厌恶系数为

$$r(w) = 0.$$

(2) 二次函数：$u(w)=w-\alpha w^2 \left(0<w<\frac{1}{2\alpha}, \alpha>0\right)$. 这时决策者为风险回避(厌恶)型，期望效用无差异选择与初始财富成正比.

对应的风险厌恶系数为

$$r(w)=\frac{2\alpha}{1-2\alpha w},\quad 0<w<\frac{1}{2\alpha}.$$

所以，系数 α 的值越大表示对风险的厌恶程度越大，期望效用无差异选择 G 与 μ 的距离越大（请读者用财富、风险的期望和方差表示 G）.

(3) 幂函数：$u(w)=w^r(w>0,r>0,r\neq 1)$. 这时，若 $0<r<1$，决策者为风险回避型；若 $r>1$，决策者为风险喜好型. 决策者期望效用无差异选择与初始财富成反比. 对应的风险厌恶系数为

$$r(w)=-\frac{r-1}{w},\quad r>0.$$

(4) 指数函数：$u(w)=1-\mathrm{e}^{-\alpha w}(\alpha>0)$. 这时决策者为风险回避（厌恶）型，其期望效用无差异选择与初始财富无关. 对应的风险厌恶系数为

$$r(w)=\alpha,\quad \alpha>0.$$

5.1.2 效用观点下的保险决策

保险产品与其他金融投资工具的不同之处是它所具有的风险转移功能. 对被保险人（或投保人）来说，是以当前确定的支出（如保费）将未来不确定的损失转移出去. 对保险人（或保险公司）来说，通过风险的汇聚，在进行适当的风险识别并将同质的风险（分布相同的随机变量，保费相同）合并在一起的条件下，可以降低整体风险，取得一定的利润. 所以，被保险人与保险人对风险的偏好是不同的. 一般情况下，认为两方都是风险厌恶型，但是对风险厌恶的程度不同，被保险人比保险人对风险厌恶的程度更强.

下面分别从被保险人和保险人两个角度考查进行风险转移的决策原则.

原则 1（被保险人进行风险转移的决策原则） 在期望效用无差异原则下，被保险人将风险 X 转移出去的最大可接受保费（成本、支出）G 满足下面的等式：

$$u(w_0-G)=\mathrm{E}[u(w_0-X)], \tag{5.1.10}$$

其中 $u(w)$ 和 w_0 分别代表被保险人的效用函数和初始财富.

原则 2(保险人接受风险的决策原则)　在期望效用无差异原则下,保险人接受风险 X 的最小可接受保费(补偿)H 满足下面的等式:

$$u_I(w_I) = \mathrm{E}[u_I(w_I + H - X)], \tag{5.1.11}$$

其中 $u_I(w)$ 和 w_I 分别代表保险人的效用函数和初始财富.

定义 5-5　若被保险人满足(5.1.10)式的最大可接受保费 G 和保险人满足(5.1.11)式的最小可接受保费 H 有如下关系:

$$G \geqslant H,$$

则称这种保险为**可行保险**.

通过对一些特殊效用函数的可行保险进行分析,我们不加证明地给出下列结论:

(1) 若被保险人和保险人的效用函数均为线性函数,则有

$$G = H = \mathrm{E}(X);$$

(2) 若被保险人和保险人的效用函数均为指数函数,分别为

$$u(w) = 1 - \mathrm{e}^{-\alpha w}\ (\alpha > 0) \quad 和 \quad u_I(w) = 1 - \mathrm{e}^{-\alpha_I w}\ (\alpha_I > 0),$$

则有

$$G = \frac{\ln M_X(\alpha)}{\alpha}, \quad H = \frac{\ln M_X(\alpha_I)}{\alpha_I}, \tag{5.1.12}$$

并且

$$G \geqslant H \quad 当且仅当 \quad \alpha \geqslant \alpha_I;$$

(3) 若被保险人的效用函数为指数函数,保险人的效用函数为线性函数,则有

$$G = \frac{\ln M_X(\alpha)}{\alpha} \geqslant H = \mathrm{E}(X).$$

例 5-2[①]**(不可保风险)**　设某决策者的效用函数为指数函数:

$$u(w) = 1 - \mathrm{e}^{-\alpha w} \quad (\alpha > 0),$$

面临风险 $X \sim \mathrm{Gamma}(n,1)$. 计算该决策者在投保该风险时可接受的最大保费 G,并证明 $G > n$. 什么情况下,有 $G = +\infty$?并说明其

① 引自《现代精算风险理论》,p. 7.

含义.

解 由(5.1.12)式,知

$$G=\frac{\ln M_X(\alpha)}{\alpha}=\begin{cases}-\dfrac{n\ln(1-\alpha)}{\alpha}, & 0<\alpha<1,\\ +\infty, & \alpha\geqslant 1.\end{cases}$$

另外,由 $\ln(1+x)<x\ (x>-1,x\neq 0)$有

$$G>n=\mathrm{E}(X).$$

这表明,最大保费大于平均损失.

当效用函数的参数 $\alpha\geqslant 1$ 时,$G=+\infty$. 这表明,该决策者愿意为了这个风险支付任何金额的保费,也可以说,这是一个极度厌恶风险的决策者.但是,从保险人的角度看,当其效用函数也是指数函数时,若参数 $\alpha\geqslant 1$,表明对于任何有限的保费,都是有损失的,所以这种风险是不可保的.

例 5-3 设保险人的效用函数为二次函数:

$$u(w)=w-\frac{1}{2c}w^2\quad(w\in[0,c],c>0),$$

面临的风险 X 的概率分布已知.试根据原则 2 分析保险人的保费 H 应满足的性质.

解 为简化计算,假设 $w_I=0$,则 (5.1.11)式右边为 0,从而 H 满足:

$$\begin{aligned}\mathrm{E}[u(H-X)]&=\mathrm{E}(H-X)-\frac{1}{2c}\mathrm{E}[(H-X)^2]\\&=[H-\mathrm{E}(X)]-\frac{1}{2c}\{\sigma^2(X)+[H-\mathrm{E}(X)]^2\}\\&=-\frac{1}{2c}\{[H-\mathrm{E}(X)-c]^2-[c^2-\sigma^2(X)]\}\\&=0,\end{aligned}\tag{5.1.13}$$

其中 $\sigma^2(X)$表示 $\mathrm{Var}(X)$.

由效用函数的定义域$[0,c]$可知,(5.1.13)式中风险 X 的可行域为

$$0\leqslant X\leqslant c,$$

进而可以推出 $\sigma^2(X)\leqslant c^2$. 所以,方程(5.1.13)的解为

$$H = \mathrm{E}(X) + c \pm \sqrt{c^2 - \sigma^2(X)}.$$

由于$0 \leqslant X \leqslant c$，所以$H = \mathrm{E}(X) + c + \sqrt{c^2 - \sigma^2(X)} > c$是不合理的解（保费超过了最大承保风险）. 因此，最终保险人的保费解为

$$H = \mathrm{E}(X) + c - \sqrt{c^2 - \sigma^2(X)}. \tag{5.1.14}$$

由于

$$c - \sqrt{c^2 - \sigma^2(X)} = \frac{c^2 - [c^2 - \sigma^2(X)]}{c + \sqrt{c^2 - \sigma^2(X)}} = \frac{\sigma^2(X)}{c + \sqrt{c^2 - \sigma^2(X)}}$$

$$(0 < c^2 - \sigma^2(X) < c^2),$$

所以有

$$\mathrm{E}(X) + \frac{\sigma^2(X)}{2c} < H < \mathrm{E}(X) + \frac{\sigma^2(X)}{c}. \tag{5.1.15}$$

细心的读者会发现，不等式(5.1.15)很像在§4.2中介绍的保费设计的"方差原理"(4.2.3)式. 在金融分析中，人们常常以方差（或标准差）作为对风险的一种度量，方差越大，不确定的程度越大. 保险人也通常选择方差作为保费的附加风险部分，也就是在纯保费E(X)的基础上增加的"安全附加费用".

例5-3是二次效用函数的一个特例，也代表风险厌恶型的一类决策者. 通过简单的计算，例5-3的风险厌恶系数为

$$R_a(w) = \frac{1}{c - w}, \quad w \in [0, c], \tag{5.1.16}$$

其中$u'(w) = \frac{c - w}{c}$，$u''(w) = -\frac{1}{c}$，$w \in [0, c]$. 从(5.1.16)式可以看出，参数c代表了保险人的风险厌恶水平. 直观上看，c越大，保险人对风险的承受力也越强，愿意承受的最低保费也就越低. 由于这里的效用函数仅定义在有限区间$[0, c]$上，所以c也代表了保险人的最高承保额.

例5-4　对于不同的两个保险人A和B，设其效用函数分别为

$$u_1(x) = x - \frac{1}{2c_1}x^2, \quad x \in [0, c_1],$$

$$u_2(x) = x - \frac{1}{2c_2}x^2, \quad x \in [0, c_2];$$

同时假设当面临风险X时，A和B愿意接受的最低保费分别为

$G_A(X)$和$G_B(X)$. 已知这两个保险人的初始财富$w_I=0$,且他们将按一定的比例共同承保风险X. 试给出A和B共同承保的最低保费,并讨论其与$G_A(X)$和$G_B(X)$的关系.

解 设保险人A和B合作承保风险X的份额分别为αX和$(1-\alpha)X$ $(\alpha\in(0,1))$,并记合作承保后的最低总保费为P,则

$$P = G_A(\alpha X) + G_B[(1-\alpha)X],$$

其中的$G_A(\cdot)$和$G_B(\cdot)$由(5.1.14)式得到,从而有

$$\begin{aligned}P &= \left[\alpha \mathrm{E}(X) + c_1 - \sqrt{c_1^2 - \alpha^2\sigma^2(X)}\right] \\ &\quad + \left[(1-\alpha)\mathrm{E}(X) + c_2 - \sqrt{c_2^2 - (1-\alpha)^2\sigma^2(X)}\right] \\ &= \mathrm{E}(X) + c_1 + c_2 \\ &\quad - \left[\sqrt{c_1^2 - \alpha^2\sigma^2(X)} + \sqrt{c_2^2 - (1-\alpha)^2\sigma^2(X)}\right]. \quad (5.1.17)\end{aligned}$$

要使总保费P最小相当于上式关于α求解极小值问题. 令

$$\frac{\partial P}{\partial \alpha} = \frac{\alpha\sigma^2(X)}{\sqrt{c_1^2 - \alpha^2\sigma^2(X)}} - \frac{(1-\alpha)\sigma^2(X)}{\sqrt{c_2^2 - (1-\alpha)^2\sigma^2(X)}} = 0,$$

解得

$$\alpha = \frac{c_1}{c_1 + c_2}.$$

将其代入(5.1.17)式,有

$$P = \mathrm{E}(X) + c_1 + c_2 - \sqrt{(c_1+c_2)^2 - \sigma^2(X)}.$$

由(5.1.14)式知,若A或B单独承保,则风险X的保费分别为

$$G_A(X) = \mathrm{E}(X) + c_1 - \sqrt{c_1{}^2 - \sigma^2(X)},$$

$$G_B(X) = \mathrm{E}(X) + c_2 - \sqrt{c_2{}^2 - \sigma^2(X)}.$$

因此有

$$c_1 + c_2 > c_1 \Rightarrow P < G_A(X),$$

$$c_1 + c_2 > c_2 \Rightarrow P < G_B(X),$$

即P小于A和B各自单独承保时的最低要价. 这说明,保险公司之间通过合作增强了对风险的承受能力,从而可以减少安全附加费用.

5.1.3 最优保险

保险从本质上看是一种风险转移安排. 面对同一种风险,如何

进行风险转移使得更有效和具有更高的价值，或者说在可行的风险转移方式中选择最优的一种，这是一个既具有理论意义又具有实用价值的问题.

首先，我们对风险转移方式进行描述：已知风险 X，某风险承受者考虑将风险 X 中的 $I(X)$ 部分进行转移，这里 $I(x)$ 为 x 的单调递增函数，而且有 $0 \leqslant I(x) \leqslant x$. 若可接受的转移成本(保费)为 P，且效用函数 $u(\cdot)$ 已知，则风险承受者的风险转移期望效用为

$$\mathrm{E}\{u[w_0 - X + I(X) - P]\}. \tag{5.1.18}$$

函数 $I(x)$ 的一般可选方式有以下几种：

(1) 全部转移：$I(x) = x$；

(2) 止损、超损或免赔方式：

$$I(x) = I_d(x) = \begin{cases} 0, & 0 \leqslant x < d, \\ x - d, & x \geqslant d \end{cases} \quad (d \geqslant 0); \tag{5.1.19}$$

(3) 比例方式：$I(x) = kx\ (0 \leqslant k \leqslant 1)$.

在进行风险转移时，有时会固定转移成本 P，如取为转移风险的平均值：$P = \mathrm{E}[I(X)]$. 这时，表达式(5.1.18)中的 P 是事先确定的，但对应的转移函数 $I(x)$ 并不是唯一的，那么决策者究竟应该选择哪种方式呢？下面的定理部分回答了这个问题.

定理 5-1　已知风险 X，设风险转移的成本为 P(P 为常数)，决策者为风险厌恶型. 记

$$U = \{I(X): \mathrm{E}[I(X)] = P, 0 \leqslant I(X) \leqslant X\},$$

即 U 是由所有转移成本为 P 的可能的风险转移方式所组成的集合，则在集合 U 中，期望效用最大的转移方式为止损方式，即最优化问题

$$\max_{I \in U} \mathrm{E}\{u[w_0 - X + I(X) - P]\} \tag{5.1.20}$$

的解为由(5.1.19)式定义的 $I_{d^*}(X)$，其中 d^* 满足：

$$\mathrm{E}[I_{d^*}(X)] = P.$$

证明　证明分为以下三个部分：

(1) 由条件 $u''(w) < 0$ 知，对任意的 w_1 和 w_2，有

$$u(w_1) - u(w_2) \leqslant (w_1 - w_2)u'(w_2).$$

(2) 对任意的 x，有

$$[I(x)-I_{d^*}(x)]u'[w_0-x+I_{d^*}(x)-P] \leqslant [I(x)-I_{d^*}(x)]u'(w_0-d^*-P). \quad (5.1.21)$$

事实上，

当 $0\leqslant x<d^*$ 时，$I_{d^*}(x)=0$，(5.1.21)式退化为

$$I(x)u'(w_0-x-P)\leqslant I(x)u'(w_0-d^*-P);$$

当 $x>d^*$ 时，$I_{d^*}(x)=x-d^*$，(5.1.21)式的两边均退化为

$$[I(x)-I_{d^*}(x)]u'(w_0-d^*-P).$$

(3) 设 $I(x)$ 为集合 U 中任意一种转移方式，取

$$w_1=w_0-x+I(x)-P, \quad w_2=w_0-x+I_{d^*}(x)-P,$$

由(1)和(2)得到

$$\begin{aligned} & u[w_0-X+I(X)-P]-u[w_0-X+I_{d^*}(X)-P] \\ & \leqslant [I(X)-I_{d^*}(X)]u'[w_0-X+I_{d^*}(X)-P] \\ & \leqslant [I(X)-I_{d^*}(X)]u'(w_0-d^*-P), \end{aligned}$$

然后两边取数学期望，则得到

$$\begin{aligned} & \mathrm{E}\{u[w_0-X+I(X)-P]\}-\mathrm{E}\{u[w_0-X+I_{d^*}(X)-P]\} \\ & \leqslant \{\mathrm{E}[I(X)]-\mathrm{E}[I_{d^*}(X)]\}u'(w_0-d^*-P)=0, \end{aligned}$$

即 $\mathrm{E}\{u[w_0-X+I_{d^*}(X)-P]\}\geqslant \mathrm{E}\{u[w_0-X+I(X)-P]\}$，亦即结论成立.

利用定理 5-1 可以得到如下结论：

推论 5-1 已知风险 X，设风险转移的成本为 P(P 为常数)，则止损方式将使得决策者自留风险 $X-I(X)$ 的方差达到极小.

证明 对定理 5-1，考虑效用函数为二次函数：

$$u(w)=w-\alpha w^2 \quad \left(0<w<\frac{1}{2\alpha},\alpha>0\right),$$

则对任何的风险转移方式 $I(X)$，有如下的期望效用表示：

$$\begin{aligned} & \mathrm{E}\{u[w_0-X+I(X)-P]\} \\ & = w_0-\mathrm{E}[X-I(X)+P] \\ & \quad -\alpha\{\{w_0-\mathrm{E}[X-I(X)+P]\}^2+\mathrm{Var}[X-I(X)]\} \\ & = w_0-\mathrm{E}(X)-\alpha\{[w_0-\mathrm{E}(X)]^2+\mathrm{Var}[X-I(X)]\}. \end{aligned}$$

上式只有最后一项 $-\alpha\{\mathrm{Var}[X-I(X)]\}$ 与 $I(X)$ 有关. 因此，利用

定理 5-1,最优化问题(5.1.20)相当于最小化 $\mathrm{Var}[X-I(X)]$. 而由定理 5-1 有

$$\mathrm{E}\{u[w_0-X+I_d(X)-P]\}\geqslant \mathrm{E}\{u[w_0-X+I(X)-P]\},$$

于是可得出

$$\mathrm{Var}[X-I_d(X)]\leqslant \mathrm{Var}[X-I(X)],$$

即结论成立.

推论 5-1 表明,如果以方差表示风险程度,在转移成本固定的条件下,止损方式也是风险最小的转移方式.

§5.2 再保险与风险交换的一般均衡模型

当保险公司通过某种营销渠道承保了较大的风险时,可能不想或不愿接受全部的风险. 为此,在承保全部风险的同时,保险公司只将其中的一部分风险自留,并收取相应的保费,而对于余下的部分风险,可以通过市场寻找其他愿意接受这些风险的保险公司. 从 1680 年开始,英国的劳合社就为保险公司提供了一个类似这样的途径.

大多数保险公司在经营中都会签订一组再保险协议,使得比较大的风险几乎都自动地在它们之间进行了再分配. 再保险协议往往以互惠为基础. 保险公司之间相互分保,分散风险,这对于保险公司的好处是显而易见的.

当公司承保再保险风险时,顺理成章地需要了解风险的特征. 如果是保险公司之间的再保险协议,因为各自同时也是竞争对手,在这种情况下,保险公司可能不愿将自己承保的风险的所有信息提供给对方. 19 世纪末,产生了专业的再保险公司,如瑞士再保险公司、慕尼黑再保险公司和通用再保险公司等,这些专业再保险公司只是承(分)保直接保险公司已经承保的保险风险,不会直接承保保险标的风险. 这些专业的再保险公司由于专门从事再保险业务,因此对所承保的风险也会有专业的分析,进行合理的风险评估和定价.

5.2.1 再保险市场的风险交换基本模型

再保险是一种风险交换方式．与直接保险不同，再保险的目的是对已知的风险进行有效、合理的再分配．因此，它类似于不确定环境下的均衡问题．Arrow 于 1953 年提出了著名的不确定环境下纯交换市场的古典均衡模型理论．Borch(1990)应用这个理论建立了一种再保险市场的均衡模型，并基于这个基本模型进行再保险风险分析，包括定价问题、最优再保险和最优的风险交换等．

首先，我们对一般的保险风险交换问题的背景描述如下：

(1) 市场中有 n 个保险公司．

(2) 第 j 个保险公司的效用函数为 $u_j(w)$，满足：

$$u'_j(w) > 0,\quad u''_j(w) \leqslant 0\quad (j = 1,2,\cdots,n).$$

(3) 第 j 个保险公司最初承保的风险为 $X_j(j=1,2,\cdots,n)$．

(4) n 个保险公司对最初的承保风险进行交换，通过这种交换，第 j 个保险公司最终获得的风险为 $Y_j(j=1,2,\cdots,n)$．显然 Y_j 为随机向量$(X_1,\cdots,X_n)$的函数．

(5) 可行的风险交换集合为 $\left\{(Y_1,\cdots,Y_n):\sum\limits_{j=1}^{n}Y_j = \sum\limits_{j=1}^{n}X_j\right\}$，记 $\sum\limits_{j=1}^{n}X_j = S$．

(6) 市场整体风险的效用函数为 $u(w)$，满足：$u'(w)>0$，$u''(w)\leqslant 0$．可以将 $u(w)$理解为市场整体的风险态度．

在上述背景下，为了使得风险交换问题是一个有意义的问题，还要考虑如下的前提条件：

(1) n 个保险公司对所有待交换风险的认识是相同的，存在公认的联合分布：$F_{(X_1,\cdots,X_n)}(x_1,\cdots,x_n)$；

(2) 所有保险公司的行为都是理性的(在任何意义上)；

(3) 保险公司进行风险交换的目的是增加期望效用，即

$$\mathrm{E}[u_j(w_j - Y_j)] \geqslant \mathrm{E}[u_j(w_j - X_j)],\quad j = 1,2,\cdots,n.$$

基于上述背景和前提条件，关于风险交换问题的一般均衡(即 Pareto最优)的主要结论如下：

(1) 风险交换的结果应该是一种 **Pareto 最优**，即：不存在其他可行的风险交换，使得既可以增加某家公司的期望效用而又不减少任何其他公司的期望效用.

(2) 一般均衡的最优化问题可以表示为

$$\max_{\{Y_1,\cdots,Y_n\}}\left\{\sum_{j=1}^{n}k_j\mathrm{E}[u_j(-Y_j)]\right\},$$

$$\text{s. t.}\quad \sum_{j=1}^{n}Y_j = S, \tag{5.2.1}$$

其中$\{k_j, j=1,2,\cdots,n\}$是某个给定的常数序列. 最优化问题(5.2.1)也称为**一般均衡模型**.

最优化问题(5.2.1)可以用古典的拉格朗日乘数法求解，具体如下：

对每个固定的随机事件ω，n个公司的总损失为s，用$y_j(j=1,2,\cdots,n)$表示当最初的损失发生后，经过风险交换第j个公司的损失量，则此时的最优化问题为

$$\max_{\{y_j:\, j=1,\cdots,n\}}\left\{\sum_{j=1}^{n}k_ju_j(-y_j)+\lambda\left(s-\sum_{j=1}^{n}y_j\right)\right\}. \tag{5.2.2}$$

根据拉格朗日乘数法，最优化问题(5.2.2)的解$(y_1^*,\cdots,y_n^*)$满足：

$$k_ju_j'(-y_j^*) = \lambda,\quad j = 1,2,\cdots,n, \tag{5.2.3a}$$

$$s = \sum_{j=1}^{n}y_j^*.$$

显然，任何一组$\{y_j: j=1,2,\cdots,n\}$取值可以看做对总损失s的一种重新分配，与构成s的各个公司最初的损失状况无关. 这时，可以将表达式(5.2.3)的右边定义为某种市场整体效用函数$u(w)$关于总损失s的一阶导数，于是(5.2.3a)式可另外表示为

$$k_ju_j'(-y_j^*(s)) = u'(-s),\quad j = 1,2,\cdots,n. \tag{5.2.3b}$$

对于所有的随机事件，求最优化问题(5.2.1)的解只需将表达式(5.2.3b)中的y_j^*和s用随机变量代替. 由此可以发现，最优解Y_j^*实际上是总损失S的函数，记为$Y_j^*=Y_j(S)(j=1,2,\cdots,n)$. 将随机变量代入(5.2.3b)式，再两边对$S$求导数，得到

$$k_ju_j''(-Y_j^*)Y_j^{*\prime}(S) = u''(-S),\quad j = 1,2,\cdots,n \tag{5.2.4a}$$

或

$$\frac{u_j''(-Y_j^*)Y_j^{*\prime}(S)}{u_j'(-Y_j^*)} = \frac{u''(-S)}{u'(-S)}, \quad j = 1,2,\cdots,n. \tag{5.2.4b}$$

若定义市场的**风险厌恶系数**为

$$R(x) = -\frac{u''(x)}{u'(x)}, \tag{5.2.5}$$

并将定义(5.2.5)式代入(5.2.4b)式，则有

$$R_j(-Y_j^*)Y_j^{*\prime}(S) = R(-S)$$

或

$$\frac{Y_j^{*\prime}(S)}{R(-S)} = \frac{1}{R_j(-Y_j^*)}.$$

由于$\sum_{j=1}^{n} Y_j^*(S) = S$，所以有

$$\sum_{j=1}^{n} Y_j^{*\prime}(S) = 1,$$

进而有

$$\frac{1}{R(-S)} = \sum_{j=1}^{n} \frac{1}{R_j(-Y_j^*)}. \tag{5.2.6}$$

若称$\frac{1}{R(x)}$为市场的**风险容忍度**，则(5.2.6)式表明：达到Pareto最优时，市场整体的风险容忍度必然等于各个参与者的风险容忍度之和，而且市场整体的风险容忍度将大于各个参与者的风险容忍度的最大值. 若市场中存在风险中性型参与者，则其风险厌恶系数为零，风险容忍度为无穷. 显然，这时的风险交换结果为将所有风险转移至该参与者. 也就是说，市场整体也是中性的.

另外，从上述分析看，满足(5.2.4b)式和(5.2.6)式的解是不唯一的.

5.2.2 两个保险公司风险交换的均衡分析

这里考虑两个保险公司的风险交换问题，具体分析其中的特征.

设有两个保险公司，背景信息如下：最初每个保险公司承保的风险分别为X_1和X_2，假设两个保险公司对X_1和X_2的联合分布信

息的认识是共同的，保费分别为 $P_1=\mathrm{E}(X_1)$ 和 $P_2=\mathrm{E}(X_2)$，风险准备(资本)分别为 R_1 和 R_2，效用函数分别为 $u_1(x)$ 和 $u_2(x)$，最后获得的风险分别为 Y_1 和 Y_2. 若假设交换风险中包含交换保费，则风险交换后两个保险公司的期望效用分别为

$$\mathrm{E}\{u_i[R_i+P_i-Y_i(S)]\},\quad i=1,2,$$

其中 $S=X_1+X_2, Y_2(S)=S-Y_1(S)$. 由(5.2.3b)式知，Pareto 最优的有效解(也称**均衡解**)应满足方程

$$u_1'[R_1+P_1-Y_1(S)]=ku_2'[R_2+P_2-S+Y_1(S)], \tag{5.2.7}$$

其中 k 为正常数.

例 5-5 已知两个保险公司的效用函数 $u_1(x)$ 和 $u_2(x)$ 分别为

$$u_i(x)=x-a_ix^2,\quad i=1,2.$$

试分析其最优风险交换问题(5.2.2)的解的性质.

解 将题目给定的效用函数代入表达式(5.2.7)，有

$$2a_1[R_1+P_1-Y_1(S)]-1=2ka_2[R_2+P_2-S+Y_1(S)]-k.$$

由上式可得

$$\begin{aligned}Y_1(S)=&\frac{ka_2}{a_1+ka_2}S+\frac{a_1}{a_1+ka_2}P_1-\frac{ka_2}{a_1+ka_2}P_2\\&+\frac{2a_1R_1-2ka_2R_2+k-1}{2(a_1+ka_2)}.\end{aligned}$$

进一步，记

$$\begin{aligned}h=&\frac{a_1}{a_1+ka_2},\\Q=&\frac{2a_1R_1-2ka_2R_2+k-1}{2(a_1+ka_2)}\\=&(1-h)\left(\frac{1}{2a_2}-R_2\right)-h\left(\frac{1}{2a_1}-R_1\right),\end{aligned}$$

则均衡解为

$$\begin{aligned}Y_1(S)&=(1-h)S-(1-h)(P_1+P_2)+P_1+Q,\\Y_2(S)&=hS-h(P_1+P_2)+P_2-Q.\end{aligned}\tag{5.2.8}$$

从这个解的表达式可以看出，这些均衡解对应的再保险方式为比例再保险方式. 也就是说，两个保险公司按比例分摊总的风险，它们的

分摊比例 h 实际上为参数 k 的函数，记为 $h(k)$. 这里参数 Q 表示第一个保险公司向第二个保险公司转移的风险准备，该参数可正可负. (5.2.8)第一式 $Y_1(S)$ 中交换后收回的保费为

$$(1-h)(P_1+P_2)-P_1;$$

第二式 $Y_2(S)$ 中交换后收回的保费为

$$h(P_1+P_2)-P_2.$$

显然，这两个结果是风险交换的自然结果.

下面，我们计算两个保险公司进行风险交换前的效用.

风险交换前，第 i 个保险公司的期望效用记为 $U_i(0)$：

$$\begin{aligned}U_i(0) &= \mathrm{E}[u_i(R_i+P_i-X_i)] \\ &= \frac{1}{4a_i}-a_i\left(\frac{1}{2a_i}-R_i\right)^2-a_iV_i, \quad i=1,2,\end{aligned}$$

其中 $V_i=\mathrm{Var}(X_i)(i=1,2)$.

若将解(5.2.8)代入期望效用的计算式，结果记为 $U_i(y)$，可得

$$U_1(y)=\frac{1}{4a_1}-a_1(1-h)^2\left[\left(\frac{1}{2a_1}+\frac{1}{2a_2}-R_1-R_2\right)^2+V_1+V_2\right],$$

$$U_2(y)=\frac{1}{4a_2}-a_2h^2\left[\left(\frac{1}{2a_1}+\frac{1}{2a_2}-R_1-R_2\right)^2+V_1+V_2\right].$$

在这种特殊的情况下，两个保险公司的风险交换本质上为选择双方合适的比例 h. 如果两个保险公司进行风险交换是理性的，也就是说，交换后的效用应不低于交换前，即

$$U_i(0)\leqslant U_i(y), \quad i=1,2,$$

再记

$$A_1=\frac{1}{2a_1}-R_1, \quad A_2=\frac{1}{2a_2}-R_2, \quad V=V_1+V_2,$$

则 h 的可行域为

$$1-\sqrt{\frac{A_1^2+V_1}{(A_1+A_2)^2+V}}\leqslant h\leqslant\sqrt{\frac{A_2^2+V_2}{(A_1+A_2)^2+V}}.$$

为了进一步得到确切的解，还需要其他的信息和约束条件，如基于纳什均衡的原理，进一步提出如下的最优化问题：

$$\max\{[U_1(y)-U_1(0)][U_2(y)-U_2(0)]\}.$$

对于本例具体为

$$\max_h \{\{A_1^2 + V_1 - (1-h)^2[(A_1+A_2)^2 + V]\}$$

$$\cdot \{A_2^2 + V_2 - h^2[(A_1+A_2)^2+V]\}\},$$

$$\text{s. t. } 1 - \sqrt{\frac{A_1^2 + V_1}{(A_1+A_2)^2 + V}} \leqslant h \leqslant \sqrt{\frac{A_2^2+V_2}{(A_1+A_2)^2+V}}.$$

这样可进一步求得一个确切的解.

5.2.3　多个保险公司风险交换的均衡分析

经过与前面两个保险公司情形类似的推导,可以得到任意 n 个保险公司风险交换均衡解的表达式:

$$u_i'[R_i + P_i - Y_i(S)] = k_i u_1'[R_1 + P_1 - Y_1(S)] \quad (i = 2,3,\cdots,n), \tag{5.2.9}$$

其中 $k_2, k_3, \cdots, k_n$ 为 $n-1$ 个正常数. 实际上,若取 $k_1=1$,(5.2.9)式对所有 $i=1,2,\cdots,n$ 成立,同时有

$$\sum_{i=1}^n Y_i(S) = S. \tag{5.2.10}$$

将(5.2.9)式和(5.2.10)式的两边分别对 $X_j(j=1,2,\cdots,n)$ 求导数,有

$$\frac{\partial Y_i(S)}{\partial X_j} u_i''[R_i + P_i - Y_i(S)] = k_i \frac{\partial Y_1(S)}{\partial X_j} u_1''[R_1 + P_1 - Y_1(S)]$$

$$(i = 1,2,\cdots,n; j = 1,2,\cdots,n),$$

$$\sum_{i=1}^n \frac{\partial Y_i(S)}{\partial X_j} = 1,$$

进一步整理得到

$$1 = \frac{\partial Y_1(S)}{\partial X_j} u_1''[R_1 + P_1 - Y_1(S)] \sum_{i=1}^n \frac{k_i}{u_i''[R_i + P_i - Y_i(S)]}$$

$$(j = 1,2,\cdots,n),$$

其中 $k_1=1$. 对于一般的 $i=1,2,\cdots,n$,有

$$\frac{\partial Y_i(S)}{\partial X_j} = \frac{\dfrac{k_i}{u_i''[R_i + P_i - Y_i(S)]}}{\displaystyle\sum_{i=1}^n \frac{k_i}{u_i''[R_i + P_i - Y_i(S)]}}.$$

由于上述结果与 j 无关,适当整理,可得

$$\frac{\mathrm{d}Y_i(S)}{\mathrm{d}S}=\frac{\dfrac{k_i}{u_i''[R_i+P_i-Y_i(S)]}}{\sum\limits_{i=1}^{n}\dfrac{k_i}{u_i''[R_i+P_i-Y_i(S)]}}.$$

这表明,Pareto 最优的解为 S 的函数,也就是总损失的函数. 若效用函数为二次函数:

$$u_i(x)=x-a_ix^2,\quad i=1,2,\cdots,n,$$

则 $u_i''(x)=-2a_i(i=1,2,\cdots,n)$. 记

$$q_i=\frac{k_i/a_i}{q},\quad i=1,2,\cdots,n, \tag{5.2.11}$$

其中 $q=\sum\limits_{i=1}^{n}\dfrac{k_i}{a_i}$, 则有

$$\frac{\mathrm{d}Y_i(S)}{\mathrm{d}S}=q_i,\quad i=1,2,\cdots,n.$$

这意味着对应的再保险方式为比例再保险方式.

如果考虑将二次效用函数代入表达式(5.2.9),可以得到相应的均衡解:

$$2a_i[R_i+P_i-Y_i(S)]-1=2k_ia_1[R_1+P_1-Y_1(S)]-k_i$$
$$(i=1,2,\cdots,n),$$

进而有

$$Y_i(S)=A_i-q_iqa_1[A_1-Y_1(S)],\quad i=1,2,\cdots,n,$$

其中 $A_i=R_i+P_i-\dfrac{1}{2a_i}(i=1,2,\cdots,n)$. 再利用(5.2.10)式,最终均衡解的表达式为

$$Y_i(S)=q_iS+A_i-q_iA,\quad i=1,2,\cdots,n, \tag{5.2.12}$$

其中 $A=\sum\limits_{i=1}^{n}A_i$.

5.2.4 一般风险交换的市场均衡价格

风险交换是会有成本的,也就是说,保险公司分出风险需要支付费用,分入风险需要收取费用. 本小节将分析风险交换在市场均衡时的费用(价格)情况. 考虑到问题的复杂性,本小节仍然假设效

用函数为二次函数.

在上面的分析中,均衡解 Y_i^* 均为 S 的函数 $Y_i(S)$,所以 $Y_i(0)$ 表示总损失为零时第 i 个保险公司的交换量,也就是第 i 个保险公司再保险费的净收支额. 在(5.2.12)式中令 $S=0$,有

$$Y_i(0)=A_i-q_iA,\quad i=1,2,\cdots,n. \tag{5.2.13}$$

另外,如果效用函数为二次函数,从效用分析的角度看,只涉及风险随机变量的前两阶矩,因此,我们假设在风险交换中各个保险公司之间交换的保费采用以下方式:$P=m+pV$,其中 m 表示风险的均值,V 表示所交换风险的方差,p 为某个正实数.

经过风险交换后,第 i 个保险公司将要分入第 j 个保险公司的风险为 q_iX_j,因此,第 i 个公司从第 j 个公司得到的再保险保费为

$$P_{ij}=q_im_j+pq_i^2V_j,\quad i,j=1,2,\cdots,n, \tag{5.2.14}$$

其中 m_j 和 V_j 分别表示风险 X_j 的均值和方差. 因此,第 i 个保险公司从第 j 个保险公司得到的净保费为

$$P_{ij}-P_{ji}-q_im_j+pq_i^2V_j-(q_jm_i+pq_j^2V_i).$$

上式对所有 $j(j\neq i)$ 求和,可得

$$q_im-m_i+p(q_i^2V-V_iq^2),\quad i=1,2,\cdots,n, \tag{5.2.15}$$

其中 $m=\sum_{j=1}^n m_j, V=\sum_{j=1}^n V_j^2, q^2=\sum_{j=1}^n q_j^2$.

表达式(5.2.15)应该与(5.2.13)式表示的净收支额价值相等、符号相反,因此有

$$p(q_i^2V-V_iq^2)+q_i(m-A)-(m_i-A_i)=0 \quad (i=1,2,\cdots,n). \tag{5.2.16}$$

由(5.2.16)式中的 n 个方程和 $1=\sum_{j=1}^n q_j$ 一起构成了 $n+1$ 个方程,未知参数为 $q_1,q_2,\cdots,q_n$ 和 p. 通过解方程组可以得到解. 方程组(5.2.16)的解可以另表示为以下形式:

$$q_i=\frac{m_i-A_i}{m-A}+\frac{pV_i}{m-A}\sum_{j\neq i}q_j^2,\quad i=1,2,\cdots,n. \tag{5.2.17}$$

显然,上述解需要通过数值方法来求.

§5.3 最优再保险的风险决策

前面两节讨论了基于风险决策理论的保费设计、风险交换和再保险的基本问题及结论. 从中可以发现,在基于风险的决策中,决策者的角度对于决策结果是至关重要的,确定了决策者用于决策的所有要素,例如效用函数、风险状况、决策最优化的目标和约束.

在一般承保的保费设计讨论中,因为占主导一方的为保险公司,因此基本上所有的分析都是从保险公司一方的角度出发进行的,保费设计决策的目标是使得基于良好定义的保险公司效用最大化. 这样围绕保费设计的问题转化为如何让保费具有一定的合理性,如所谓的一致风险度量,使得对于保险公司来说其保费体系具有内在的一致性.

再保险的风险决策则是一个相对复杂的过程,要涉及两个风险决策者:直接保险公司和再保险公司,而且一般情况下的再保险合同都是场外交易的一对一专门合约. 再保险合约的设计是两个风险决策者进行有效优化的结果,而站在不同的决策者一方会得到不同的优化结果. §5.1 中的定理 5-1 是站在直接保险公司的角度,且在再保险保费计算方式确定、保费金额确定的情况下,得到止损方式为最优解. §5.2 是站在风险交换的角度,也就是市场的角度,得到均衡(最优)的交换方式为比例分摊. 这两个结果显然是不一致的.

本节将站在分出(直接保险)公司的角度,讨论再保险这种特殊的风险交换最优化问题. 沿用前面 5.1.3 小节的记号,我们对风险转移方式进行描述:保险公司 A 承保的风险用随机变量 X 表示,A 公司考虑将风险 X 中的 $R(X)$ 部分进行再保险,其中 $R(x)$ 为 x 的单调递增函数(称为**再保险函数**),而且有 $0\leqslant R(x)\leqslant x$. 设再保险保费按照某个原则$\Pi(\cdot)$计算,再保险部分的风险为 $R(X)$ 时的再保险保费为 $\Pi[R(X)]$,且该保费的限制(或者称预算)为 π,则通过再保险 A 公司的承保自留风险为 $I_R(X)=X-R(X)$,再加上再保险保费支出,经过再保险之后 A 公司对应承保风险 X 的总风险变为

$$T_R(X)=I_R(X)+\Pi[R(X)]$$

$$= X - R(X) + \Pi[R(X)]. \tag{5.3.1}$$

若假设A公司的效用函数已知，为 $u(x)$，则对于A公司来说，进行再保险的一般风险决策优化问题可以表述为

$$\begin{aligned} &\max_{R(\cdot)} \mathrm{E}\{u[w_0 - T_R(X)]\}, \\ &\text{s.t. } 0 \leqslant R(x) \leqslant x\ (x \geqslant 0),\ \Pi[R(X)] \leqslant \pi, \end{aligned} \tag{5.3.2}$$

其中 w_0 为初始财富．最优化问题(5.3.2)的外生函数为 $u(x)$ 和 $\Pi(\cdot)$，外生参数为 w_0 和 π.

5.3.1　二次效用(方差)准则的再保险决策

对于最优化问题(5.3.2)，外生函数 $u(x)$ 和 $\Pi(\cdot)$ 比参数 w_0 和 π 重要得多.目前还没有关于一般性 $u(x)$ 和 $\Pi(\cdot)$ 的最优解结论.

风险决策中最简单的效用函数是凹的效用函数．由§5.1的定理5-1知，当最优化问题的效用函数为凹函数，保费准则为净保费且保费约束条件为等式时，最优化问题(5.3.2)的解为止损方式.

Gajeck 和 Zagrodny(2000)首次提出了目标为最小方差，保费准则为期望与标准差的线性和方式的最优解．他们考虑的最优化问题如下：

$$\begin{aligned} &\min_{R(\cdot)} \mathrm{Var}[X - R(X)], \\ &\text{s.t. } 0 \leqslant R(x) \leqslant x\ (x \geqslant 0), \\ &\qquad \Pi[R(X)] = \mathrm{E}[R(X)] + \beta\sqrt{\mathrm{Var}[R(X)]} \leqslant \pi. \end{aligned} \tag{5.3.3}$$

对于最优化问题(5.3.3)，Gajeck 和 Zagrodny(2000)主要运用拉格朗日乘数法和 Gâteaux 导数的概念证明了下面的定理.

定理5-2　设 $\pi>0$，$\beta>0$ 为已知的参数，则当存在 $M>0$ 和 $r\in[0,1)$ 满足：

$$\begin{aligned} &\mathrm{E}[(M - X)_+] = \frac{r}{\beta}\sqrt{\mathrm{Var}[(M - X)_+]}, \\ &\mathrm{E}[(X - M)_+] + \beta\sqrt{\mathrm{Var}[(X - M)_+]} = \pi \end{aligned} \tag{5.3.4}$$

时，最优化问题(5.3.3)的解为

$$R^*(X) = (1 - r)(X - M)_+.$$

5.3.2 VaR 和 CTE 准则的再保险决策

从保险人的角度看，谨慎的风险管理应当保证与保险人的总损失 $T_R(X)$ 相关的风险度量越小越好. 这促使我们考虑两种新的优化目标 VaR 和 CTE（它们的具体定义见第 4 章(4.3.1)式和(4.3.4)式).

考虑到问题的复杂性，我们将再保险函数的可选集合限制为止损再保形式：

$$R(x) = (x-d)_+, \quad x \geqslant 0,\ d \geqslant 0.$$

取保费设计原理为期望值原理，并设给定的风险附加 $\rho>0$，则再保险保费为

$$\Pi[R(X)] = (1+\rho)\mathrm{E}[R(X)] = (1+\rho)\mathrm{E}[(X-d)_+] \triangleq \pi(d),$$

再保险之后的总风险为

$$T_R(X,d) = X \wedge d + \pi(d).$$

在给定风险容忍水平和再保险保费附加的条件下，基于 VaR 或 CTE 的最优再保险问题可以表述如下：

$$\text{VaR 优化问题：} \min_{d>0}\{\mathrm{VaR}_{T_R(X,d)}(\alpha)\} \tag{5.3.5}$$

或

$$\text{CTE 优化问题：} \min_{d>0}\{\mathrm{CTE}_{T_R(X,d)}(\alpha)\} \tag{5.3.6}$$

Cai 和 Tan(2007) 讨论了上述两个优化问题解存在的充分必要条件和解的性质，主要结论如下：

定理 5-3 在 VaR 优化问题 (5.3.5) 中，最优自留额 $d^*>0$ 存在的充分必要条件是

$$\alpha < \rho^* < S_X(0) \tag{5.3.7}$$

和

$$S_X^{-1}(\alpha) \geqslant S_X^{-1}(\rho^*) + \Pi(S_X^{-1}(\rho^*)), \tag{5.3.8}$$

其中 $S_X(x)$表示 X 的生存函数，即 $S_X(x)=\overline{F}_X(x)$，$\rho^*=\dfrac{1}{1+\rho}$，并且当最优化问题(5.3.5) 的最优自留额 d^* 存在时，$d^*=\mathrm{VaR}_X(\rho^*)$，总损失 $T_R(X,d)$的最小风险价值为

$$\mathrm{VaR}_{T_R(X,d^*)}(\alpha) = d^* + \pi(d^*). \tag{5.3.9}$$

定理 5-3 表明，对于止损再保险 VaR 优化问题的解的存在性是

非常易于验证的，只要再保险的保费安全系数应位于合理的范围内.下面的推论给出了 VaR 优化问题解的充分条件.

推论 5-2 VaR 优化问题(5.3.5)的最优自留额 $d^*>0$ 存在的充分条件为(5.3.7)式和下面的条件成立：

$$S_X^{-1}(\alpha)\geqslant(1+\rho)\mathrm{E}(X),$$

且最优自留额 d^* 与最小风险价值的结果同定理 5-3.

例 5-6 已知损失 X 服从指数分布，且 $\mathrm{E}(X)=1000$.对于置信水平 99.5%，试讨论最优化问题(5.3.5)解的可行域和最优解.

解 由 X 的分布可知

$$S_X(0)=1,\quad S_X^{-1}(\alpha)=-1000\ln\alpha,\ 0<\alpha<1.$$

对任意 $0<\rho^*<1$，有

$$\begin{aligned}\Pi(S_X^{-1}(\rho^*))&=(1+\rho)\mathrm{E}\{[X-S_X^{-1}(\rho^*)]_+\}\\&=(1+\rho)\times1000\times \mathrm{c}^{-0.001\times S_X^{-1}(\rho^*)}=1000,\end{aligned}$$

则条件(5.3.8)为 $0<\rho<\dfrac{1}{\alpha}-1=199$，条件(5.3.9)为 $\rho\leqslant\dfrac{1}{\alpha\mathrm{e}}-1$.所以，最优化问题(5.3.5)解存在的充分必要条件为

$$\rho\leqslant\frac{1}{\alpha\mathrm{e}}-1\approx72.58.$$

当解存在时，最优解为

$$d^*=\mathrm{VaR}_X(\rho^*)=1000\ln(1+\rho),$$

$$\mathrm{VaR}_{T_R(X,d^*)}(\alpha)=d^*+\pi(d^*)=1000[\ln(1+\rho)+1].$$

此时，$\mathrm{VaR}_X(\alpha)=-1000\ln(0.005)\approx5298.32$.显然，通过再保险，使得总损失的 VaR 有所下降，下降的水平取决于再保险保费的风险附加.这时的结果中比较有趣的是，无论再保险保费的风险附加取何值(在可行域内)，最优解的再保险保费均为 1000.

定理 5-4 在 CTE 优化问题(5.3.6)中，最优解 d^* 存在的充分必要条件为

$$0<\alpha\leqslant\rho^*<S_X(0),\tag{5.3.10}$$

且当最优解 d^* 存在时，有

$$\text{当 }\rho^*>\alpha\text{ 时},d^*=\mathrm{VaR}_X(\rho^*);$$

$$\text{当 }\rho^*=\alpha\text{ 时},d^*\geqslant\mathrm{VaR}_X(\rho^*).$$

例 5-7　在例 5-6 的条件下，试讨论最优化问题(5.3.6)的解的可行域和最优解，并举例说明再保险风险附加取何值时最优化问题(5.3.6)的解存在，而最优化问题(5.3.5)的解不存在.

解　由 X 的分布可知

$$S_X(0) - 1, \quad S_X^{-1}(\alpha) = -1000\ln\alpha,\ 0 < \alpha < 1.$$

条件(5.3.10)可表示为 $0<\rho\leqslant\dfrac{1}{\alpha}-1-199$，所以最优化问题(5.3.6)的解存在的充分必要条件为

$$0 < \rho \leqslant \frac{1}{\alpha} - 1 = 199.$$

当 $0<\rho\leqslant199$ 时，最优解的 d^* 为

$$d^* = \mathrm{VaR}_X(\rho^*) = 1000\ln(1+\rho).$$

而最优化问题(5.3.5)的解存在的充分必要条件为 $\rho\leqslant\dfrac{1}{\alpha\mathrm{e}}-1\approx72.58$，所以只要再保险风险附加落在区间 $72.58<\rho<199$ 时，最优化问题(5.3.6)的解存在，而最优化问题(5.3.5)的解不存在. 显然，这个条件非常苛刻，大多数情况下，再保险的风险附加都不会达到这样的水平.

习　题　5

1. 设决策者的初始财富为 10000 元，风险 X 服从两点分布(是否发生的概率相同)，效用函数的信息如下：$u(0)=-1, u(10000)=0$. 决策者的风险期望效用无差异选择用 G 表示.

(1) 通过如下决策者的选择，确定效用函数在这些点的值：当 $X=10000$ 时，$G=6000$；当 $X=6000$ 时，$G=3300$；当 $X=3300$ 时，$G=1700$.

(2) 对于(1)中的决策者通过计算效用函数的二阶差分给出该决策者对风险的态度(喜好或厌恶)；

(3) 你作为一个决策者给出你对问题(1)和(2)的回答.

2. 分析以下效用函数对应的决策者的风险态度：

(1) $u(w)=\ln w, w>0$；

(2) $u(w)=aw+b, a>0, w>0$;

(3) $u(w)=-\mathrm{e}^{-\alpha w}, \alpha>0, w>0$;

(4) $u(w)=w^r, 0<r<1, w>0$;

(5) $u(w)=w-\alpha w^2, w>0, \alpha>0$.

3. 设风险 X 服从$[0,1]$上的均匀分布，对以下两个效用函数计算风险 X 的期望效用无差异选择 G：

(1) $u(w)=k\ln w, w>1$;

(2) $u(w)=w-0.5w^2, 0\leqslant w\leqslant 1$.

4. 净资产为100个货币单位的某保险公司计划承担如下的风险 X：$\Pr(X=0)=\Pr(X=51)=\dfrac{1}{2}$，其效用函数为 $u(w)=\ln w$. 假设全额再保险的可接受再保费为 G. 另有净资产为650个货币单位的再保险公司考虑承受上述风险，其效用函数与前面的公司相同. 计算再保险公司愿意接受该再保险合约的最小可接受保险费 H. 该合同是否可行？如果再保险合约为部分风险：比例方式(50%，75%)或25个货币单位的止损方式，分析保险费的情况和再保险合约的可行性.

5. 已知风险 X 服从$[0,100]$(货币单位化)上的均匀分布，可接受的风险转移成本为12.5. 从效用和风险两个角度分析比例方式和止损方式的风险转移优良性.

6. 设函数 $u(w)$ 满足：对任意随机变量 X，成立

$$\mathrm{E}[u(X)]=u[\mathrm{E}(X)].$$

证明：函数 $u(w)$ 一定为线性函数.

7. 已知某个体的风险决策行为如下：在公平博弈中，当他赢了1元以后，对于问题"赌注加倍还是退出?"的回答是"加倍"；当再次赢了之后，他犹豫很长时间才回答"加倍"；第三次赢了之后，他的回答是"退出". 试描述该个体的风险效用函数.

8. 对于参数 $\alpha=0.001$ 的指数效用函数，确定风险 $X\sim N(400,25000)$ 和 $Y\sim N(420,20000)$ 的期望效用无差异选择. 若某决策者的指数效用函数的参数为 α，且其永远选择 X，试给出效用函数参数 α 的范围.

9. 若随机变量 X 满足：$\pi_X(d)=\frac{1}{3}(1-d)^3,0\leqslant d\leqslant 1$，试确定 X 的分布函数.

10. 对于均值为 μ，方差为 σ^2 的风险 X，其变异系数定义为 $V(X)=\sigma/\mu$. 证明：$V[\min\{X,d\}]$关于 d 单调递增. 比较停止损失再保险与比例再保险的变异系数.

11. 设风险 $X\sim N(0,1)$，考虑如下的保险：对于某个给定的 $d>0$，当风险 $X\geqslant d$ 时，理赔为 $I(X)=X$；否则 $I(X)=0$. 按照期望值计算该保险的保费，并将其与自留额为 $d>0$ 的停止损失保险的保费进行比较.

12. 在例5-5中，已知以下的具体信息：$R_1=1,R_2=3;V_1=1,V_2=3;a_1=a_2=1/8$. 试给出 h 的可行域以及最终的均衡解.

13. 在两个保险公司风险交换的例子中，若两个公司的效用函数均为指数函数，试仿照例5-5分析其风险交换的均衡解性质.

14. 若例5-5中一方为再保险公司，试分析风险交换的均衡解性质.

第 6 章　风险理论在定价中的应用

本书前面的内容可以概括为风险组合模型和风险度量模型两大部分,已有模型的结论和方法在精算和金融中已经产生了一些应用.本章主要考虑风险理论的风险组合模型在金融衍生产品定价中的应用以及对含最低保证的保险产品风险进行分析时的应用.

§6.1　破产理论在期权定价中的应用

自 20 世纪 80 年代开始,金融衍生产品得到了迅速的发展,不仅是直接的衍生品市场,而且在许多金融产品和保险产品中都出现了具有衍生品特征的要素和条款.

破产理论所基于的盈余过程最初主要是刻画基于总损失的总盈余,但是破产理论的方法论和主要结论并不拘泥于损失和盈余过程.自 20 世纪 90 年代开始,很多精算研究的学者开始尝试运用古典的风险理论精算方法进行衍生产品的定价分析,其中最有代表性的是 E. S. W. Shiu 和 H. U. Gerber 两位教授在 1999 年的工作.本节以他们的工作为主介绍这方面应用的基本思路和一些简单的结论.

6.1.1　用盈余过程表示资产价格模型

对 $t\geqslant 0$,令 $A(t)$表示如股票或股票指数之类的某种金融资产在时刻 t 的价格.通常称$\{A(t),t\geqslant 0\}$为**资产价格过程**.我们假设$\{\ln A(t)\}$服从如(2.1.5)式定义的盈余过程$\{U(t),t\geqslant 0\}$,即

$$A(t)=\mathrm{e}^{U(t)}=\mathrm{e}^{u+ct-S(t)},\quad t\geqslant 0. \tag{6.1.1}$$

在这个模型中,资产价格在下跌时会出现跳跃的现象(不连续),下调的时刻和金额都是随机的.在描述保险公司的股票价格或者保险类股票组合的指数变化时,这种模型假设显得有一定的合理性.

假设无风险利率为正常数 r,并假设

$$c > r. \tag{6.1.2}$$

该假设的含义是，如果上述条件不满足，则不会有投资者愿意投资于保险行业.

为了得到基于上述资产价格过程的定价方法，我们需要利用金融经济学的原理对上述模型进行进一步的假设和讨论. 首先，假设市场是中性的或者说无套利的，则存在风险中性的概率测度，使得任何资产的价格等于其未来现金流贴现后按照上述风险中性概率测度计算的期望值. 其次，假设资产没有分红. 在这些假设下，资产价格的贴现过程 $\{e^{-rt}A(t), t\geqslant 0\}$（在风险中性测度下）为鞅，或者说贴现过程 $\{e^{-rt}\widetilde{A}(t), t\geqslant 0\}$ 在原概率测度下为鞅，其中 $\widetilde{A}(t)=e^{RU(t)}$，这里 R 满足：

$$-r+cR+\lambda[M_X(-R)-1]=0. \tag{6.1.3}$$

经过与前面第 2 章和第 3 章类似的推导，可以得到以下结论：

定理 6-1 对于如(2.1.5)式定义的盈余过程 $\{U(t), t\geqslant 0\}$ 和满足(6.1.2)式的正常数 r，有

$$g(y)=\frac{\lambda}{c}\int_0^{+\infty} f_X(x+y)e^{-Rx}\,dx, \tag{6.1.4}$$

$$E[e^{-rT}\,|\,U(0)=0]=1-\frac{r}{cR}, \tag{6.1.5}$$

其中 R 为方程(6.1.3)的非零解，T 表示盈余过程 $\{U(t), t\geqslant 0\}$ 首次低于零的时刻，$g(y)dy$ 表示当盈余首次低于初始时刻时，盈余取值于 $(u-y-dy, u-y)$ 的概率经过正常数 r 贴现的值.

定理 6-1 表明，若资产价格初值为 1 个货币单位，即 $u=0$，则 T 表示资产价格首次跌破初值的时刻，(6.1.4)式给出了在首次跌破初值后下跌幅度的分布，而(6.1.5)式提供了关于 T 的一种概率性质.

6.1.2 最低保证定价

在投资连结的保险产品中常常会出现对投保人账户价值的最低保证，例如保证投保人账户的价值永远不低于最初的本金，保证投保人账户的价值永远不低于最初的本金按照某种利率累积的价值. 如果这类产品的资金主要投资于资本市场，则这类最低保证实

际上会成为保险公司不可忽视的成本. 本节将分别对保本和保证本金按照一定利率积累两种情况进行上述成本的分析.

1. 本金保证的成本

对 $t\geqslant 0$,令 $F(t)$ 表示投保人账户在时刻 t 的价值. 如果保险公司的保单条款中保证了投保人账户价值不低于本金,则有

$$F(t)=\begin{cases}F(0)\dfrac{A(t)}{A(0)}=F(0)\mathrm{e}^{U(t)-u}, & F(0)\dfrac{A(t)}{A(0)}\geqslant F(0),\\ F(0), & F(0)\dfrac{A(t)}{A(0)}<F(0),\end{cases}\quad t\geqslant 0. \tag{6.1.6}$$

显然,当资产价格过程存在激烈波动时,投保人账户将多次被置为初值,这种重置的成本是保险公司必须承担的.

为了简化问题,同时考虑到盈余过程的平稳性和独立增量性,我们首先考虑 $F(t)$ 重置为初值 $F(0)$ 的首次时刻. 记该首次时刻为 T_1,则有

$$T_1=\inf\{t:A(t)<A(0)\}=\inf\{t:U(t)<U(0)=u\},$$

即 T_1 表示初值为零的盈余过程的破产时刻. 在 T_1 时刻保险公司需要额外支付的金额为

$$F(0)\left[1-\frac{A(T_1)}{A(0)}\right]=F(0)\left[1-\mathrm{e}^{U(T_1)-U(0)}\right].$$

若记上述支付金额的贴现成本为 G_1(下称首次重置成本),则

$$G_1=\mathrm{E}\left[\mathrm{e}^{-rT}F(0)(1-\mathrm{e}^{U(T)})\,|\,U(0)=0\right]. \tag{6.1.7}$$

直接应用定理6-1,(6.1.7)式进而可具体表示为

$$\begin{aligned}G_1&=F(0)\int_0^{+\infty}(1-\mathrm{e}^{-y})g(y)\mathrm{d}y\\&=F(0)\left[\left(1-\frac{r}{c}\right)-\frac{\lambda}{c}\int_0^{+\infty}\int_x^{+\infty}f_X(y)\mathrm{e}^{-y}\mathrm{d}y\mathrm{d}x\right].\end{aligned} \tag{6.1.8}$$

对上式交换积分次序,有

$$G_1=\frac{F(0)}{c}\left[(c-r)-\lambda M_X'(-1)\right], \tag{6.1.9}$$

其中 $M_X'(-1)=\int_0^{+\infty}y\mathrm{e}^{-y}f_X(y)\mathrm{d}y$ 表示 X 的矩母函数的导数在 -1 点的取值.

根据首次重置成本 G_1 的表达式(6.1.9),令 G_n 表示 n 次重置

的总成本,则有

$$
\begin{aligned}
G_n &= \int_0^{+\infty} [F(0)(1-e^{-y}) + G_{n-1}] g(y) dy \\
&= G_1 + G_{n-1}\left(1-\frac{r}{c}\right).
\end{aligned} \tag{6.1.10}
$$

表达式(6.1.10)经过递推,得

$$
G_n = F(0)\left[\frac{c}{r} - 1 - \frac{\lambda}{r}M_X'(-1)\right]\left[1-\left(1-\frac{r}{c}\right)^n\right]. \tag{6.1.11}
$$

特别地,在起始时刻 0 考虑未来的无穷多次重置,总成本为

$$
G_\infty = \frac{F(0)}{r}[(c-r) - \lambda M_X'(-1)]. \tag{6.1.12}
$$

2. 本金按照一定利率积累保证的成本

对 $t\geqslant 0$,令 $F(t)$表示投保人账户在时刻 t 的价值. 如果保险公司的保单条款中保证了投保人账户价值不低于本金按照一定利率积累的价值,并假设该积累利率为 γ(自然有 $\gamma<r$),则有

$$
F(t) = \begin{cases} F(0)\dfrac{A(t)}{A(0)} = F(0)e^{U(t)-u}, & F(0)\dfrac{A(t)}{A(0)} \geqslant e^{\gamma t}F(0), \\ e^{\gamma t}F(0), & F(0)\dfrac{A(t)}{A(0)} < e^{\gamma t}F(0), \end{cases} \quad t\geqslant 0. \tag{6.1.13}
$$

为了直接利用前面第一部分的结论,我们将原盈余过程进行适当的调整,取 $\tilde{c} = c-\gamma$,令

$$
\widetilde{U}(t) = u + \tilde{c}t - S(t), \quad t \geqslant 0. \tag{6.1.14}
$$

我们首先考虑 $F(t)$重置为 $e^{\gamma t}F(0)$的首次时刻,记为 $\widetilde{T}_1$,则有

$$
\widetilde{T}_1 = \inf\{t: A(t) < e^{\gamma t}A(0)\} = \inf\{t: \widetilde{U}(t) < \widetilde{U}(0) = u\}.
$$

记最低保证(6.1.13)首次出现的贴现后成本为 $\widetilde{G}_1$,则

$$
\widetilde{G}_1 = E[e^{-r\widetilde{T}_1}F(0)(e^{\gamma\widetilde{T}_1} - e^{\widetilde{U}(\widetilde{T}_1)-u}) \mid \widetilde{U}(0) = u], \tag{6.1.15}
$$

进而有

$$
\begin{aligned}
\widetilde{G}_1 &= F(0)E[e^{-(r-\gamma)\widetilde{T}_1}(1-e^{\widetilde{U}(\widetilde{T}_1)-u}) \mid \widetilde{U}(0) = u] \\
&= F(0)\int_0^{+\infty}(1-e^{-y})\tilde{g}(y)dy,
\end{aligned} \tag{6.1.16}
$$

其中 $\tilde{g}(y)$是由 $\tilde{r} = r-\gamma$ 和 $\widetilde{U}(t)$ 按照(6.1.4)式定义的函数. 最后可得到

$$\widetilde{G}_1 = \frac{F(0)}{\widetilde{c}}[(\widetilde{c} - \widetilde{r}) - \lambda M_X'(-1)] = \frac{F(0)}{c-\gamma}[c - r - \lambda M_X'(-1)]$$

和

$$\widetilde{G}_\infty = \frac{F(0)}{\widetilde{r}}[(\widetilde{c} - \widetilde{r}) - \lambda M_X'(-1)] = \frac{F(0)}{r-\gamma}[c - r - \lambda M_X'(-1)].$$

6.1.3　美式永久期权的定价

在基于终身寿险的投资连结保险产品中常常含有对未来投资收益的看跌保护，而且由于终身寿险的特征，使得这种期权可以看做永久期权，同时对投保人收益的保证是时时的. 这意味着这种内嵌的期权是美式期权. 本节尝试利用风险理论盈余过程的一些已有结论来讨论美式永久看跌期权的定价问题.

所谓的**美式永久看跌期权**是指其持有者在未来任何时刻 $t \geqslant 0$ 执行该期权时的收益为

$$\Pi[A(t)] = \max\{K - A(t), 0\} = [K - A(t)]_+,$$

其中 K 为非负常数，$A(t)$ 表示标的资产在 $t \geqslant 0$ 时刻的价格.

由金融经济学的结论可知，该期权的最优执行时刻 T_b 可以由下式定义：

$$T_b = \inf\{t: A(t) < e^b\}, \tag{6.1.17}$$

其中 b 为给定的某个实数，满足：$e^b \leqslant \min\{e^u, K\}$，这里 $A(t)$ 和 u 与本节开始的定义相同，即 u 表示标的资产的初始价格.

下面，我们根据 6.1.1 小节和 6.1.2 小节的一些结论推导满足 (6.1.17) 式的最优执行时刻，记相应的参数 b 为 $\tilde{b}$.

记 $V(u;b)$ 为按照最优执行时刻 T_b 执行期权的收益贴现价值，则有

$$V(u;b) = \mathrm{E}\{e^{-rT_b}\Pi[A(T_b)] \mid A(0) = e^u\}. \tag{6.1.18}$$

当 $b=u$ 时，则有 $e^u \leqslant K$，这时可以利用 6.1.2 小节的结论，将 b 看做那里的 γ；但是，当 $e^u < K$ 时，还有一项 $K - e^b$ 需要计算：

$$\Pi[A(T_b)] = K - A(T_b) = (K - e^b) + [e^b - A(T_b)].$$

代入前面的结论，有

$$V(b;b) = (K - e^b)\mathrm{E}[e^{-rT_b} \mid A(0) = e^b] + G_1,$$

其中 G_1 用表达式(6.1.9)代入,进而有

$$V(b;b)=\frac{c-r}{c}(K-\mathrm{e}^b)+\frac{\mathrm{e}^b}{c}[(c-r)-\lambda M_X'(-1)]$$
$$=\frac{1}{c}[K(c-r)-\mathrm{e}^b\lambda M_X'(-1)]. \qquad (6.1.19)$$

至此,我们可以利用(6.1.19)式来确定 $\tilde{b}$. 当 $V(b,b)<\Pi(\mathrm{e}^b)$ 时,$\tilde{b}>b$;当 $V(b,b)>\Pi(\mathrm{e}^b)$ 时,$\tilde{b}<b$. 因此,我们可以应用下面的等式来确定 $\tilde{b}$:

$$V(\tilde{b},\tilde{b})=\Pi(\mathrm{e}^{\tilde{b}})=K-\mathrm{e}^{\tilde{b}}. \qquad (6.1.20)$$

将(6.1.19)式代入(6.1.20)式,得到 $\tilde{b}$ 满足:

$$\mathrm{e}^{\tilde{b}}=K\frac{r}{c-\lambda M_X'(1)}.$$

因此,当 $u>\tilde{b}$ 时,永久看跌期权的价格为 $V(u,\tilde{b})$;当 $u<\tilde{b}$ 时,永久看跌期权的最优执行时刻为当前时刻,其价格为 $K-\mathrm{e}^u$.

§6.2 含最低保证保险产品的风险分析

随着经济和资本市场的发展,评估和管理金融风险成为与管理保险风险完全不同的课题. 保险风险的管理在很大程度上依赖于对风险的分散化处理. 保险公司对成千上万的被保险人签发保单,这些个体发生损失可以看做相互独立的,基于概率论的中心极限定理,我们知道这些保单总赔付的不确定性将非常低. 传统的精算技术在产品定价和准备金评估中往往采用相对确定性方法就是因为这时的不确定性很小. 确定性方法一般对利率、索赔额和索赔数采取"最优估计"值,然后通过对最优估计值的调整来适当地考虑不确定和随机变化的影响. 例如,我们也许会将最优估计得到的利率下调 100 或 200 个基点. 采用下调后的利率评估的负债值将高于按照最优估计利率评估的负债值. 这样做相当于对投资收入的假设有所降低.

但是,对于保险产品中包含的最低投资收益保证进行分析时则需要完全不同的方法. 这时,一组具有相同最低保证特征的保单组

合只能做到适当的分散化，因为当股票市场状况不好时，将同时影响到所有保单的最低保证风险. 在最简单的产品形态下，或者是该保单组的所有保单同时索赔，或者是没有一个发生索赔. 因此，我们不能再应用中心极限定理. 这种风险被称为系统的、整体的或非分散化风险.

下面我们用简单的例子进行对比. 某保险公司售出了1万份定期寿险合同，假定这些保单被保险人的索赔相互独立，每个个体在保险期间的死亡概率为0.05，那么预期的索赔数为500，标准差为22个索赔，而且发生600个以上索赔的概率可以近似地小于或等于10^{-5}. 如果保险公司对于定价和准备金不足的风险非常谨慎，可以假设死亡率为6%，而不是最优估计的5%，那么这个调整后的假设就基本上可以吸收这组保单的所有死亡风险. 设该保险公司同时还售出了1万份纯生存险的投资连结型合同，其满期生存受益与某个股票市场指数相连结. 如果期满时该指数的值高于投保时的值，则保险公司没有任何的保险责任；如果期满时该指数的值低于投保时的值，则保险公司将进行赔偿. 假设该股票指数在期满时低于期初值的概率为0.05. 这时，该投资连结型产品的索赔数期望值与前面的定期寿险的期望值相同——500个索赔. 但是，这时的风险特征为有5%的可能所有1万份保单同时发生索赔，有95%的可能这1万份保单没有一份保单发生索赔. 在这种情况下，如果只是对死亡率5%进行适当的上调，则还是无法捕捉到这种风险.

这个简单的投资连结保险产品的例子说明，对于这类风险，考虑索赔数(或索赔额)的数学期望值不是非常有意义，我们也会发现只是对均值进行简单的调整将无法真正捕捉到风险. 因此，我们也无法保证按照确定性方法对基本假设进行一定的边际调整后所进行的评估是充足的. 取而代之，我们必须使用更为直接和随机的方法来评估这种风险.

对于许多股票连结的保险受益(如变额年金的身故和满期受益)来说，主要风险是与股票价格波动的极端事件内在相关的，所以这时人们应该特别注意股票价格的尾部特征. 传统的确定性精算方法并不关心尾部的风险，只是考虑少数几种股票收益的情景，这些情景常常被认为已经“适用”了.这种对适用性的主观评价从科学的角度看是不够的,同时,市场实际多次教育我们这样是错误的.例如,从20世纪70年代初到1987年10月北美的经验以及我国股票市场在21世纪前10年的表现向我们表明,那些我们之前认为是不可能出现的股票收益水平实际上真的发生了.

6.2.1 期权与投资连结保险

很多投资连结保险合同的受益都可以看做看跌或看涨期权.例如,加拿大的分离基金合同的满期保证责任就可以自然地看做一种嵌入的看跌期权,即:当投保人趸交1000美元保费后,在100%最低满期受益(GMMB)的保证下,该投保人在满期时至少可以得到$K=1000$美元的受益,即使其账户价值在当时跌到1000美元之下.也就是说,保险公司有责任支付$(1000-S_T)_+$,其中S_T表示投资账户在时刻T的价值,即最低保证超过市场价值的部分.这意味着保险公司有责任支付一个看跌保护期权.

因此,分离基金保单的总受益是由以下两个部分组成的:投保人的个人账户价值再加上对于该账户价值的一个看跌期权的收益.根据看涨-看跌平价公式,可以另外考虑一个由债券和看涨期权构成的组合,两者有相同的收益.但是,在分离基金保险情形,后一个组合的表现是不敏感的.同样根据看涨-看跌平价公式,美国的EIA产品也可以看做固定收益(最低收益率保证)证券与某股票(按照对股指的参与率定义)看涨期权的组合;或者看做如下两个资产的组合:股票(一定参与率的股指)和以其为标的的看跌期权(最低收益保证).实际上,第一种组合在设计该产品时更为方便.

关于期权定价和财务管理的理论正在不断地深入和丰富,金融经济学的工作证明了以下的结论:在一定的假设下,可以建立一个由标的资产的多头和零息债券的空头构成的组合,使其与看涨期权具有完全相同的收益.这个组合称为一个**复制组合**.无套利理论表明,既然它们在满期时的收益是完全相同的,这个复制组合与看涨期权应该具有相同的价格.因此,著名的Black-Scholes期权定价公式不仅给出了期权的价格,而且可以指导期权的出售者建立风险管理的组合策略——持有这个复制组合对冲期权的收益. 这个复制组合的重要特点是它的时效性，也就是说需要随时改变组合，这也意味着要随时频繁地调整债券与股票的组合比例.

在期权定价的表达式中股票的价格 S_t 是一个随机变量(这里我们假定无风险利率是确定的)，S_t 的已知概率分布是真实世界的测度，是一种物理测度，或者称 P-**测度**. Black-Scholes 期权定价公式的基本结论是所有资产和复制策略的价值为未来收益的数学期望. 但是这个期望的计算将基于另一个不同的概率测度，其对应的是一种人工生成的概率分布，称为 Q-**测度**或**风险中性概率测度**.

在将这些理论应用于投资连结产品的嵌入期权时会出现一些复杂的情况. 最主要的问题是投资连结产品的嵌入期权的期限都非常长. 在一般衍生品市场交易的期权合同的期限都是几周(如果期限超过了 6 个月，则被认为是长期期权). 与之相反，投资连结产品的嵌入期权的期限一般至少 10 年，有些甚至超过 30 年. 精算师在管理投资连结产品的嵌入期权时的最大挑战就是如何将金融经济学以及风险度量的方法应用于保险公司这种长期的产品.

对于精算师和风险管理者来说，围绕投资连结产品有许多非常重要的课题，如保单设计、市场营销、准备金评估或风险管理等. 但是最为重要的是解决以下三个问题：

(1) 对于最低保证部分投保人应该承担什么价格?

(2) 保险公司为了这些合同中隐含的受益应该准备多少资本?

(3) 对于(2)中这些资本应该如何投资?

在精算的传统方法中，定价、准备金评估、投资分析和资本计算是相对独立进行的. 所以，投资连结保险早期工作大都是围绕定价进行的，很少从资本要求的角度看. 而对于投资连结产品，上述的三个问题是完全互相关联的. 例如，如果用期权定价的方法对最低保证进行定价，则意味着只有按照定价中隐含的投资策略(动态对冲组合或从外部购买期权)进行投资配置时这个价格才是合适的. 人们发现，针对相同的风险状况，不同的风险管理策略需要不同的资本水平. 这也就意味着最低保证的隐含价格是不同的.

看上去投资连结产品的分析涉及了很多方面，但实际上却是同一个问题.在定价和确定资本要求时的第一项工作是对负债的分布给出一种可信的估计,一旦这个分布确定了,就可以用于定价和资本要求的决策.此外,负债评估实际上也是资产负债管理问题,对负债分布的估计也依赖于风险管理的决策过程.

总之,越来越多的保险产品中选择权具有不可忽视的风险特征,关于这类产品的精算模型的讨论应该是紧紧围绕风险度量进行的.

6.2.2 含最低保证产品的风险度量

为了介绍风险度量在投资连结产品中的应用,本小节围绕两个实例进行讨论.首先考虑最低累积受益保证(GMAB)的负债,然后考虑最低身故受益保证(GMDB)的负债.这些最低保证条款通常隐含在变额年金合约中.在这两个实例中,我们计算未来损失的净现值(简称 NPV)的风险度量,并用 L_0 表示未来损失的 NPV 随机变量.

假设在 t 时刻投资账户的价值为 F_t,G 表示最低保证并且先假定其为固定的.对于加拿大分离基金这类保单,常见的 G 为趸缴保费的 75%或 100%.如果用 m 表示月度管理费的百分比,则有

$$F_t = F_0 \frac{S_t}{S_0}(1-m)^t, \tag{6.2.1}$$

这里 t 以月为单位.

采用精算方法可以得到 NPV 随机变量:

$$L_0 = \text{保证成本的 NPV} - \text{边际报酬的 NPV}.$$

如果保险公司采用动态对冲法进行风险管理,则 NPV 随机变量为

$$\begin{aligned} L_0 = & \text{ 初始对冲成本} + \text{对冲误差的 NPV} \\ & + \text{交易成本的 NPV} - \text{边际报酬的 NPV}. \end{aligned}$$

两个实例的主要问题都是怎样运用分布来决定合理的准备金和适当的偿付能力资本①,或者是如何确定边际报酬与所对应的最

① 偿付能力资本可能与准备金相同,但是通常来说,准备金是由会计准则决定的,而偿付能力资本是为了满足风险管理和监管要求而附加的部分.

低保证的费用是否合理. 无论是否采用动态对冲，我们都可以对NPV随机变量计算风险度量.

传统定价中的期望原理和方差原理更适用于可分散的风险，而不太适用于投资连结合同的系统风险. 对于大量的独立风险，大数定律保证了所有保单损失的总和将会比较接近于均值，而且与均值的距离为方差的函数，这使得期望原理和方差原理成为合理的选择. 但对于投资连结保险，每一个保单的损失是不可分散的，对保险公司最不利的情景往往是大部分保单同时亏损，于是我们不能依赖于大数定律. 这时需要考虑本书第4章讨论的VaR和CTE两类风险度量.

1. 尾风险度量

令L_0表示以无风险利率贴现的损失净现值. 由置信水平$\alpha(0\leqslant\alpha\leqslant1)$定义的$L_0$的分位点风险度量$Q_\alpha$如下：

$$Q_\alpha=\inf\{V: \Pr(L_0\leqslant V)\geqslant\alpha\}. \tag{6.2.2}$$

可见，Q_α是损失L_0的α分位点，它是对尾部风险的度量，因此也称之为**尾风险度量**. 这个表达式很容易解释：Q_α是需要持有的最小的无风险资产的总和，持有这些资产可以使得投资账户的价值F_n加上边际报酬按照无风险利率从$t=0$到$t=n$的累积以后，在到期日足够支付最低保证G的概率至少为α. 对于最低身故受益保证，需要根据生命表得到所有被保险人身故时间的平均. 这里的概率分布是真实世界的测度（因为我们关心的是真实世界的结果. Q-测度只在定价或确定对冲组合时使用）.

在某些情况下，可以精确计算Q_α. 如果保险公司没有使用动态对冲，并且股票收益服从对数正态分布，则最低满期受益保证GMMB的分布在零点有质量，在非零点时服从对数正态分布（因为它是截断的有集中点概率的对数正态分布）. 于是GMMB不计边际报酬收入的净现值L_0是一组非独立的对数正态随机变量的和，这时计算Q_α并不是很难. 但是一旦加入边际报酬收入，则精确计算Q_α就变得不实际了.

有时考虑扣除边际报酬收入之前的保证成本也是有意义的. 首

先要确定最低保证最终处于虚值[1]状态的概率是大于还是小于分位点. 忽略边际报酬收入及死亡率时，最低保证的净现值为

$$L_0 = \begin{cases} (G - F_n)e^{-rn}, & G \geqslant F_n, \\ 0, & G < F_n, \end{cases} \tag{6.2.3}$$

其中 r 为无风险利率. 我们关心的是 L_0 的 α 分位点. 令 $\{S_t, t \geqslant 0\}$ 表示股票价格过程，并且有 $S_0 = F_0$. 这说明，投资账户在时刻 n 的价值就是股票价格减去管理费用，即对整数 k 有，$F_k = S_k(1-m)^k$.

现在我们记 $\xi = \Pr(L_0 = 0)$，它表示最终投资账户价值大于最低保证价值的概率，也就是说无须对最低保证进行支付的概率，则

$$\begin{aligned} \xi &= \Pr(G < F_n) = \Pr[G < S_n(1-m)^n] \\ &= \Pr\left[\frac{G}{S_0} < \frac{S_n(1-m)^n}{S_0}\right]. \end{aligned}$$

如果我们进一步假设股票收益服从对数正态过程，则有

$$\frac{S_n(1-m)^n}{S_0} \sim LN(n(\mu + \ln(1-m)), n\sigma^2),$$

其中 μ, σ^2 为股票对数收益的分布参数. 由此很容易得到最低保证的成本等于 0 的概率：

$$\xi = 1 - \Phi\left\{\frac{\ln G/S_0 - n[\mu + \ln(1-m)]}{\sqrt{n}\sigma}\right\}. \tag{6.2.4}$$

例如，设 $n = 120$（单位：月），S_t/S_{t-1} 服从 $\mu = 0.0081$ 和 $\sigma = 0.0451$ 的对数正态分布，月管理费用的百分比为 $m = 0.25\%$，投资账户的初始价值为 $F_0 = S_0 = 100$，并且最低保证为初始投资账户价值，则有

$$\begin{aligned} \xi &= 1 - \Phi\left\{\frac{\ln G/S_0 - n[\mu + \ln(1-m)]}{\sqrt{n}\sigma}\right\} \\ &= 1 - \Phi(-1.3594) = 0.9130, \end{aligned}$$

即有 0.9130 的概率不需要对最低保证条款进行额外的支付. 因此，对于任何小于 91.3%的 α，其尾风险度量 Q_α 都是零. 如在 0.9 的概率下，不需要持有额外的基金来确保满足最低保证的负债，投资账

---

[1] 实值意味着最低保证大于基金价值，虚值意味着基金价值大于最低保证.

户可以在此概率允许的范围内足够支付最低保证.

对于$\alpha>\xi$时的尾风险度量,我们可以推断其分位点位于$L_0>0$部分,所以由(6.2.3)式有$L_0=(G-F_n)\mathrm{e}^{-rn}$. 在这种情况下,尾风险度量$Q_\alpha$定义为满足下式的最小值:

$$\Pr(F_n+Q_\alpha \mathrm{e}^{rn}>G)\geqslant \alpha, \tag{6.2.5}$$

并且进一步有(假设F_n是连续随机变量)

$$Q_\alpha=[G-F_{F_n}^{-1}(1-\alpha)]\mathrm{e}^{-rn}, \tag{6.2.6}$$

其中$F_{F_n}(\cdot)$表示投资账户价值F_n在到期日的分布函数. 如果我们再假设投资账户的年收益服从参数为μ和σ的对数正态分布,并令$z_p=\Phi^{-1}(p)$,则有

$$Q_\alpha=\{G-F_0\exp\{-z_\alpha\sqrt{n}\,\sigma+n[\mu+\ln(1-m)]\}\}\mathrm{e}^{-rn}. \tag{6.2.7}$$

也可以考虑其他一些概率分布下的尾风险度量的解析计算. 在表6-1中,给出了10年期GMMB在对数正态分布和体制转换对数正态(RSLN)分布下的尾风险度量(不考虑死亡和退保),其中的参数是基于加拿大TSE 300指数从1956年到1999年的数据进行估计得到的,而对数正态分布的参数估计采用了两种方法:最大似然拟合和尾部校准(即通过将数据与分布的左尾校验得到).

表 6-1

模型与参数	ξ	$Q_{0.90}$	$Q_{0.95}$	$Q_{0.99}$
对数正态分布(最大似然拟合) $\mu=0.0081,\sigma=0.0451,m=0.0025$	0.9130	0.00	7.22	20.84
对数正态分布(尾部校准) $\mu=0.0077,\sigma=0.0542,m=0.0025$	0.8541	6.90	16.18	29.02
RSLN分布(最大似然拟合) $m=0.0025$,其他参数见表6-3	0.8705	5.12	15.78	30.76

注:表中的最低保证为投资账户最初的市值.

表6-1中的数据表明了RSLN分布厚尾的影响,这个厚尾分布的三个分位点都比对数正态分布(最大似然拟合)相应的分位点大. 而通过尾部校准的对数正态分布的分位点与RSLN分布的分位点

相对靠近.在非尾部校准的对数正态分布模型中,对最低保证零负债的概率为 $\xi=0.9130$,所以 90%分位点位于有质量的零点.换句话说,不持有额外资产就可以在 0.913 的概率下满足最低保证的要求,所以 90%分位点的风险度量为零.

2. 尾期望风险度量

在实际应用中,条件尾期望风险度量 CTE 是一个很流行的除分位点风险度量之外的选择.对于连续的损失分布,参数为 α 的 CTE 为

$$\mathrm{CTE}_\alpha=\mathrm{E}(L_0\,|\,L_0>Q_\alpha), \tag{6.2.8}$$

其中 Q_α 由公式(6.2.2)定义.这里 CTE_α 也称为**尾期望风险度量**.

与尾风险度量相似,我们可以计算无边际报酬和没有进行动态对冲的普通 GMMB 的尾期望风险度量 CTE.再次使用符号 ξ 表示 $\Pr(F_n>G)$,即对最低保证无须支付的概率.我们把 $\alpha\geqslant\xi$ 和 $\alpha<\xi$ 两种情况分开处理.

先假设 $\alpha\geqslant\xi$,又设投资账户价值 $F_n=S_n(1-m)^n$ 的概率密度函数和分布函数分别用 $f_{F_n}(\cdot)$ 和 $F_{F_n}(\cdot)$ 表示,则有

$$\mathrm{CTE}_\alpha=\mathrm{E}[(G-F_n)\mathrm{e}^{rn}\,|\,F_n<(G-Q_\alpha\mathrm{e}^{rn})]. \tag{6.2.9}$$

由 Q_α 的定义有 $\Pr[F_n<(G-Q_\alpha\mathrm{e}^{rn})]=1-\alpha$,因此有

$$\mathrm{CTE}_\alpha=\mathrm{e}^{-rn}\left[G-\frac{1}{1-\alpha}\int_0^{G-Q_\alpha\mathrm{e}^{rn}}yf_{F_n}(y)\mathrm{d}y\right]. \tag{6.2.10}$$

如果 $S_n\sim LN(n\mu,n\sigma^2)$,则对 $\alpha\geqslant\xi$ 有

$$\mathrm{CTE}_\alpha=\mathrm{e}^{-rn}\left[G-\frac{\mathrm{e}^{n\left(\mu+\ln(1-m)+\frac{\sigma^2}{2}\right)}}{1-\alpha}\Phi\left(-z_\alpha-\sqrt{n}\sigma\right)\right]. \tag{6.2.11}$$

如果 S_n 服从 RSLN 分布,也不会对问题增加太多复杂性.设 $R(R=1,2)$ 表示所在的体制,则 $S_n\,|\,R\sim LN(\mu(R),\sigma^2(R))$,其中 $\mu(R)$ 和 $\sigma^2(R)$ 是体制 R 的两个参数.有了这个分布,只需把 R 的所有可能取值的概率函数进行加权平均,即可得到 $\alpha\geqslant\xi$ 时 RSLN 分布下的 CTE_α:

$$\mathrm{CTE}_\alpha=\mathrm{e}^{-rn}\left[G-\frac{(1-m)^n}{1-\alpha}\sum_{k=0}^{n}p_n(k)\mathrm{e}^{\mu(k)+\sigma^2(k)/2}\Phi(Y_k)\right],$$

其中 $p_n(k)$ 表示股票价格过程 $\{S_t, t\geqslant 0\}$ 在 $[0,n]$ 内留在体制 1 中的时间为 k 的概率，而

$$Y_k = \frac{\ln(G - Q_\alpha e^{rn}) - \mu(k) - n\ln(1-m) - \sigma^2(k)}{\sigma(k)}.$$

如果 $\alpha<\xi$，则尾风险度量 Q_α 落在具有概率质量的零点，且 $\beta'\geqslant\xi$（β' 的定义见第 4 章(4.3.5)式的注解），$Q_\alpha=Q_\xi=0$. 因此得到 $\mathrm{CTE}_\xi=\mathrm{E}(X|X>0)$ 和

$$\mathrm{CTE}_\alpha = \frac{1-\xi}{1-\alpha}\mathrm{CTE}_\xi. \tag{6.2.12}$$

表 6-2 给出了 10 年期 GMMB 在对数正态分布和 RSLN 分布下的尾期望风险度量 CTE，其中的模型和参数与表 6-1 一样，都没有考虑死亡和退保.

表　6-2

模型与参数	ξ	$\mathrm{CTE}_{0.90}$	$\mathrm{CTE}_{0.95}$	$\mathrm{CTE}_{0.99}$
对数正态分布（最大似然拟合）$\mu=0.0081,\sigma=0.0451,m=0.0025$	0.9130	8.89	15.50	25.77
对数正态分布（尾部校准）$\mu=0.0077,\sigma=0.0542,m=0.0025$	0.8541	17.65	24.00	33.39
RSLN 分布（最大似然拟合）$m=0.0025$，其他参数见表 6-3	0.8705	17.51	24.86	35.76

注：表中的最低保证为投资账户最初的市值.

3. 尾风险度量和尾期望风险度量的比较

尾风险度量和尾期望风险度量都比较容易计算，特别是对一般的分布它们都是由随机模拟结果得到的. 显然，因为尾期望风险度量 CTE_α 与尾风险度量 Q_α 有如下关系：

$$\mathrm{CTE}_\alpha = \mathrm{E}(L_0 \mid L_0 > Q_\alpha),$$

所以尾期望风险度量 CTE_α 必然比尾风险度量 Q_α 大. 当尾期望风险度量达到损失的最大值 L_0 时，尾风险度量和尾期望风险度量相同.

如果 $L_0 \mid L_0>Q_\alpha$ 的分布是均匀分布，则 $\mathrm{CTE}_\alpha=Q_{(1+\alpha)/2}$，而且这个关系对于 L_0 的其他尾分布也近似正确. 对于大多数 GMMB，

GMDB 和 GMAB 合约，损失的右尾通常比均匀分布要厚，因此

$$\mathrm{CTE}_\alpha > Q_{(1+\alpha)/2}.$$

表 6-1 中 GMMB 的 $Q_{0.90}$ 是 0，因为非零损失的概率小于 10%. 可见，风险度量低于平均损失，这时的平均损失为

$$\begin{aligned}\mathrm{E}(L_0) &= \mathrm{e}^{-rn}\int_0^G (G-y) f_{F_n}(y)\mathrm{d}y \\ &= \mathrm{e}^{-rn}\left\{G(1-\xi) - F_0 \mathrm{e}^{n\left[\mu+\ln(1-m)+\frac{\sigma^2}{2}\right]}\Phi(A)\right\},\end{aligned} \quad (6.2.13)$$

其中

$$A = \frac{\ln\dfrac{G}{F_0} - n\left[\mu + \ln(1-m) + \dfrac{\sigma^2}{2}\right]}{\sqrt{n}\sigma}.$$

只要参数 $\alpha \leqslant 0.92$，尾风险度量 Q_α 的值都会比均值小. 这就意味着，如果用 $Q_{0.90}$ 作为准备金或者偿付能力资本，则从平均水平来看，虽然它足以提供保障，但这个资本金是不充足的.

尾期望风险度量就没有上述缺点. 显然，对于 $\alpha=0$，有

$$\mathrm{CTE}_{\alpha=0} = \mathrm{E}(L_0).$$

若 L_0 在 $\mathrm{E}(L_0)$ 非退化，则有 $\mathrm{CTE}_\alpha > \mathrm{E}(L_0)$. 实际上，尾期望风险度量满足一致性的所有性质，因此没有与尾风险度量相似的种种问题. 尾风险度量是由分布确定的一个点，并没有考虑分位点两边的分布形状，而尾期望风险度量用到了损失分布在分位点以上的所有信息. 可能两个分布有相同的 90% 分位点，但其中一个分布在 90% 分位点以后的尾部可能比另一个分布厚. 尾期望风险度量考虑到了这种不同，而尾风险度量就没有计入这种不同.

6.2.3 GMAB 负债的风险度量

这一小节我们考虑一个 GMAB 合约的负债模拟，其中主要采用两种不同的方法进行风险管理：一种为没有对冲的精算方法，另一种为动态对冲方法. 该合约的基本组成如下：

(1) 10 年期，最多可续保一次；

(2) 每年 3% 的管理费用，按月收取；

(3) 每年 0.5% 的边际报酬，按月收取；

(4) 根据最近一次延期时的账户价值而设置100%最低账户价值保证.

下面先给出这部分所有随机模拟的基本信息：

(1) 股票收益模型为RSLN分布模型，基于表6-3的参数；

(2) 死亡率服从附录中的生命表；

(3) 做了5000次股票收益模拟；

(4) 所有现金流按照年利率6%的无风险利率进行贴现.

表　6-3

体制1	$\mu_1=0.012$	$\sigma_1=0.035$	$p_{12}=0.037$
体制2	$\mu_2=-0.016$	$\sigma_2=0.078$	$p_{21}=0.210$

模拟的输出结果为合约的总支出按照无风险利率贴现的NPV，在动态对冲方法中还包括对冲成本.

1. 精算方法管理下GMAB的尾风险度量和尾期望风险度量

对前面给出的GMAB合约在假设可续保一次的情况下，我们计算尾风险度量和尾期望风险度量，结果如图6-1所示. 图中投资账户价值的初值和最低保证均设为100元，因此这些数字可看做最低保证处于实值状态时其价值占投资账户价值的比例. 这里的计算假设合约是按照精算方法进行管理的，这种方法假设偿付能力资本将投资于债券. 图中的CTE_α为尾部损失的均值，因此分位点曲线均位于其对应的均值(相同的α)之下大约60%的位置. 显然，CTE曲线总是位于分位点曲线的上方，直至最大概率点.

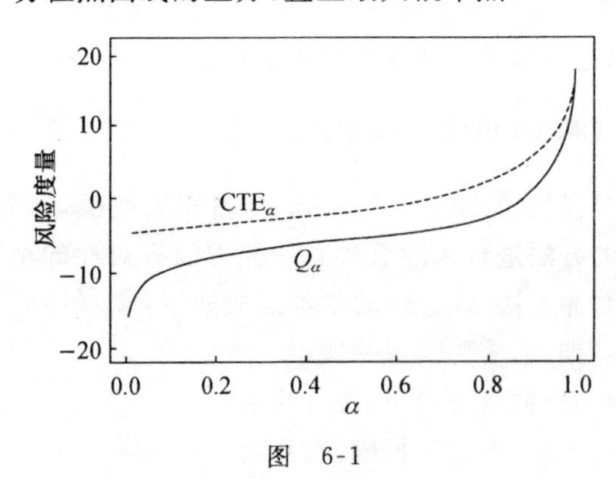

图　6-1

在一定程度上,CTE曲线比分位点曲线更加光滑,尽管两者都是在同样的 α 值下进行计算的. 这说明了前面提过的稳健性问题:基于样本均值的CTE比基于样本次序值的分位点对样本的变化更加稳健.

在表6-4中,我们对这个GMAB合约的一些可选权利计算尾风险度量的值. 我们考虑该产品在具有自愿重置选择权时的风险度量(其中账户价值的初值为100元,最低保证为100元). 所谓的**自愿重置选择权**是指投保人可以在某个重置日按保单账户价值重新设置最低保证,并承担由此产生的一些费用. 表6-4对无重置权、每年有2次重置权及每年有12次重置权的各种选择权分别计算尾期望风险度量CTE. 这里假设当分离基金的价值超过了最低保证的一定比例(表6-4中的重置阈值列)时投保人才会行使该重置选择权. 从表中可以发现这个选择权将显著地增加尾部的风险,它将使得每种CTE情形比正常的GMAB合约平均增加3%的资本要求;同时,我们发现将选择权限制为每年2次或很多次并不会对尾部的风险控制有显著的影响,即2次与多次之间的差异很小.

表 6-4

合约重置特征	重置的阈值	$CTE_{0.90}$	$CTE_{0.95}$	$CTE_{0.99}$
无重置	—	5.92	8.60	13.61
每年2次重置	1.15	8.24	11.35	16.36
每年12次重置	1.05	8.54	11.70	16.65

2. GMAB合约风险管理的精算方法与动态对冲方法的比较

图6-2(a),(b)为GMAB合约在精算方法与对冲方法下风险度量的对比图(每年重置一次),其中,在CTE的动态对冲方法计算中考虑了对冲成本.

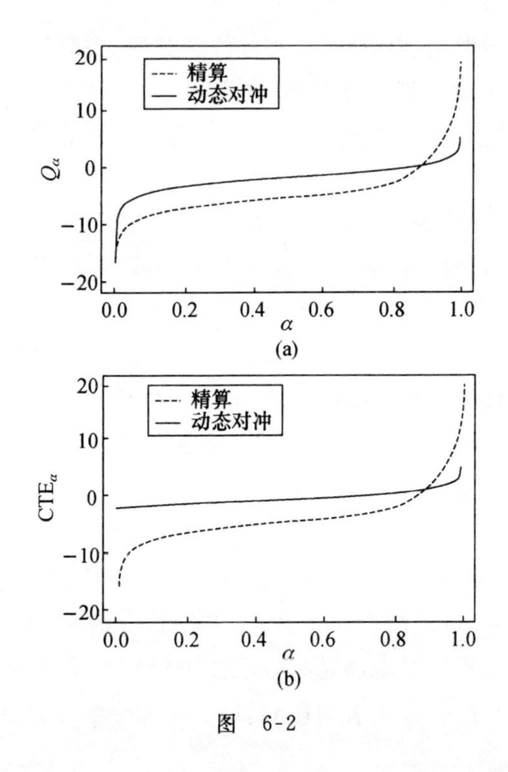

(a)

(b)

图 6-2

假设偿付能力资本是由 $\alpha=0.90$ 分位点确定,也就是将 NPV 排序后的第 4500 个值,则有

$$Q_{0.90}^{\mathrm{act}}=\text{投资账户价值的 }1.29\%,$$

$$Q_{0.90}^{\mathrm{dh}}=\text{投资账户价值的 }1.06\%,$$

这里上标"act"表示在精算方法下得到,而"dh"对应的是动态对冲方法. 这表明两种方法的风险很类似. 然而有一定的困惑,因为两者都没有考虑分位点以上部分损失的表现.

如果代之以 CTE,在相同的 α 值点进行比较,精算方法的厚尾特点在损失平均值的计算中将会有突出的表现,所以有

$$\mathrm{CTE}_{0.90}^{\mathrm{act}}=\text{投资账户价值的 }5.92\%,$$

$$\mathrm{CTE}_{0.90}^{\mathrm{dh}}=\text{投资账户价值的 }1.74\%.$$

这时表现出很大的差异,正如图 6-2(b)所示,当参数 α 增大时这种差异还会增加. 在 $\alpha=0.95$ 时,有

$$\mathrm{CTE}_{0.95}^{\mathrm{act}} = \text{投资账户价值的 } 8.60\%,$$
$$\mathrm{CTE}_{0.95}^{\mathrm{dh}} = \text{投资账户价值的 } 2.32\%.$$

6.2.4 变额年金合约身故受益的风险度量

许多变额年金(VA)合约都不包含生存受益的最低保证,但是却都含有身故受益的最低保证.这里我们考虑一个 30 年期 50 岁投保人的 VA 合约,死亡率和退出率的假设与前面讨论的 GMAB 合约相同,均来自附录中生命表的数据.这意味着投资账户中每年有 8%的退出率,其中既有含全额退出也有部分退出.与死亡率相同,退出率也按照确定方法考虑,但是这并不是说这些假设是符合实际的.对 VA 中含 GMDB 的负债分析与对 GMMB 的分析类似,由于都缺乏关于投保人行为的信息,所以很难给出随机性的假设.

一般来说,对于 GMAB 合约死亡受益的支出一般很小,甚至相当的小,将低于边际报酬,只有很少一部分的模拟结果不是这样.我们也许可以推断,若只有死亡受益的最低保证,则成本会很低.模拟也证实了这个观点.

这部分后面的图将说明我们如何考虑 GMBD 负债的净现值,这里的边际报酬将稍高于定价部分无套利方法的结果,用 10 个基点(bp)作为固定的最低保证而不是无套利定价中的 6 个 bp,同时采用 40 个 bp 作为递增的最低保证而不是无套利定价中的 38 个 bp.另外,这里的波动率为每年 20%,也高于实际的水平,因此在这个例子中一直存在着 10 个 bp 和 40 个 bp 的边际.保证条款的细节如下:

(1) 30 年期趸缴保费.

(2) 每年 2.25%的管理费用,按月收取.

(3) 关于最低保证,考虑以下两种方式:

(i) 身故给付为全额保费,不保证任何的增额,10 个 bp 的边际报酬;

(ii) 最低保证以全额保费为起点,每年按复利递增 5%,每年 40 个 bp 的边际报酬.

所有模拟的信息如下：

（1）采用 20%的年波动率和 6%的无风险年利率进行 Black-Scholes-Merton 对冲；

（2）每月调整一次对冲策略；

（3）在每次策略调整时按照股票市值的 0.2%提取交易费用.

表 6-5 按照精算方法和动态对冲方法分别给出以上两种最低保证方式在 $\alpha=0.90, 0.95$ 下的 CTE_α 和 Q_α. 图 6-3(a),(b),(c),(d)给出了 $0\leqslant\alpha\leqslant1$ 时这些风险度量的数值. 可见，固定保证的 GMDB 相对风险较小，有 95%以上的概率保证收入大于支出. 固定保证的 GMDB 具有很小的尾部风险：若采用精算方法，则 $\mathrm{CTE}_{0.95}$ 近似为投资账户价值的 0.8%，而若采用动态对冲方法，则 $\mathrm{CTE}_{0.95}$ 近似为 0，即这部分风险将完全消失. 最低保证递增的 GMDB 会产生一些真正的风险：若采用精算方法，则 $\mathrm{CTE}_{0.95}$ 近似为最初趸缴保费的 3%；同样的，若采用动态对冲方法，将显著地降低这个尾部风险.

表 6-5

最低保证	风险管理策略	$Q_{0.90}$	$Q_{0.95}$	$\mathrm{CTE}_{0.90}$	$\mathrm{CTE}_{0.95}$
固定	精算方法	−0.350	−0.072	0.317	0.798
固定	动态对冲方法	−0.294	−0.161	−0.119	−0.003
年递增 5%	精算方法	−0.086	1.452	1.857	3.044
年递增 5%	动态对冲方法	0.071	0.579	0.706	1.102

根据图 6-2 和图 6-3，对精算方法和动态对冲方法的比较将产生一个问题：哪个方法更好？一方面 CTE 曲线说明，平均意义上(CTE_0)精算方法比动态对冲方法真正能够带来更多的利润. 另一方面，图的右尾部分的风险则是精算方法较大，有时非常大. 如果采用 $\mathrm{CTE}_{0.95}$ 确定偿付能力资本，则精算方法的资本需求将高于动态对冲方法，而多出来的这部分资本所带来的成本也会成为是否考虑对冲的因素之一.

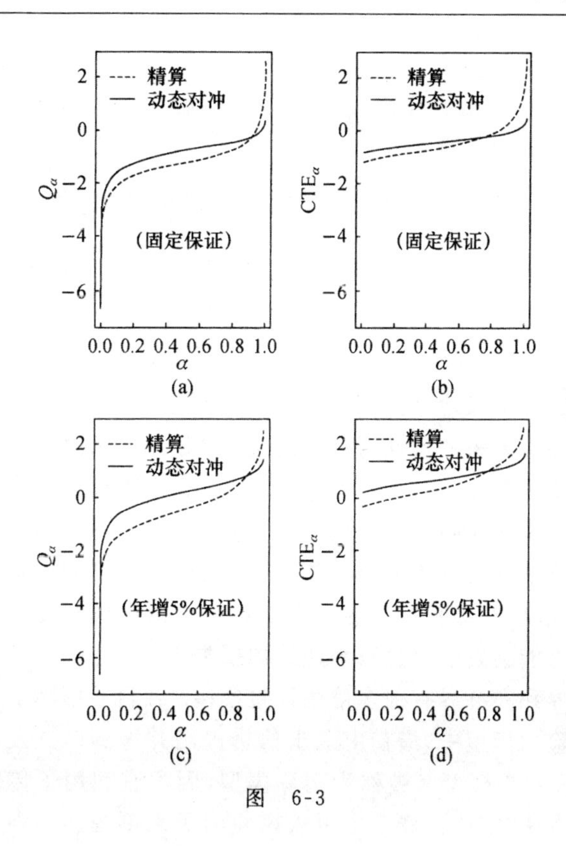

图　6-3

习　题　6

1. 试根据(6.1.6)式的定义解释表达式(6.1.7).

2. 试说明表达式(6.1.7)中的 $e^{U(T)}$ 为什么在表达式(6.1.8)中为 e^{-y}.

3. 证明：(6.1.9)式中的 $(c-r)-\lambda M_X'(-1)$ 满足大于零要求.

4. 试根据上证综指 1995 年至 2010 年的数据估计表 6-3 的各个参数，并将你的估计结果与之进行比较.

5. 推导表达式(6.2.10)和(6.2.11).

6. 试根据第 4 题的估计和附录中的生命表，仿照 6.2.3 小节和 6.2.4 小节的两个合约进行实例计算和分析.

第7章 风险理论在风险管理中的应用

§7.1 信用风险的应用

所谓的**信用风险**是指债务人或交易对手违约的风险,即银行或金融机构拥有未来的预期为正的现金流,对方可能由于自身经营不善或其他原因无法正常支付而导致违约,由此所造成的预期现金流不能全部偿付的风险.因此,按照定义,商业银行含有信用风险的头寸主要是贷款和债券等债权类资产,这类资产的信用风险主要为债务人违约风险,当银行持有的衍生工具的价值出现对交易对方不利的情况时可能会发生交易对手违约的损失.

学术界和实务界有很多信用风险模型.在目前国际上通用的度量信用风险的模型中,最初由瑞士信贷提出并得到广泛发展和应用的 CreditRisk+模型又被称为精算模型,因为它利用了传统精算风险理论的方法,在违约概率中引入风险因子来刻画违约强度的随机变化.特别是对于信贷组合的整体违约数的分析和计算,它是信用风险模型中既有理论价值又有很强的应用背景的方法.本节将介绍风险理论在 CreditRisk+模型中的应用,主要参考文献 Gundlach (2004).

7.1.1 问题的描述

考虑由 K 个债务人(借款人)组成的债务(贷款)组合.设第 k 个债务人违约后对债权人一方的违约损失为

$$X_k = I_k v_k, \quad k = 1,2,\cdots,K, \tag{7.1.1}$$

其中 I_k 为示性变量: $\Pr(I_k=1)=p_k=1-\Pr(I_k=0)$, v_k 为非负常数(表示损失金额), $k=1,2,\cdots,K$,则所有债务人的债务组合的违约总损失为

$$X = X_1 + \cdots + X_K.$$

CreditRisk+模型的基本思想是：存在 N 个风险因子 $S_1,\cdots,S_N$ 影响每个债务人的违约概率，这些风险因子为取正值的相互独立的随机变量. 记 $S=(S_1,\cdots,S_N)$，其对每个债务人违约概率的作用具体假设如下：

（1）当风险因子 S 给定时，各个债务人的违约是独立的；

（2）当风险因子 S 给定时，第 k 个债务人违约的条件概率可表示为因子的线性组合：

$$\begin{aligned} p_k^S &= \Pr(I_k|S) = \mathrm{E}(I_k|S) \\ &= p_k\left[1 + \sum_{n=1}^{N} w_{kn}\left(\frac{S_n}{\mathrm{E}(S_n)} - 1\right)\right] \\ &= p_k \sum_{n=0}^{N} w_{kn} \frac{S_n}{\mathrm{E}(S_n)}, \quad k = 1,2,\cdots,k, \end{aligned} \tag{7.1.2}$$

其中 $w_{k0} = 1 - \sum_{n=1}^{N} w_{kn}$，$S_0 = 1$，且 $0 \leqslant w_{kn} \leqslant 1$，$\sum_{n=1}^{N} w_{kn} \leqslant 1$.

由上述两个条件，立即可以推出：

$$\mathrm{E}(p_k^S) = p_k, \quad \mathrm{Var}(p_k^S) = p_k^2 \sum_{n=0}^{N} w_{kn}^2 \frac{\mathrm{Var}(S_n)}{\mathrm{E}^2(S_n)}; \tag{7.1.3}$$

同时有

$$\mathrm{E}(X|S) = \sum_{k=1}^{K} p_k^S v_k = \sum_{n=0}^{N} \left(\frac{S_n}{\mathrm{E}(S_n)} \sum_{k=1}^{K} w_{kn} p_k v_k\right), \tag{7.1.4}$$

$$\mathrm{Var}(X|S) = \sum_{k=1}^{K} v_k^2 \mathrm{Var}(I_k) = \sum_{k=1}^{K} v_k^2 p_k (1 - p_k). \tag{7.1.5}$$

另外，X_k 和 X 的条件概率生成函数分别为

$$G_{X_k|S}(z) = (1 - p_k^S) + p_k^S z^{v_k} = 1 + p_k^S (z^{v_k} - 1),$$

$$G_{X|S}(z) = \prod_{k=1}^{K} G_{X_k|S}(z). \tag{7.1.6}$$

任意两个债务人 I_k 与 I_j 的相关系数为

$$\rho_{kj} = \frac{\sqrt{p_k p_j}}{\sqrt{(1 - p_k)(1 - p_j)}} \sum_{n=0}^{N} w_{kn} w_{jn} \frac{\mathrm{Var}(S_n)}{\mathrm{E}^2(S_n)}. \tag{7.1.7}$$

7.1.2　CreditRisk+模型的主要数值计算方法

对于前面介绍的 CreditRisk+模型可以有各种具体数值计算方法,这里我们介绍基于精算风险理论的 Poisson 近似方法.

1. Poisson 近似

由 $\ln(1+x)\approx x(x>0$ 充分小),有

$$\ln[1+p_k^S(z^{v_k}-1)]\approx p_k^S(z^{v_k}-1).$$

将其代入(7.1.6)式,可以得到 $G_{X_k|S}(z)$ 的近似表达式 $\widetilde{G}_{X_k|S}(z)$:

$$\widetilde{G}_{X_k|S}(z)=\exp\{p_k^S(z^{v_k}-1)\}. \tag{7.1.8}$$

根据概率生成函数的定义知,表达式(7.1.8)的右边是形如 v_kN_k 的随机变量的概率生成函数,其中 N_k 服从参数为 p_k^S 的 Poisson 分布.进一步有总损失的条件概率生成函数 $G_{X|S}(z)$ 的近似表达式 $\widetilde{G}_{X|S}(z)$:

$$\widetilde{G}_{X|S}(z)=\prod_{k=1}^{K}\exp\{p_k^S(z^{v_k}-1)\}. \tag{7.1.9}$$

若令 $\mathrm{E}(S_n)=1\ (n=1,2,\cdots,N)$,则有

$$\widetilde{G}_{X|S}(z)=\exp\Big\{\sum_{k=1}^{K}\sum_{n=0}^{N}p_kw_{kn}S_n(z^{v_k}-1)\Big\}.$$

进一步设 $\mu_n=\sum\limits_{k=1}^{K}p_kw_{kn}$, $P_n(z)=\dfrac{1}{\mu_n}\sum\limits_{k=1}^{K}p_kw_{kn}z^{v_k}$,则可以得到

$$\widetilde{G}_{X|S}(z)=\exp\Big\{\sum_{n=0}^{N}\mu_nS_n[P_n(z)-1]\Big\}. \tag{7.1.10}$$

若再假设风险因子 S_n 服从 Gamma(α_n,β_n)分布,且 $\alpha_n\beta_n=1$ $(n=1,2,\cdots,N)$,则有总损失的无条件概率生成函数 $G_X(z)$ 的近似表达式 $\widetilde{G}_X(z)$:

$$\begin{aligned}\widetilde{G}_X(z)&=\int\exp\Big\{\sum_{n=0}^{N}\mu_nx_n[P_n(z)-1]\Big\}\prod_{n=1}^{N}\frac{x_n^{\alpha_n-1}\beta_n{}^{\alpha_n}}{\Gamma(\alpha_n)}\mathrm{e}^{-\beta_nx_n}\mathrm{d}x_1\cdots\mathrm{d}x_N\\&=\mathrm{e}^{\mu_0[P_0(z)-1]}\prod_{n=1}^{N}\frac{\beta_n{}^{\alpha_n}}{\Gamma(\alpha_n)}\\&\quad\cdot\int_0^{+\infty}\exp\{x_n\{\mu_n[P_n(z)-1]-\beta_n\}\}x_n^{\alpha_n-1}\mathrm{d}x_1\cdots\mathrm{d}x_N,\end{aligned} \tag{7.1.11}$$

其中 $\Gamma(\alpha)=\int_0^{+\infty}x^{\alpha-1}\mathrm{e}^{-x}\mathrm{d}x$，进而有

$$\begin{aligned}\widetilde{G}_X(z)&=\mathrm{e}^{\mu_0[P_0(z)-1]}\prod_{n=1}^{N}\frac{\beta_n{}^{\alpha_n}}{\Gamma(\alpha_n)}\left\{\frac{-1}{\mu_n[P_n(z)-1]-\beta_n}\right\}^{\alpha_n}\int_0^{+\infty}\mathrm{e}^{-x_n}x_n^{\alpha_n-1}\mathrm{d}x_n\\&=\mathrm{e}^{\mu_0[P_0(z)-1]}\prod_{n=1}^{N}\left\{\frac{\beta_n}{\beta_n-\mu_n[P_n(z)-1]}\right\}^{\alpha_n}.\end{aligned}\tag{7.1.12}$$

上式可进一步表示为

$$\widetilde{G}_X(z)=\mathrm{e}^{\mu_0[P_0(z)-1]}\prod_{n=1}^{N}\left[\frac{1-\delta_n}{1-\delta_nP_n(z)}\right]^{\alpha_n},\tag{7.1.13}$$

其中 $\delta_n=\dfrac{\mu_n}{\mu_n+\alpha_n}(n=1,2,\cdots,N)$，也可以等价地表示为

$$\begin{aligned}\widetilde{G}_X(z)=&\exp\left\{\sum_{k=1}^{K}p_kw_{k0}(z^{v_k}-1)\right\}\\&\cdot\exp\left\{-\sum_{n=1}^{N}\alpha_n\ln\left[1-\frac{1}{\alpha_n}\sum_{k=1}^{K}p_kw_{kn}(z^{v_k}-1)\right]\right\},\end{aligned}\tag{7.1.14}$$

其中由于 S_n 服从 Gamma(α_n,β_n)分布，且 $\alpha_n\beta_n=1$，所以

$$\alpha_n^{-1}=\mathrm{Var}(S_n)\quad(n=1,2,\cdots,N).$$

利用表达式(7.1.14)计算总损失的分布需要以下信息：p_k,v_k,α_n,w_{kn}. 但是由于 S_n 是风险因子，往往是不可观测的，所以很难直接对其进行建模和估计. 也就是说，参数 α_n,w_{kn} 的估计是 CreditRisk+模型在建模时需要着重考虑的问题.

2. Panjer 递推算法

为了利用概率生成函数来计算总损失的分布，CreditRisk+模型提出了一种与精算风险理论的 Panjer 递推类似的递推算法.

假设损失金额 $v_k(k=1,2,\cdots,K)$为正整数，则总损失取值于非负整数.

首先，通过简单的推导，我们可以证明总损失的近似概率生成函数 $\widetilde{G}_X(z)$的对数的导数为有理函数形式，即

$$[\ln\widetilde{G}_X(z)]_z'=\frac{A(z)}{B(z)},\tag{7.1.15}$$

其中

$$A(z) = \sum_{n=0}^{N} \eta_n P'_n(z) \prod_{j=1, j\neq n}^{N} [1 - \delta_j P_j(z)]$$

$$\left(\eta_n = \frac{\mu_n}{1+\mu_n \beta_n},\ n = 1,2,\cdots,N;\ \eta_0 = \mu_0,\ \delta_0 = 0\right),$$

$$B(z) = \prod_{n=1}^{N} [1 - \delta_n P_n(z)]$$

均为多项式. 具体推导如下：由

$$\ln\widetilde{G}_X(z) = \mu_0 [P_0(z) - 1] + \sum_{n=1}^{N} \alpha_n \ln\left[\frac{1-\delta_n}{1-\delta_n P_n(z)}\right],$$

$$[\ln\widetilde{G}_X(z)]'_z = \mu_0 P'_0(z) + \sum_{n=1}^{N} \alpha_n \frac{\delta_n P'_n(z)}{1-\delta_n P_n(z)}$$

$$= \eta_0 \frac{P'_0(z)}{1-\delta_0 P_0(z)} + \sum_{n=1}^{N} \eta_n \frac{P'_n(z)}{1-\delta_n P_n(z)}, \tag{7.1.16}$$

自然得到(7.1.15)式所示的函数形式.

其次，为了应用 Panjer 递推，我们需要给出多项式 $A(z)$ 和 $B(z)$ 的系数，即下式中的系数 a_j 和 b_j：

$$A(z) = \sum_{j=0}^{d_A} a_j z^j,\quad B(z) = \sum_{j=0}^{d_B} b_j z^j.$$

经过推导，可以得到 a_j 和 b_j 的如下表达式：

$$a_j = \sum_{n=0}^{N} \Bigg\{ \sum_{\sum_{n=0}^{N} k_n = j} \frac{\eta_n c_{k_n+1,n}}{\mu_n} (k_n+1)\chi(k_n+1) \cdot \prod_{m=1, m\neq n}^{N} \left[\delta_{0,k_m} - \chi(k_m)\frac{\delta_m c_{k_m,m}}{\mu_m}\right]\Bigg\}, \tag{7.1.17}$$

$$b_j = \sum_{\sum_{n=0}^{N} k_n = j} \prod_{m=1}^{N} \left[\delta_{0,k_m} - \chi(k_m)\frac{\delta_m c_{k_m,m}}{\mu_m}\right], \tag{7.1.18}$$

其中

$$\delta_{i,j} = \begin{cases} 1, & i=j, \\ 0, & i\neq j, \end{cases} \quad \chi(n) = \begin{cases} 1, & n = v_k, \text{某个 } k, \\ 0, & \text{否则}, \end{cases} \quad c_{r,m} = \sum_{i:v_i=r} w_{im} p_i.$$

最后，求出系数 a_j 和 b_j，我们就可以利用 Panjer 递推类似的方法得到 X 的概率函数的递推公式.

定理 7-1(信用组合风险的递推公式) 设总损失 X 满足(7.1.2),(7.1.10)和(7.1.13)三式,且损失金额 $v_k(k=1,2,\cdots,K)$ 为正整数. 若用 g_n 表示近似的概率生成函数 $\widetilde{G}_X(z)$所对应的概率函数 $\Pr(X=n)$,则有如下 g_n 的递推公式:

$$g_0 = \mathrm{e}^{-\mu_0}\prod_{n=1}^{N}(1-\delta_n)^{a_n}, \tag{7.1.19}$$

$$g_{n+1} = \frac{1}{(n+1)b_0}\left[\sum_{j=0}^{\min\{d_A,n\}} a_j g_{n-j} - \sum_{j=0}^{\min\{d_B,n\}-1}(n-j)b_{j+1}g_{n-j}\right] \quad (n\geqslant 0). \tag{7.1.20}$$

证明 首先,有

$$\widetilde{G}_X'(z) = \widetilde{G}_X(z)[\ln\widetilde{G}_X(z)]_z' = \widetilde{G}_X(z)\frac{A(z)}{B(z)},$$

$$\widetilde{G}_X''(z) = \frac{1}{B(z)}\{\widetilde{G}_X(z)A'(z)+\widetilde{G}_X'(z)[A(z)-B'(z)]\}.$$

由归纳法可以证明:

$$\widetilde{G}_X^{(n)}(z) = \frac{1}{B(z)}\Big\{\widetilde{G}_X(z)A^{(n-1)}(z)+\sum_{j=1}^{n-1}\widetilde{G}_X^{(j)}(z) \cdot [\mathrm{C}_{n-1}^{j}A^{(n-1-j)}(z)-\mathrm{C}_{n-1}^{n-j}B^{(n-j)}(z)]\Big\}.$$

然后,利用概率生成函数的定义,有

$$g_0 = \widetilde{G}_x(0),\quad g_n = \frac{1}{n!}\widetilde{G}_X^{(n)}(0),\ n\geqslant 1.$$

最后,代入具体表达式,有

$$g_0 = \widetilde{G}_X(0) = \mathrm{e}^{-\mu_0}\prod_{n=1}^{N}(1-\delta_n)^{a_n},$$

$$\begin{aligned} g_n &= \frac{1}{n!b_0}\Big\{(n-1)!g_0a_{n-1}+\sum_{j=1}^{n-1}g_j j! \cdot [\mathrm{C}_{n-1}^{j}(n-1-j)!a_{n-1-j}-\mathrm{C}_{n-1}^{n-j}(n-j)!b_{n-j}]\Big\} \\ &= \frac{1}{n!b_0}\Big\{(n-1)!g_0a_{n-1}+\sum_{j=\max\{1,n-d_A\}}^{n-1}(n-1)!g_ja_{n-1-j} \\ &\quad - \sum_{j=\max\{1,n-d_B\}}^{n-1}j(n-1)!g_jb_{n-j}\Big\} \end{aligned}$$

$$= \frac{1}{n b_0}\left[g_0 a_{n-1} + \sum_{j=1}^{\min\{n, d_A\}} g_{n-j} a_{j-1} - \sum_{j=1}^{\min\{n, d_B\}} (n-j) g_{n-j} b_j \right] \quad (n \geqslant 1).$$

上面最后一个表达式经过适当整理即为(7.1.20)式.

回顾上述的讨论,最基本的思路是用 $\widetilde{G}_X(z)$ 近似总损失 X 的概率生成函数.那么这种近似的精度如何呢?是否能够保证一些基本的概率特征不变呢?可以证明:由 $\widetilde{G}_X(z)$ 得到的数学期望恰好等于 X 的数学期望(留作习题).下面的例子将给出由 $\widetilde{G}_X(z)$ 得到的方差与 X 的方差之间的偏差.

首先,由概率生成函数的定义可知,对任何随机变量 Y 的概率生成函数 $G_Y(z)$,有

$$[\ln G_Y(1)]' = \mathrm{E}(Y)$$

和

$$[\ln G_Y(1)]'' + [\ln G_Y(1)]' = \mathrm{Var}(Y).$$

例 7-1　试证明:

$$[\ln\widetilde{G}_X(1)]'' + [\ln\widetilde{G}_X(1)]' = \mathrm{Var}(X) + \sum_{v_k \geqslant 1}^{K} \mathrm{E}^2(X_k).$$

证明　由定理 7-1 的证明过程可知

$$[\ln\widetilde{G}_X(1)]' = \sum_{n=0}^{N} \eta_n \frac{P_n'(1)}{1-\delta_n P_n(1)},$$

$$[\ln\widetilde{G}_X(1)]'' = \sum_{n=0}^{N} \frac{\eta_n}{1-\delta_n P_n(1)} \left\{ P_n''(1) + \frac{\delta_n [P_n'(1)]^2}{1-\delta_n P_n(1)} \right\},$$

其中

$$P_n(1) = 1, \quad P'_n(1) = \frac{1}{\mu_n} \sum_{v_k \geqslant 1}^{K} p_k w_{kn} v_k,$$

$$P_n''(1) = \frac{1}{\mu_n} \sum_{v_k \geqslant 1}^{K} p_k w_{kn} v_k (v_k - 1).$$

另外,由基本定义,有

$$\frac{\eta_n}{(1-\delta_n)\mu_n} = 1, \quad \frac{\delta_n}{(1-\delta_n)\mu_n} = \frac{1}{\alpha_n} = \mathrm{Var}(S_n),$$

进而有

$$\begin{aligned}
&[\ln \widetilde{G}_X(1)]''+[\ln \widetilde{G}_X(1)]' \\
&= \sum_{n=0}^{N} \frac{\eta_n}{1-\delta_n P_n(1)}\left\{P_n'(1)+P_n''(1)+\frac{\delta_n[P_n'(1)]^2}{1-\delta_n P_n(1)}\right\} \\
&= \sum_{n=0}^{N} \frac{\eta_n}{(1-\delta_n)\mu_n}\Big[\sum_{v_k\geqslant 1}^{K} p_k w_{kn} v_k+\sum_{v_k\geqslant 1}^{K} p_k w_{kn} v_k(v_k-1) \\
&\quad +\frac{\delta_n}{(1-\delta_n)\mu_n}\Big(\sum_{v_k\geqslant 1}^{K} p_k w_{kn} v_k\Big)^2\Big] \\
&= \sum_{n=0}^{N}\sum_{v_k\geqslant 1}^{K} p_k w_{kn} v_k^2+\sum_{n=0}^{N}\frac{1}{\alpha_n}\Big(\sum_{v_k\geqslant 1}^{K} p_k w_{kn} v_k\Big)^2.
\end{aligned}$$

而

$$\sum_{n=0}^{N}\frac{1}{\alpha_n}\Big(\sum_{v_k\geqslant 1}^{K} p_k w_{kn} v_k\Big)^2=\operatorname{Var}[\mathrm{E}(X|S)],$$

$$\sum_{v_k\geqslant 1}^{K} p_k v_k^2=\mathrm{E}[\operatorname{Var}(X|S)]+\sum_{v_k\geqslant 1}^{K} p_k^2 v_k^2,$$

因此结论成立.

例 7-1 表明,$\widetilde{G}_X(z)$将高估总损失的方差. 这也可以认为是一种风险的高估. 这个结论与本书前面章节对复合 Poisson 分布将高估二项分布风险的讨论是一致的. 同时,风险高估的偏差为

$$\sum_{v_k\geqslant 1}^{K}\mathrm{E}^2(X_k)=\sum_{v_k\geqslant 1}^{K} p_k^2 v_k^2.$$

该偏差与各个债务人的平均损失相关,它是一个绝对的量. 也就是说,如果债务组合的规模较大,偏差会加大. 这也是 CreditRisk+模型提高了计算的速度所付出的代价.

§7.2 风险理论在经济资本中的应用

风险度量研究的一个最直接且有现实意义的应用是解决与经济资本相关的计算问题. 所谓的**经济资本**是金融机构用来承担非预期损失和保持正常经营所需的资本额. 具体来说,经济资本是指金融机构为了承担其在一定的置信度水平下(如 99%),一定的时间内

(如一年)的非预期损失所需要的资本,它的金额应该反映金融机构所指定的各种风险的实际状况.因此,计算经济资本的前提条件是对金融机构的风险进行量化分析.

关于经济资本计算的应用问题很多,本节主要参考 Laeven 和 Goovaerts(2004)中提出的三个经济资本配置的基本问题进行介绍,让读者对这方面研究的主要问题以及风险度量的应用有一个基本的了解.

7.2.1 问题的提出和背景

根据经济资本的定义,金融机构或集团在计算和使用经济资本进行管理时必须面对不同经济资本的合并和分配的问题,即:如何将各个业务线计算的经济资本进行合并?如何将总的经济资本分配到各个业务线?现实中的经济资本问题表现为以上两个方面,而研究中的经济资本配置问题可以分为两个层面:

(1) 确定金融机构的总资本要求;

(2) 将前述确定的总资本在不同的业务线中进行分配.

本文的后面两小节将围绕上述两个层面展开讨论.

为了后面问题叙述的方便,我们需要给出一些基本的背景概念和假设.

设某金融机构由 n 个业务线组成,其整体的经营信息如下:

(1) 第 i 个业务线的风险为 $X_i(i=1,2,\cdots,n)$, X_i 是定义于某个概率空间的随机变量,机构的总风险为 $X=X_1+\cdots+X_n$;

(2) 第 i 个业务线的资本配置记为 $u_i(i=1,2,\cdots,n)$,要求 u_i 为非负实数,公司的总资本为 u, $u\leqslant u_1+\cdots+u_n$;

(3) 第 i 个业务线的风险残值为 $(X_i-u_i)_+(i=1,2,\cdots,n)$,机构总的风险残值为 $(X-u)_+$,风险 X_i 的风险残值相当于止损函数 $I_{X_i}(u_i)$.

在资本配置问题中有两个基本函数:

(1) 风险度量 $\pi(\cdot)$.我们要求其满足单调性和连续性:单调性:若 $X\leqslant_{st}Y$,则 $\pi(X)\leqslant\pi(Y)$;连续性:若随机变量序列 $\{X_n\}$ 依分布收敛到 X,则 $\pi(X_n)$ 收敛到 $\pi(X)$.

(2) 资本配置原则 $\rho(\cdot)$. 它是关于随机变量 $X_1, X_2, \cdots, X_n$ 的一个实值映射：$\rho(X_i)=u_i$，其中 $u_i(i=1,2,\cdots,n)$ 为非负实数. 该映射不仅与 X_i 的边缘分布有关，还与 $(X_1, X_2, \cdots, X_n)$ 的相关结构有关，且对每个 i，映射规则都是一样的，即 $\rho(\cdot)$ 的函数形式与 X_i 无关.

资本配置问题是根据给定的风险度量 $\pi(\cdot)$ 来对风险残值进行度量，并基于这种度量来进行资本配置. 参考文献[2]中相关的定理，可以马上得到以下关于风险残值的结论：

命题 7-1 对于随机变量序列 $X_i(i=1,2,\cdots,n)$ 的风险残值，有以下不等式成立：

$$I_X(u) \leqslant_{st} \sum_{i=1}^{n} I_{X_i}(u_i), \tag{7.2.1}$$

其中 $X=X_1+X_2+\cdots+X_n$，$u \leqslant u_1+u_2+\cdots+u_n$.

为了下面资本配置问题的相关推导，这里引入几个基本的概念.

定义 7-1 对于随机变量 X，称由下式定义的 $F_X^{-1}(p;\alpha)$ 为 X 的**混合逆分布函数**：

$$F_X^{-1}(p;\alpha)=\alpha F_X^{-1}(p+)+(1-\alpha)F_X^{-1}(p-),$$

其中 $F_X^{-1}(p+)=\inf\{x\in\mathbb{R}: F_X(x)\geqslant p\}$，$F_X^{-1}(p-)=\sup\{x\in\mathbb{R}: F_X(x)\leqslant p\}$，这里 $F_X(x)$ 为 x 的分布函数.

定义 7-1 是一种广义的分位点的定义，主要是为了解决非连续型随机变量的分位点取值不唯一的问题.

由定义 7-1 可知，对于满足 $0<F_X(d)<1$ 的任意 d，必然存在 $\alpha_d\in[0,1]$，使得

$$F_X^{-1}[F_X(d);\alpha_d]=d. \tag{7.2.2}$$

定义 7-2 两个定义于同一概率空间的随机变量 X 和 Y，称为**同单调随机变量**，如果满足：$F_{(X,Y)}(x,y)=\min\{F_X(x), F_Y(y)\}$，即 X 和 Y 的联合分布为其各自边缘分布的最小值. 这时也称 (X,Y) 是同单调的二维随机向量.

由定义 7-2 可知，对于任意两个定义于同一概率空间的随机变量 X 和 Y(不一定同单调)，我们可以通过其边缘分布 $F_X(x)$ 和

$F_Y(y)$构造与 X 和 Y 边缘分布相同(联合分布不同)的同单调的二维随机向量,记为(X^C,Y^C),满足:

$$F_{(X^C,Y^C)}(x,y)=\min\{F_X(x),F_Y(y)\},$$
$$F_{X^C}(x)=F_X(x),\quad F_{Y^C}(y)=F_Y(y). \tag{7.2.3}$$

定义 7-2 可以很自然地推广到多个随机变量的情形,只需要求任意两个随机变量是同单调的.

定义 7-2 给出了边缘分布给定时,一种构造二元随机变量的方法.

7.2.2 资本总量给定时的资本配置问题

在上述给定的背景和定义下,我们可以考虑很多的资本配置优化问题. 例如,总风险 X 给定时,总资本 u 的优化问题;总风险 X 和总资本 u 均给定时,各个业务线的最优资本的配置问题;等等.

这一小节我们考虑总资本为事先给定(已知、外生)的情形. 定义如下的资本配置最优化问题:

$$\min_{\rho(\cdot)}\pi\Big\{\sum_{i=1}^{n}I_{X_i}[\rho(X_i)]\Big\},$$
$$\text{s. t.}\ \sum_{i=1}^{n}\rho(X_i)=u, \tag{7.2.4}$$

其中风险度量 $\pi(\cdot)$,随机变量序列$\{X_i,i=1,\cdots,n\}$的相关结构和总资本 u 都是外生给定的.

由命题 7-1 可知,最优化问题(7.2.4)的解一定可以控制总损失的风险残值 $\pi[I_X(u)]$. 另外,只要我们适当选取 $u_1,\cdots,u_n$ 的取值范围就可以保证(7.2.4)解的存在性. 对此这里不再详述. 请读者注意,最优化问题(7.2.4)的解将受到随机变量序列$\{X_i,i=1,\cdots,n\}$的相关结构的影响.

因为最优化问题(7.2.4)的解与随机变量序列$\{X_i,i=1,\cdots,n\}$的相关结构有关,所以,下面分别对相关结构未知和相关结构已知两类情况进行讨论.

1. 各个业务线的风险相关结构未知的情形

在各个业务线的风险相关结构未知时,(7.2.1)式左边的总损失的风险残值度量也是不确定的.也就是说,对于给定的相关结构,命题 7-1 成立.因此,最优化问题(7.2.4)应该先对风险的相关结构进行最大风险的控制,即首先考虑如下关于风险结构的最优化问题:

$$\max_{F_{(X_1,\cdots,X_n)}(\cdot)\in\Gamma}\pi[I_X(u)],\tag{7.2.5}$$

其中的 Γ 表示所有边缘分布相同的可选的联合分布族.

这时的主要结论如下定理所述.

定理 7-2 当风险度量为数学期望,即 $\pi(X)=\mathrm{E}(X)$ 时,则最优化问题(7.2.4)和(7.2.5)的解均为同单调随机向量的解,且有

$$\sum_{i=1}^{n}\mathrm{E}\{\{X_i-F_{X_i}^{-1}[F_{X^C}(u);\alpha_u]\}_+\}=\mathrm{E}[(X_1^C+\cdots+X_n^C-u)_+],\tag{7.2.6}$$

其中 $X^C=X_1^C+\cdots+X_n^C$,α_u 的定义见(7.2.2)式.当所有随机变量均为连续型时,问题(7.2.4)的最优解可以表示为

$$u_i^*=\rho^*(X_i^C)=F_{X_i}^{-1}[F_{X^C}(u);\alpha_u].\tag{7.2.7}$$

证明 首先证明:当各个业务线的相关结构给定时,最优化问题(7.2.4)的解为(7.2.6)式的形式.最优化问题(7.2.4)的拉格朗日函数为

$$\begin{aligned}&L(u_1,\cdots,u_n;\lambda)\\&=\sum_{i=1}^{n}\mathrm{E}[(X_i-u_i)_+]+\lambda(u_1+\cdots+u_n-u),\quad\lambda\in\mathbb{R},\end{aligned}$$

进而由一阶偏导条件有

$$F_{X_i}(u_i^*)\triangleq c,\quad i=1,2,\cdots,n,\ c\in(0,1),$$

或等价地,存在实数序列 $(\alpha_1,\cdots,\alpha_n)$,满足:

$$u_i^*=F_{X_i}^{-1}(c;\alpha_i),\quad i=1,2,\cdots,n.$$

为了保证 $\sum_{i=1}^{n}u_i^*=u$,我们将满足上式的 $(\alpha_1,\cdots,\alpha_n)$ 限制于下述集合 A 中:

$$A=\left\{(\alpha_1,\cdots,\alpha_n):\sum_{i=1}^{n}F_{X_i}^{-1}(c;\alpha_i)=u\right\}.$$

这时一个(但不唯一)最适当的选择是 $\alpha_i=\alpha_u(i=1,2,\cdots,n)$，其中 α_u 由 $F_{X^C}^{-1}[F_{X^C}(u);\alpha_u]=u$ 决定.

特别地，当边缘分布为连续函数时，对所有的 $c\in(0,1)$，$\alpha\in[0,1]$，$F_{X_i}^{-1}(c;\alpha)=F_{X_i}^{-1}(c)$ 的解是唯一的，所以有

$$u_i^*=F_{X_i}^{-1}[F_{X^C}(u);\alpha_u].$$

由这组解得到拉格朗日函数的 Hessian 矩阵

$$\begin{pmatrix} 0 & -1 & \cdots & -1 \\ -1 & \dfrac{F_{X_1}(u_1^*+\Delta x_1)-F_{X_1}(u_1^*)}{\Delta x_1} & \cdots & 0 \\ \vdots & \vdots & \ddots & \vdots \\ -1 & 0 & 0 & \dfrac{F_{X_n}(u_n^*+\Delta x_n)-F_{X_n}(u_n^*)}{\Delta x_n} \end{pmatrix}$$

是正定矩阵，其中

$$\Delta x_i=\limsup_{\delta\to 0+}\{x:F_{X_i}(x)\leqslant F_{X^C}(u)+\delta\}-u_i^*\quad(i=1,2,\cdots,n).$$

因此，如果解存在则唯一.

再利用文献唐启鹤等(2005)中的相关定理，可知同单调随机变量是最优化问题(7.2.5)的解.

定理 7-2 表明，对于期望风险度量，最优资本配置为按照总体经济资本的置信水平得到的各个业务线的风险值 VaR. 这再一次表明利用 VaR 进行各个业务线资本计算的优良性：虽然各个业务线的 VaR 之和不一定可以控制总体的风险，但是，在采用期望的风险度量下，各个业务线按照 VaR 进行资本配置从整体上看是最优的. 请读者注意，这里的 VaR 并不是最初的风险度量，当然，我们也可以将资本配置结果看做对每个业务线未预期损失风险的度量.

2. 各个业务线的风险相关结构已知的情形

当各个业务线的风险相关结构已知时，最优化问题(7.2.4)的解则完全依赖于风险度量的选取. 前面的定理 7-2 已经回答了选取期望风险度量时的主要结论，因此，本小节将讨论选取期望风险度量之外的一些度量时的结论. 首先，考虑如下的均值原理：

$$\pi(X)=v^{-1}\{\mathrm{E}[v(x)]\},\tag{7.2.8}$$

其中 $v(\cdot)$为严格单调递增、凸且可导的函数.

由于这是一个非常一般的风险度量,很难得到一致的解,下面对两个风险的情况,考虑在特殊的相关结构下的最优资产配置问题的解.

定理 7-3 对于二元资产配置最优化问题

$$\min_{\rho(\cdot)} v^{-1}\{\mathrm{E}\{v[(X_1-u_1)_+ + (X_2-u_2)_+]\}\},$$
$$\text{s. t. } u_1+u_2=u, \tag{7.2.9}$$

其中的 $v(\cdot)$如(7.2.8)式所定义,有

(1) 当 X_1 和 X_2 相互独立且均为连续型随机变量时,存在唯一的最优解 u_1^* 和 u_2^* 满足:

$$\frac{\int_{u_1^*}^{+\infty} v'(x-u_1^*)\mathrm{d}F_{X_1}(x)}{F_{X_1}(u_1^*)} = \frac{\int_{u-u_1^*}^{+\infty} v'(x-u+u_1^*)\mathrm{d}F_{X_2}(x)}{F_{X_2}(u-u_1^*)}; \tag{7.2.10}$$

(2) 当 X_1 和 X_2 为同单调的随机变量时,则存在如前定义的集合 A 上的 α_1,α_2,使得最优解为

$$u_i^* = F_{X_i}^{-1}[F_{X_j}(u-u_i^*);\alpha_i]$$
$$= F_{X_i}^{-1}[F_{X^c}(u);\alpha_i], \quad i,j=1,2,\ i\neq j. \tag{7.2.11}$$

证明 首先,由于 $v(\cdot)$为严格单调递增、凸且可导的函数,所以最优化问题(7.2.9)的最优化目标函数等价于

$$\mathrm{E}\{v[(X_1-u_1)_+ + (X_2-u_2)_+]\}.$$

(1) 采用拉格朗日乘数法,由于两个随机变量均为连续型,所以一阶偏导条件为

$$\int_{u_i}^{+\infty}\int_{-\infty}^{+\infty} v'[(x_i-u_i)_+ + (x_j-u_j)_+]\mathrm{d}F_{X_i}(x_i)\mathrm{d}F_{X_j}(x_j) = \lambda$$
$$(i,j=1,2;\ i\neq j),$$

其中 $\lambda\in\mathbb{R}_+\setminus\{0\}$. 通过将第一重积分的区域进行分解,上式等价于

$$\int_{u_1}^{+\infty}\int_{-\infty}^{u-u_1} v'(x_1-u_1)\mathrm{d}F_{X_1}(x_1)\mathrm{d}F_{X_2}(x_2)$$
$$= \int_{-\infty}^{u_1}\int_{u-u_1}^{+\infty} v'(x_2-u+u_1)\mathrm{d}F_{X_1}(x_1)\mathrm{d}F_{X_2}(x_2).$$

上式又可以表示为

$$F_{X_2}(u-u_1)\int_{u_1}^{+\infty}v'(x_1-u_1)\mathrm{d}F_{X_1}(x_1)$$

$$=F_{X_1}(u_1)\int_{u-u_1}^{+\infty}v'(x_2-u+u_1)\mathrm{d}F_{X_2}(x_2),$$

即为所证.

(2) 同单调情形的最优化问题可表示为

$$\min_{u_1}\int_0^1 v\{[g(s)-u_1]_+ + [h(s)-u+u_1]_+\}\mathrm{d}s,$$

其中 $g(s)=F_{X_1}^{-1}(s)$和 $h(s)=F_{X_2}^{-1}(s)$，于是一阶偏导条件为

$$-\int_0^1 v'\{[g(s)-u_1]+[h(s)-u+u_1]_+\}I_{\{u_1<g(s)\}}\mathrm{d}s$$

$$+\int_0^1 v'\{[g(s)-u_1]_+ + [h(s)-u+u_1]\}I_{\{u_1>u-h(s)\}}\mathrm{d}s=0.$$

当 $g^{-1}(u_1)>h^{-1}(u-u_1)$时，上述一阶偏导条件退化为

$$\int_{h^{-1}(u-u_1)}^{g^{-1}(u_1)}v'[h(s)-u+u_1]\mathrm{d}s=0$$

或

$$\int_{F_{X_2}(u-u_1)}^{F_{X_1}(u_1)}v'[F_{X_2}^{-1}(s)-u+u_1]\mathrm{d}s=0;$$

当 $g^{-1}(u_1)\leqslant h^{-1}(u-u_1)$时，上述一阶偏导条件退化为

$$\int_{g^{-1}(u_1)}^{h^{-1}(u-u_1)}v'[g(s)-u_1]\mathrm{d}s=0$$

或

$$\int_{F_{X_1}(u_1)}^{F_{X_2}(u-u_1)}v'[F_{X_1}^{-1}(s)-u_1]\mathrm{d}s=0.$$

由定义，对所有的 x，有 $v'(x)>0$，所以有

$$F_{X_1}(u_1)=F_{X_2}(u-u_1).$$

因此，存在集合 A 中的 α_1,α_2，使得(7.2.11)式成立.

定理 7-3 表明，随机变量的相关结构对最优资本配置问题的解具有重大的影响，即使是采用相同的风险度量(优化目标)，不同的变量相关结构会使得最优结果相差很大.

例 7-2 设 X_1 和 X_2 的边缘分布为 $X_1 \sim \exp(1)$，$X_2 \sim \exp(2)$. 试将定理 7-3 的结论应用于此例.

解 首先考虑(7.2.10)式：

$$\frac{\int_0^{+\infty} v'(x)\mathrm{e}^{-(x-u_1^*)}\mathrm{d}x}{1-\mathrm{e}^{-u_1^*}} = \frac{2\int_0^{+\infty} v'(x)\mathrm{e}^{-2(x-u+u_1^*)}\mathrm{d}x}{1-\mathrm{e}^{-2(u-u_1^*)}}.$$

将上式两边的分母分别与另一边的分子相乘，适当整理后，得左边为

$$[1-\mathrm{e}^{-2(u-u_1^*)}]\mathrm{e}^{u_1^*}\int_0^{+\infty} v'(x)\mathrm{e}^{-x}\mathrm{d}x = [1-\mathrm{e}^{-2(u-u_1^*)}]\mathrm{e}^{u_1^*} v_1,$$

右边为

$$2(1-\mathrm{e}^{u_1^*})\mathrm{e}^{2(u-u_1^*)}\int_0^{+\infty} v'(x)\mathrm{e}^{-2x}\mathrm{d}x = (1-\mathrm{e}^{u_1^*})\mathrm{e}^{2(u-u_1^*)} v_2,$$

其中

$$v_1 = \mathrm{E}[v'(X_1)], \quad v_2 = \mathrm{E}[v'(X_2)].$$

因此，最优解满足三次方程

$$v_2(x)\mathrm{e}^{3u_1^*} + [v_1(x) - v_2(x)]\mathrm{e}^{2u_1^*} - v_1(x)\mathrm{e}^{2u} = 0.$$

在同单调情形下，解(7.2.11)为

$$u_1^* = -\ln[1-F_{X^c}(u)], \quad u_2^* = -\frac{1}{2}\ln[1-F_{X^c}(u)].$$

按照约束条件，自然有

$$u_1^* = \frac{2u}{3}, \quad u_2^* = \frac{u}{3}.$$

下面考虑方差风险度量

$$\pi(X) = \mathrm{E}(X) + \beta\mathrm{Var}(X), \quad \beta > 0 \qquad (7.2.12)$$

对应的最优配置问题.

定理 7-4 设 X_1 和 X_2 均为连续型随机变量，则二元资产配置最优化问题

$$\begin{aligned}\min_{\rho(\cdot)}\{&\mathrm{E}[(X_1-u_1)_+ + (X_2-u_2)_+] \\ &+ \beta\mathrm{Var}[(X_1-u_1)_+ + (X_2-u_2)_+]\},\\ \text{s.t. } & u_1+u_2 = u \end{aligned} \qquad (7.2.13)$$

的解为以下方程的解：

$$F_{X_1}(u_1)-F_{X_2}(u-u_1)+2\beta[F_{X_2}(u-u_1)-F_{X_1}(u_1)]$$
$$\cdot\Big[\int_{u_1}^{+\infty}[1-F_{X_1}(x)]\mathrm{d}x+\int_{u-u_1}^{+\infty}[1-F_{X_2}(x)]\mathrm{d}x$$
$$+\int_{u-u_1}^{+\infty}(x_2-u+u_1)F_{X_1,X_2}(u_1,\mathrm{d}x_2)$$
$$-\int_{u_1}^{+\infty}(x_1-u_1)F_{X_1,X_2}(\mathrm{d}x_1,u-u_1)\Big]=0.$$

证明　最优化目标函数可以表示为

$$\int_{u_1}^{+\infty}[1-F_{X_1}(x)]\mathrm{d}x+\int_{u-u_1}^{+\infty}[1-F_{X_2}(x)]\mathrm{d}x$$
$$+\beta\Big\{\int_{u_1}^{+\infty}2(x-u_1)[1-F_{X_1}(x)]\mathrm{d}x-\Big\{\int_{u_1}^{+\infty}[1-F_{X_1}(x)]\mathrm{d}x\Big\}^2$$
$$+\int_{u-u_1}^{+\infty}2(x-u_2)[1-F_{X_2}(x)]\mathrm{d}x-\Big\{\int_{u-u_1}^{+\infty}[1-F_{X_2}(x)]\mathrm{d}x\Big\}^2$$
$$+2\int_{u_1}^{+\infty}\int_{u_2}^{+\infty}(x_1-u_1)(x_2-u_2)F_{X_1,X_2}(\mathrm{d}x_1,\mathrm{d}x_2)$$
$$-2\Big\{\int_{u_1}^{+\infty}[1-F_{X_1}(x)]\mathrm{d}x\Big\}\Big\{\int_{u-u_1}^{+\infty}[1-F_{X_2}(x)]\mathrm{d}x\Big\}\Big\}.$$

该目标函数的一阶偏导条件即为定理结论.

为了保证解的唯一性，需要解满足以下二阶偏导条件：

$$f_{X_1}(u_1)+f_{X_2}(u-u_1)$$
$$+2\beta\Big\{F_{X_1}(u_1)+2F_{X_1}(u_1)F_{X_2}(u-u_1)+F_{X_2}(u-u_1)-[F_{X_1}(u_1)]^2$$
$$-2F_{X_1,X_2}(u_1,u_2)-[F_{X_2}(u-u_1)]^2-[f_{X_1}(u_1)-f_{X_2}(u-u_1)]$$
$$\cdot\Big\{\int_{u_1}^{+\infty}[1-F_{X_1}(x)]\mathrm{d}x+\int_{u-u_1}^{+\infty}[1-F_{X_2}(x)]\mathrm{d}x\Big\}\Big\}>0.$$

例 7-3　设 X_1 和 X_2 的联合生存函数为

$$\Pr(X_1>x_1,X_2>x_2)=\mathrm{e}^{-x_2-2x_2-kx_1x_2}\quad(k>0).$$

试将定理 7-4 的结论应用于此例.

解　通过简单的推导，可以证明 X_1 和 X_2 的边缘分布分别为

$$X_1 \sim \exp(1), \quad X_2 \sim \exp(2).$$

k 的取值决定了 X_1 与 X_2 的相关关系，而且有 $X_2 \leqslant_{sl} X_1$，即

$$\mathrm{E}[(X_2-d)_+] \leqslant \mathrm{E}[(X_1-d)_+], \quad \forall d \in \mathbb{R},$$

进而可以证明：

$$\mathrm{Var}[(X_1-d)_+] \leqslant \mathrm{Var}[(X_2-d)_+], \quad \forall d \in \mathbb{R}.$$

这时的解只能是数值解，表 7-1 给出了一些特殊参数下的结果.

表 7-1

β	k	u	u_1^*	u_2^*
0.1	1	1	0.706	0.294
0.1	2	1	0.710	0.290
0.1	10	1	0.717	0.283
0.2	1	1	0.746	0.254
0.2	2	1	0.754	0.246
0.2	10	1	0.771	0.229
0.3	1	1	0.787	0.213
0.3	2	1	0.797	0.203
0.3	10	1	0.829	0.171
0.4	1	1	0.828	0.172
0.4	2	1	0.840	0.160
0.4	10	1	0.885	0.115

从表 7-1 可以看出，随着 β 的增加，X_1 的资本配置也会相应增加. 这是因为 X_1 的风险更大一些，风险度量中的偏好参数加大，自然 X_1 的资本要求也会提高. 另外，X_1 与 X_2 的相关性参数 k 对 X_1 的资本配置也是正向的影响，随着 k 的增加风险较大的 X_1 的资本要求也会提高，而相对地风险较小的 X_2 的资本要求会降低.

7.2.3 资本总量的最优化问题

本节前面的讨论都假设总资本 u 是一个外生的数值，而现实中每个金融机构应该选择什么样的资本水平也是一个非常值得研究的问题. 为了防范风险，资本越高越好，但是资本的成本也就相应地

提高. 所以,这里存在风险控制和成本之间的平衡问题. 这个问题采用数学模型刻画就是一个最优化问题:同时最小化风险残值和资本成本. 而这两个指标是互相冲突的,提高资本将会降低风险水平,但是会增加资本成本.

资本总量的最优化问题可以表示为

$$\min_{\rho(\cdot)}\{\pi_v\{[X-\rho(X)]_+\}+(r_C-r_f)\rho(X)\}, \quad (7.2.14)$$

其中 r_C 表示资本成本率,r_f 表示无风险利率,$\pi_v(\cdot)$表示对风险残值的某种度量. 自然假设 $r_C>r_f$,并且两者都是事先已知的.

关于风险残值的度量,我们考虑第 4 章由(4.3.10)式定义的扭曲风险度量

$$\rho(X)=\int_0^{+\infty}g[S(x)]\mathrm{d}x.$$

为了突出其中的扭曲函数,这里用 $\rho_g(X)$表示该度量. 关于该度量有如下的命题成立:

命题 7-2 扭曲风险度量对同单调随机变量 $X_i(i=1,2,\cdots,n)$满足可加性:

$$\rho_g\Big(\sum_{i=1}^n X_i^C\Big)=\sum_{i=1}^n\rho_g(X_i). \quad (7.2.15)$$

基于该命题,我们可以得到基于扭曲风险度量的最优资本结论.

定理 7-5 对于最优化问题(7.2.14),若根据某个扭曲函数 g 选取风险度量 $\pi_v(X)=\rho_g(X)$,则最优解的形式为

$$u^*=F_X^{-1}[1-g^{-1}(r_C-r_f);\alpha],\quad \alpha\in[0,1]. \quad (7.2.16)$$

当 $g(x)$退化为 $g(x)=x$ 时,最优解的形式为

$$u^*=F_X^{-1}[1-(r_C-r_f);\alpha],\quad \alpha\in[0,1].$$

证明 只需将相应的拉格朗日函数的一阶偏导条件适当调整即可得到结论.

由定理 7-5,我们将(7.2.16)形式的解代入(7.2.14)式,然后最优化 α 可得到最优解.

习　题　7

1. 推导表达式(7.1.7).

2. 证明由 $\widetilde{G}_X(z)$表达式利用概率生成函数的定义得到的数学期望恰好等于 X 的数学期望.

3. 设 $X_i \sim \exp(\lambda_i)(i=1,2)$. 试利用 X_1, X_2 构造同单调的随机变量 $X^C = X_1^C + X_2^C$ 的分布.

4. 证明命题 7-1.

附录 生 命 表

t	$p^{\tau}_{x,t}$	${}_tp^{\tau}_x$	${}_{t\|1}q^{d}_x$	t	$p^{\tau}_{x,t}$	${}_tp^{\tau}_x$	${}_{t\|1}q^{d}_x$
0	0.99307	1.00000	0.00029				
1	0.99307	0.99307	0.00029	35	0.99296	0.78259	0.00031
2	0.99306	0.98618	0.00029	36	0.99296	0.77708	0.00031
3	0.99306	0.97934	0.00029	37	0.99296	0.77161	0.00031
4	0.99306	0.97255	0.00029	38	0.99295	0.76618	0.00031
5	0.99306	0.96580	0.00029	39	0.99295	0.76078	0.00031
6	0.99305	0.95909	0.00029	40	0.99295	0.75541	0.00031
7	0.99305	0.95243	0.00029	41	0.99294	0.75008	0.00031
8	0.99305	0.94581	0.00029	42	0.99294	0.74479	0.00031
9	0.99304	0.93923	0.00029	43	0.99293	0.73953	0.00031
10	0.99304	0.93270	0.00029	44	0.99293	0.73430	0.00031
11	0.99304	0.92621	0.00029	45	0.99293	0.72911	0.00031
12	0.99304	0.91976	0.00029	46	0.99292	0.72396	0.00031
13	0.99303	0.91336	0.00029	47	0.99292	0.71883	0.00031
14	0.99303	0.90700	0.00030	48	0.99292	0.71374	0.00031
15	0.99303	0.90067	0.00030	49	0.99291	0.70869	0.00032
16	0.99302	0.89439	0.00030	50	0.99291	0.70366	0.00032
17	0.99302	0.88816	0.00030	51	0.99290	0.69867	0.00032
18	0.99302	0.88196	0.00030	52	0.99290	0.69372	0.00032
19	0.99302	0.87580	0.00030	53	0.99290	0.68879	0.00032
20	0.99301	0.86968	0.00030	54	0.99289	0.68390	0.00032
21	0.99301	0.86361	0.00030	55	0.99289	0.67903	0.00032
22	0.99301	0.85757	0.00030	56	0.99288	0.67420	0.00032
23	0.99300	0.85157	0.00030	57	0.99288	0.66941	0.00032
24	0.99300	0.84561	0.00030	58	0.99287	0.66464	0.00032
25	0.99300	0.83970	0.00030	59	0.99287	0.65990	0.00032
26	0.99299	0.83382	0.00030	60	0.99287	0.65520	0.00032
27	0.99299	0.82797	0.00030	61	0.99286	0.65052	0.00032
28	0.99299	0.82217	0.00030	62	0.99286	0.64588	0.00032
29	0.99298	0.81640	0.00030	63	0.99285	0.64127	0.00032
30	0.99298	0.81067	0.00031	64	0.99285	0.63668	0.00032
31	0.99298	0.80498	0.00031	65	0.99284	0.63213	0.00032
32	0.99297	0.79933	0.00031	66	0.99284	0.62761	0.00033
33	0.99297	0.79371	0.00031	67	0.99283	0.62311	0.00033
34	0.99297	0.78813	0.00031	68	0.99283	0.61865	0.00033

续表

t	$p^{\tau}_{x,t}$	${}_tp^{\tau}_x$	${}_{t\mid1}q^d_x$	t	$p^{\tau}_{x,t}$	${}_tp^{\tau}_x$	${}_{t\mid1}q^d_x$
69	0.99282	0.61421	0.00033	110	0.99260	0.45520	0.00035
70	0.99282	0.60980	0.00033	111	0.99259	0.45183	0.00035
71	0.99282	0.60542	0.00033	112	0.99258	0.44848	0.00035
72	0.99281	0.60107	0.00033	113	0.99258	0.44515	0.00035
73	0.99281	0.59675	0.00033	114	0.99257	0.44185	0.00035
74	0.99280	0.59246	0.00033	115	0.99256	0.43857	0.00035
75	0.99280	0.58820	0.00033	116	0.99255	0.43530	0.00035
76	0.99279	0.58396	0.00033	117	0.99255	0.43206	0.00035
77	0.99279	0.57975	0.00033	118	0.99254	0.42884	0.00035
78	0.99278	0.57557	0.00033	119	0.99253	0.42564	0.00035
79	0.99278	0.57141	0.00033	120	0.99253	0.42247	0.00035
80	0.99277	0.56728	0.00033	121	0.99252	0.41931	0.00035
81	0.99277	0.56318	0.00033	122	0.99251	0.41617	0.00035
82	0.99276	0.55911	0.00033	123	0.99251	0.41306	0.00035
83	0.99276	0.55506	0.00033	124	0.99250	0.40996	0.00035
84	0.99275	0.55104	0.00033	125	0.99249	0.40689	0.00035
85	0.99274	0.54704	0.00034	126	0.99248	0.40383	0.00035
86	0.99274	0.54307	0.00034	127	0.99248	0.40079	0.00035
87	0.99273	0.53913	0.00034	128	0.99247	0.39778	0.00035
88	0.99273	0.53521	0.00034	129	0.99246	0.39478	0.00035
89	0.99272	0.53132	0.00034	130	0.99245	0.39181	0.00035
90	0.99272	0.52745	0.00034	131	0.99244	0.38885	0.00036
91	0.99271	0.52361	0.00034	132	0.99244	0.38591	0.00036
92	0.99271	0.51980	0.00034	133	0.99243	0.38299	0.00036
93	0.99270	0.51600	0.00034	134	0.99242	0.38009	0.00036
94	0.99269	0.51224	0.00034	135	0.99241	0.37721	0.00036
95	0.99269	0.50850	0.00034	136	0.99240	0.37435	0.00036
96	0.99268	0.50478	0.00034	137	0.99240	0.37151	0.00036
97	0.99268	0.50108	0.00034	138	0.99239	0.36868	0.00036
98	0.99267	0.49742	0.00034	139	0.99238	0.36588	0.00036
99	0.99266	0.49377	0.00034	140	0.99237	0.36309	0.00036
100	0.99266	0.49015	0.00034	141	0.99236	0.36032	0.00036
101	0.99265	0.48655	0.00034	142	0.99235	0.35757	0.00036
102	0.99265	0.48297	0.00034	143	0.99235	0.35483	0.00036
103	0.99264	0.47942	0.00034	144	0.99234	0.35212	0.00036
104	0.99263	0.47589	0.00034	145	0.99233	0.34942	0.00036
105	0.99263	0.47239	0.00035	146	0.99232	0.34674	0.00036
106	0.99262	0.46891	0.00035	147	0.99231	0.34407	0.00036
107	0.99262	0.46545	0.00035	148	0.99230	0.34143	0.00036
108	0.99261	0.46201	0.00035	149	0.99229	0.33880	0.00036
109	0.99260	0.45859	0.00035	150	0.99228	0.33619	0.00036

续表

t	$p_{x,t}^{r}$	${}_{t}p_{x}^{r}$	${}_{t\|1}q_{x}^{d}$	t	$p_{x,t}^{r}$	${}_{t}p_{x}^{r}$	${}_{t\|1}q_{x}^{d}$
151	0.99227	0.33360	0.00036	192	0.99183	0.24069	0.00037
152	0.99227	0.55102	0.00036	193	0.99182	0.23872	0.00037
153	0.99226	0.32846	0.00036	194	0.99181	0.23677	0.00037
154	0.99225	0.32591	0.00036	195	0.99179	0.23483	0.00037
155	0.99224	0.32339	0.00036	196	0.99178	0.23290	0.00037
156	0.99223	0.32088	0.00036	197	0,99177	0.23099	0.00037
157	0.99222	0.31838	0.00036	198	0.99175	0.22908	0.00037
158	0.99221	0.31591	0.00036	199	0.99174	0.22719	0.00037
159	0.99220	0.31345	0.00036	200	0.99173	0.22532	0.00037
160	0.99219	0.31100	0.00036	201	0.99171	0.22345	0.00037
161	0.99218	0.30857	0.00036	202	0.99170	0.22160	0.00037
162	0.99217	0.30616	0.00036	203	0.99169	0.21976	0.00037
163	0.99216	0.30376	0.00036	204	0.99167	0.21793	0.00037
164	0.99215	0.30138	0.00036	205	0.99166	0.21612	0.00037
165	0.99214	0.29901	0.00037	206	0.99164	0.21432	0.00037
166	0.99213	0.29666	0.00037	207	0.99163	0.21253	0.00037
167	0.99212	0.29433	0.00037	208	0.99161	0.21075	0.00037
168	0.99211	0.29201	0.00037	209	0.99160	0.20898	0.00037
169	0.99210	0.28970	0.00037	210	0.99159	0.20722	0.00037
170	0.99209	0.28741	0.00037	211	0.99157	0.20548	0.00037
171	0.99208	0.28514	0.00037	212	0.99156	0.20375	0.00037
172	0.99206	0.28288	0.00037	213	0.99154	0.20203	0.00037
173	0.99205	0.28063	0.00037	214	0.99153	0.20032	0.00037
174	0.99204	0.27840	0.00037	215	0.99151	0.19862	0.00037
175	0.99203	0.27619	0.00037	216	0.99150	0.19694	0.00037
176	0.99202	0.27399	0.00037	217	0.99148	0.19526	0.00037
177	0.99201	0.27180	0.00037	218	0.99147	0.19360	0.00037
178	0.99200	0.26963	0.00037	219	0.99145	0.19195	0.00037
179	0.99199	0.26747	0.00037	220	0.99143	0.19030	0.00037
180	0.99198	0.26533	0.00037	221	0.99142	0.18867	0.00037
181	0.99196	0.26320	0.00037	222	0.99140	0.18706	0.00037
182	0.99195	0.26109	0.00037	223	0.99139	0.18545	0.00037
183	0.99194	0.25898	0.00037	224	0.99137	0.18385	0.00037
184	0.99193	0.25690	0.00037	225	0.99135	0.18226	0.00037
185	0.99192	0.25482	0.00037	226	0.99134	0.18069	0.00037
186	0.99190	0.25276	0.00037	227	0.99132	0.17912	0.00037
187	0.99189	0.25072	0.00037	228	0.99131	0.17757	0.00037
188	0.99188	0.24868	0.00037	229	0.99129	0.17602	0.00036
189	0.99187	0.24666	0.00037	230	0.99127	0.17449	0.00036
190	0.99186	0.24266	0.00037	231	0.99125	0.17297	0.00036
191	0.99184	0.24267	0.00037	232	0.99124	0.17146	0.00036

续表

t	$p^{\tau}_{x,t}$	${}_tp^{\tau}_x$	${}_{t\|1}q^{d}_x$	t	$p^{\tau}_{x,t}$	${}_tp^{\tau}_x$	${}_{t\|1}q^{d}_x$
233	0.99122	0.16995	0.00036	274	0.99039	0.11651	0.00035
234	0.99120	0.16846	0.00036	275	0.99036	0.11539	0.00035
235	0.99118	0.16698	0.00036	276	0.99034	0.11428	0.00035
236	0.99117	0.16551	0.00036	277	0.99031	0.11317	0.00035
237	0.99115	0.16404	0.00036	278	0.99029	0.11208	0.00034
238	0.99113	0.16259	0.00036	279	0.99026	0.11099	0.00034
239	0.99111	0.16115	0.00036	280	0.99024	0.10991	0.00034
240	0.99110	0.15972	0.00036	281	0.99021	0.10884	0.00034
241	0.99108	0.15830	0.00036	282	0.99019	0.10777	0.00034
242	0.99106	0.15688	0.00036	283	0.99016	0.10671	0.00034
243	0.99104	0.15548	0.00036	284	0.99014	0.10566	0.00034
244	0.99102	0.15409	0.00036	285	0.99011	0.10462	0.00034
245	0.99100	0.15270	0.00036	286	0.99009	0.10359	0.00034
246	0.99098	0.15133	0.00036	287	0.99006	0.10256	0.00034
247	0.99096	0.14996	0.00036	288	0.99004	0.10154	0.00034
248	0.99094	0.14861	0.00036	289	0.99001	0.10053	0.00034
249	0.99092	0.14726	0.00036	290	0.98998	0.09953	0.00034
250	0.99090	0.14593	0.00036	291	0.98996	0.09853	0.00034
251	0.99089	0.14460	0.00036	292	0.98993	0.09754	0.00034
252	0.99087	0.14328	0.00036	293	0.98990	0.09656	0.00033
253	0.99085	0.14197	0.00036	294	0.98987	0.09558	0.00033
254	0.99082	0.14067	0.00036	295	0.98985	0.09461	0.00033
255	0.99080	0.13938	0.00036	296	0.98982	0.09365	0.00033
256	0.99078	0.13810	0.00036	297	0.98979	0.09270	0.00033
257	0.99076	0.13683	0.00036	298	0.98976	0.09175	0.00033
258	0.99074	0.13556	0.00036	299	0.98974	0.09081	0.00033
259	0.99072	0.13431	0.00036	300	0.98971	0.08988	0.00033
260	0.99070	0.13306	0.00035	301	0.98968	0.08896	0.00033
261	0.99068	0.13182	0.00035	302	0.98965	0.08804	0.00033
262	0.99066	0.13060	0.00035	303	0.98962	0.08713	0.00033
263	0.99064	0.12938	0.00035	304	0.98959	0.08622	0.00033
264	0.99061	0.12816	0.00035	305	0.98956	0.08533	0.00032
265	0.99059	0.12696	0.00035	306	0.98953	0.08443	0.00032
266	0.99057	0.12577	0.00035	307	0.98950	0.08355	0.00032
267	0.99055	0.12458	0.00035	308	0.98947	0.08267	0.00032
268	0.99052	0.12340	0.00035	309	0.98944	0.08180	0.00032
269	0.99050	0.12223	0.00035	310	0.98941	0.08094	0.00032
270	0.99048	0.12107	0.00035	311	0.98938	0.08008	0.00032
271	0.99045	0.11992	0.00035	312	0.98935	0.07923	0.00032
272	0.99043	0.11877	0.00035	313	0.98932	0.07839	0.00032
273	0.99041	0.11764	0.00035	314	0.98928	0.07755	0.00032

续表

t	$p^{\tau}_{x,t}$	${}_tp^{\tau}_x$	${}_{t\mid 1}q^{d}_x$	t	$p^{\tau}_{x,t}$	${}_tp^{\tau}_x$	${}_{t\mid 1}q^{d}_x$
315	0.98925	0.07672	0.00032	338	0.98845	0.05932	0.00029
316	0.98922	0.07589	0.00032	339	0.98841	0.05863	0.00029
317	0.98919	0.07508	0.00031	340	0.98837	0.05796	0.00029
318	0.98915	0.07426	0.00031	341	0.98833	0.05728	0.00029
319	0.98912	0.07346	0.00031	342	0.98829	0.05661	0.00029
320	0.98909	0.07266	0.00031	343	0.98826	0.05595	0.00029
321	0.98905	0.07187	0.00031	344	0.98822	0.05529	0.00029
322	0.98902	0.07108	0.00031	345	0.98818	0.05464	0.00028
323	0.98899	0.07030	0.00031	346	0.98814	0.05400	0.00028
324	0.98896	0.06953	0.00031	347	0.98810	0.05336	0.00028
325	0.98892	0.06876	0.00031	348	0.98806	0.05272	0.00028
326	0.98889	0.06800	0.00030	349	0.98802	0.05209	0.00028
327	0.98885	0.06724	0.00030	350	0.98798	0.05147	0.00028
328	0.98881	0.06649	0.00030	351	0.98793	0.05085	0.00028
329	0.98878	0.06575	0.00030	352	0.98789	0.05023	0.00028
330	0.98874	0.06501	0.00030	353	0.98755	0.04963	0.00027
331	0.98871	0.06428	0.00030	354	0.98781	0.04902	0.00027
332	0.98867	0.06355	0.00030	355	0.98776	0.04843	0.00027
333	0.98864	0.06283	0.00030	356	0.98772	0.04783	0.00027
334	0.98860	0.06212	0.00030	357	0.98768	0.04725	0.00027
335	0.98856	0.06141	0.00030	358	0.98764	0.04666	0.00027
336	0.98853	0.06071	0.00029	359	0.98759	0.04609	0.00027
337	0.98849	0.06001	0.00029	360	0.98755	0.04551	0.00027

注：投保年龄为50岁，时间单位为月，每个月的退出率均为0.667%，数据选自加拿大精算学会(Canadian Institute of Actuaries)的男性年金死亡率表.

参 考 文 献

[1] Gerber H. 数学风险论导引. 成世学，严颖，译. 北京：世界图书出版公司，1997.

[2] Kaas R. 现代精算风险理论. 唐启鹤，胡太忠，成世学，译. 北京：科学出版社，2005.

[3] Borch K H. 保险经济学. 庹国柱. 北京：商务印书馆，1999.

[4] 吴岚，王燕. 风险理论. 修订版. 北京：财政金融出版社，2006.

[5] Artzner P, Delbaen F, Eber J M, et al. Coherent Measures of Risk, Mathematical Finance, 1999, 9(3): 203-228.

[6] Cai J, Tan K S. Optimal Retention for A Stop-loss Reinsurance under the VaR and CTE Risk Measure. Astin Bulletin, 2007, 37(1): 93-112.

[7] Gajek L, Zagrodny D. Insurer's Optimal Reinsurance Strategies. Insurance: Mathematics and Economics, 2000, 27: 105-112.

[8] Gerber H. An Introduction to Mathematical Risk Theory. University of Pennsylvania, Philadelphia: S S Huebner Foundation, 1980.

[9] Gerber H. Error Bounds for the Compound Poisson Approximation. IME, 1984, 3: 191-194.

[10] Gerber H, Elias Shiu S W. From Ruin Theory to Pricing Reset Guarantees and Perpetual Put Options. Insurance: Mathematics and Economics, 1999, 24: 3-14.

[11] Gundlach M, Lehrbass F. CreditRisk＋ in the Banking Industrial. New York, Berlin: Springer-Verlag, 2004.

[12] Klugman S T, Panjer H H, Willmot G E. Loss Models: From Data to Decisions. New York: John Wiley & Sons, 2004.

[13] Laeven R J A, Goovaerts M. An Optimization Approach to the Dynamic Allocation of Economic Capital. Insurance: Mathematics and Economics, 2004, 35: 299-319.

[14] Landsman Z, Sherris M. Risk Measures and Insurance Premium Principles. IME, 2001, 29: 103-115.

[15] Mary H. An Introduction to Risk Measure for Actuarial Application. Schaumburg, Illinois: Society of Actuaries, 2006.

[16] Bowers N L, Gerber H, Hickman J, et al. Actuarial Mathematics. Schaumburg, Illinois: Society of Actuaries, 1997.

[17] Panjer H H, Willmot G E. Insurance Risk Models. Schaumburg, Illinois: Society of Actuaries, 1992.

[18] Panjer H H, Willmot G E. Finite Sum Evaluation of the Negative Binomial-Exponential Model. ASTIN Bulletin, 1981, 12: 133-137.

[19] Tomasz R, Schmidli H, Schmidt V, et al. Stochastic Processes for Insurance and Finance. Chichester, U K: John Wiley & Sons, 1999.

[20] Wang S S, Young V R, Panjer H H. Axiomatic Characterization of Insurance Prices. Insurance: Mathematics and Economics, 1997, 21(2): 173-183.

名词索引

A

安全附加 13

B

布朗运动 80

C

差值鞅 103
长期聚合风险模型 44

D

等待时间变量 46
调节系数 51
调节系数方程 51

F

风险回避型 173
风险喜好型 173
风险厌恶系数 173
风险中性型 173
复合 Poisson 过程 47
复合 Poisson 变量 19
复合负二项变量 26

G

个体风险模型 2
更新方程 66

J

几何鞅 102
计数(点)随机过程 45
聚合模型 15

L

连续时间盈余过程 48

M

美式永久看跌期权 202

P

破产概率 49
破产量(亏损量变量) 61
破产时刻 49

Q

期望值原则 169
强度函数 46

S

上升的子 σ-代数序列 99
生存概率 49
随机序 125
损失量变量 16
索赔量变量 16
索赔数变量 16

T

同单调随机变量 229

W

尾风险度量 208
尾期望风险度量 211

X

相对安全附加 13
效用函数 168

Y

鞅差序列 100
盈余过程鞅条件 114
盈余序列 50
有限时间内不破产概率 49
有限时间内破产概率 49

Z

再保险函数 191
止损序 128
指数鞅 102
总损失(量) 2
最大总损失 62

其他

$(a,b,0)$类计数分布 24
(上、下)鞅过程 109
(上、下)鞅序列 99
Edgeworth 级数 38
Esscher 变换 38
Poisson 计数过程 46
Poisson 聚合模型 19
P-测度 206
Q-测度(风险中性概率测度) 206